高放核废料玻璃/玻璃陶瓷固化

廖其龙　刘来宝　王　辅　著

U0289602

科学出版社

北京

内 容 简 介

高放核废料的安全处理与处置至今仍是一个世界性难题。对于高放核废料的安全处理与处置，目前国际上普遍接受的方案是固化处理后再深地质处置。本书围绕"难溶"高放核废料固化处理过程中固化处理材料的制备与性能优化，在综述高放核废料固化处理国内外研究现状的基础上，对用于处理高放核废料的硼硅酸盐和磷酸盐玻璃/玻璃陶瓷固化材料的研究结果进行总结和分析，主要内容包括高放核废料玻璃/玻璃陶瓷固化概述、硼硅酸盐玻璃固化材料、磷酸盐玻璃固化材料、硼硅酸盐玻璃陶瓷固化材料、磷酸盐玻璃陶瓷固化材料和高放核废料固化处理的研究展望。

本书可作为无机非金属材料、高放核废料固化处理与处置领域的相关研究人员与工程技术人员的学习资料，也可作为从事高放核废料相关研究工作的研究生和科研人员的参考用书。

图书在版编目（CIP）数据

高放核废料玻璃/玻璃陶瓷固化 / 廖其龙，刘来宝，王辅著. 一北京：科学出版社，2024.4（2024.12 重印）

ISBN 978-7-03-077112-4

Ⅰ.①高… Ⅱ.①廖… ②刘… ③王… Ⅲ.①放射性废物处置—研究 Ⅳ.①TL942

中国国家版本馆 CIP 数据核字（2023）第 229094 号

责任编辑：武雯雯 / 责任校对：彭 映
责任印制：罗 科 / 封面设计：墨创文化

科学出版社 出版

北京东黄城根北街 16 号
邮政编码：100717
http://www.sciencep.com

成都蜀印鸿和科技有限公司 印刷
科学出版社发行 各地新华书店经销

*

2024 年 4 月第 一 版 开本：787×1092 1/16
2024 年 12 月第二次印刷 印张：14
字数：330 000
定价：148.00 元
（如有印装质量问题，我社负责调换）

前　　言

放射性废料，尤其是高放核废料的安全处理与处置是核能安全利用的最后一环，其中难度最大、技术含量最高的是高放核废料的固化处理。高放核废料具有半衰期长、生物毒性大、处理难等特点，实现其安全固化处理，对我国核工业安全绿色可持续发展和生态环境保护至关重要，对促进我国优化能源结构、保障能源安全和实现节能减排也具有重要意义。

高放核废料指核燃料循环中产生的放射性核素活度大、半衰期长的放射性废料。我国核燃料循环卸下的乏燃料累积量已超过 7000t，按我国核电中长期发展规划目标，到 2025 年累积量将达到 14000 余 t，其后处理将产生大量的高放核废料。这些放射性废料一旦进入生物圈，将带来灾难性的放射性污染问题。目前国际上普遍接受的高放核废料处置方案是先对高放核废料进行固化处理，再深地质处置以最大限度地与生物圈隔绝。然而受固化处理技术不成熟、相关法律法规不完善等因素制约，我国高放核废料的固化处理工程化应用一直受到诸多阻碍，现尚处于起步阶段。现今国内外主要是将高放核废料以液态形式存储于钢罐中，不仅处置库接近满容，且存在环境污染风险，因此如何安全高效地处理与处置高放核废料已成为影响核工业持续健康发展的关键因素之一。

本书围绕高放核废料固化处理过程中固化处理材料的制备与性能优化这一关键点，在综述高放核废料固化处理研究现状及存在的问题的基础上，总结和分析我国在硼硅酸盐和磷酸盐玻璃/玻璃陶瓷固化材料的制备、结构、稳定性等方面的研究成果。全书共分为 6 章，主要内容包括高放核废料玻璃/玻璃陶瓷固化概述（第 1 章），硼硅酸盐玻璃固化材料（第 2 章），磷酸盐玻璃固化材料（第 3 章），硼硅酸盐玻璃陶瓷固化材料（第 4 章），磷酸盐玻璃陶瓷固化材料（第 5 章），以及高放核废料固化处理的研究展望（第 6 章），可为研究和开发适合用于我国高放核废料固化处理的先进玻璃/玻璃陶瓷固化技术提供理论指导。

本书得到国家重点基础研究发展计划（2012CB722700）、国家重点研发计划"固废资源化"重点专项（2019YFC1904900）及国家自然科学基金（51702268）等项目的资助，是作者对研究工作的总结。竹含真、周俊杰、刘金凤、李利、王元林、王红、邓燚、卢明韦、吴康明、向光华、蔺海艳、秦红梅等研究生完成了大量的实验研究工作，廖其龙、刘来宝及王辅负责全书的内容整理、编排等工作，竹含真在图表绘制等方面付出了辛勤的劳动。西南科技大学材料与化学学院及环境友好能源材料国家重点实验室对本书的出版给予了大力支持。本书在撰写过程中参考了国内外同行公开发表的相关研究成果，书中列出了主要的参考文献，谨此表示深深的谢意！由于作者水平有限，疏漏之处在所难免，恳请广大读者批评指正。

目　录

第1章 高放核废料玻璃/玻璃陶瓷固化概述

1.1 高放核废料的来源和特点

"能源与环境"问题是世界各国共同面临的问题。核能发电是解决我国能源供需矛盾、维持经济持续发展等的重要途径之一，也是我国优化能源结构、保障能源安全和实现节能减排的重要措施。截至 2022 年 6 月，我国核电装机容量已超过 5500 万 kW，且根据核电中长期发展规划，装机容量还将大幅度增加。然而，核能的利用必然会产生放射性废料，尤其是高水平放射性废料（简称高放核废料），造成环境污染问题。我国在 2019 年 9 月颁发了首部核安全白皮书——《中国的核安全》，核废料的处置问题逐渐凸显。如今，放射性废料，尤其是高放核废料的处理与处置，已成为影响核工业持续健康发展的关键因素之一。尽管把核废料永久埋于地下处置库中是现在各国都认可的最安全的处置方法，然而由于核废料的组分复杂和处理技术不成熟等，核废料尤其是高放核废料的安全处理与处置至今仍是一个世界性难题。

拥有核技术的国家在进行核武器项目和/或商用核能发电时都会产生高放核废料。目前，这些高放核废料一般以中和的硝酸溶液形式储存在低碳钢罐中（如美国和俄罗斯），或以硝酸溶液形式储存在不锈钢罐中（如法国、英国、日本和俄罗斯）。高放核废料中放射性核素多达几十种，核素的半衰期长、毒性大、腐蚀性强、释热率高，处理和处置都具有极大难度。对于生产堆所产生的高放核废料，β-γ 放射性为 $10^{11}\sim10^{13}$Bq/L，α 放射性为 $10^{10}\sim10^{11}$Bq/L；对于动力堆所产生的高放核废料，β-γ 放射性为 $10^{13}\sim10^{15}$Bq/L，α 放射性为 $10^{12}\sim10^{13}$Bq/L[1]。

在核工业中，核燃料循环（nuclear fuel cycle）一般包括三个阶段：前端（front end）、中端或运行（operation）、后端（back end）。前端主要包括含铀矿石的开采、铀浓缩及燃料棒的制备；中端即燃料棒在核电站的运行；后端指乏燃料的后处理（spent fuel reprocess）及核设施退役（decommission）。各阶段因涉及不同的物理化学反应而产生不同放射级别的废物。高放核废料的主要来源是乏燃料的后处理，反应堆中核燃料聚变反应所产生的放射性物质有 99%以上包容在乏燃料的包壳中，采用 PUREX 流程（plutonium and uranium recovery by extraction process，普雷克斯流程）处理乏燃料时，超过 95%的裂变产物和锕系核素会进入高放废液中。

高放核废料通常含有 50 余种元素，可分为以下 3 类[2]：①裂变产物，如 [134,135,137]Cs、[90]Sr、[99]Tc、[131,129]I、[141,144]Pm、[151]Sm、[152,154]Eu 等；②少量锕系元素及核嬗变产物，如 [235,238]U、[237]Np、[238,239]Pu、[241]Am、[242,244]Cm 等；③后处理过程添加剂及腐蚀物，如 Na、K、Li、Ca、Mg、P、S、F、Cl、Fe、Cr、Al、Mo、Ni、Zr 等。

由于燃料棒的设计及 [235]U 富集（enrichment）度等的不同，再加上乏燃料采用不同的后处理技术，各元素浓度及成分在高放废液中千差万别。高放核废料的体积虽然不足核燃料循环所产生的放射性废物体积的 1%，但其所含放射性量超过核燃料循环总放射性量的 99%。高放核废料中含有镎、钚、镅、锝、碘、锶、铯等元素，其主要特点是放射性持续时间长、毒性大和发热率高等。

1.2　高放核废料安全问题及对环境的影响

含有放射性核素或被放射性核素污染，活度或浓度比国家审管部门规定的清洁控制水平要高，并且预计以后都不再利用的物质就是放射性废物。它们虽然多种多样，但却有一些共同的特征[3]，具体如下。

（1）含放射性物质。放射性废物的放射性只能依靠放射性核素自身放射性的衰变来减少，而不能通过一些简单的物理、化学和生物方法消除。

（2）射线危害。放射性核素释放的一些射线通过物质时会产生电离和激发作用，生物体可能因此受到辐射损伤。

（3）热能释放。放射性核素衰变时会释放一些能量，当废液中含有较高含量的放射性核素时，核素释放的能量会使废液温度逐渐上升，甚至有可能上升至让废液沸腾。

由于高放核废料含有一些有害且危险的化合物、重金属元素、具有很高的放射性和短寿命的裂变产物等，一般需要进行永久隔离。由于其放射性比较强、毒性很大、半衰期较长、发热率高、酸性强、腐蚀性比较强等，所以受到广泛重视。其中，毒性主要指物理、化学和生物毒性。通常研究的主要是物理毒性，即放射性废物对水、大气以及土壤造成的污染，以及通过各种途径进入生物圈后可能导致的生物圈的失衡。有些核素（如^{235}U）还具有化学毒性，当前普遍认为铀的化学毒性给人体带来的伤害要远远大于辐射带来的伤害（物理毒性）。生物毒性是指放射性废物通过各种途径进入生物体内后，当辐射超过一定的水平，便杀死生物细胞，阻碍细胞的分裂以及再生长，甚至导致基因突变，影响后代的健康。综上所述，一旦高放核废料泄漏并进入生物圈，其带来的危害可能会持续几万年到几十万年。因此，必须将高放核废料与生物圈进行最大限度的隔离，并且进行安全且有效的处理和处置，以避免其对人类生存和生活环境造成危害[4]。

1.3　高放核废料的处理及处置

高放核废料的处理指安全而又经济地对放射性废物进行运输、储存及处置并对固体放射性废物进行加工。这种处理包括对放射性废物的收集过程、减容及封装过程、储存和转运过程等。目前，常见的高放核废料处理方式有以下五种[3]。

（1）后处理。后处理过程主要是对乏燃料进行有效分离，获得高纯度的铀和钚，进行燃料再循环。通过这一后处理过程，乏燃料中 98.5%～99%的铀可以被回收，运用于增值堆可提高天然铀资源的利用率，进而满足人类社会的能源需求。但是在后处理过程中，短寿命核素大多都迅速衰变，而一些核废物中存在很多超铀元素，很难分离和回收，称为长寿命核素。与此同时，在乏燃料的后处理过程中会产生大量低放射性废物。所以这一处理过程不能完全解决核废物的安全处置问题，后处理不能作为核废物的最终解决方案，必须通过与其他处理途径相配合来防止核废物扩散。

（2）固化。固化是指用适当的材料包裹核废物，固化基质与放射性核素牢固结合，以防止泄漏和迁移的放射性核素对环境造成污染。有效地固化放射性废物可以达到以下三个目的：①将一些液态的放射性废物转变为比较容易进行安全运输、储存及处置等操作的固化体；②防止放射性核素因泄漏和迁移而对生物圈造成污染；③减小废物体积，以便进行后续处置时能够在有限环境中固化更多的核废物。目前，高放核废料的处理方法主要包括玻璃固化、陶瓷固化、玻璃陶瓷固化等。这些固化方法各自的优缺点将在后续章节中阐述。

（3）地质处理。地质处理是指使用一些人工屏障和天然屏障来隔离放射性废物与生物圈。人工屏障从里到外依次是被固化的放射性废物、废物储存容器、外包装、处置库、回填材料及缓冲材料等；而天然屏障是指包围在人工屏障外面（包括岩石和土壤等）的地质介质。放射性废物不同，地质处理方式也不尽相同，低放射性废物可以埋藏在浅地表层，高放核废料需要在距地表至少 500m 处埋藏。浅地表埋藏是处理中低放射性废物的主要方法，指浅埋藏地带是具有防护覆盖的地下、进行有屏障或无屏障的浅埋加工处理，埋藏深度一般不超过 50m。深地层埋藏指将固化处理后的高放废物（high-level waste，HLW）深埋在距地表至少 500m 处，深地层埋藏平均深度为 1000m，放射性核素深埋后自行衰变。有实验证明，放射性废物自行衰变产生的热量可以将周围的部分岩石熔化，随后慢慢冷却的岩石再结晶部分会把核废物封存在地表深处，这样即使封存的核废物泄漏，也很难再把放射性废物带回地表。

（4）嬗变。长寿命的锕系核素只有通过裂变才能转变为短寿命或稳定核素。这一过程就是把放射性废物中的锕系核素、长寿命裂变产物和活化产物核素进行有效分离，将制成的燃料元件送去反应堆燃烧或将制成的靶子放到加速器上轰击，使其散裂转变成短寿命核素或一些稳定同位素。这能更好地利用铀矿资源，同时也减少放射性废物的地质处置风险。

（5）自由电子激光。用不同波长激发分子会导致化学反应产生差异。光氧化还原反应预计将会被用于分离核废料中的金属。如果氧化还原了金属离子，那么就能够实现金属离子和溶液的分离。紫外激光激发演示了溶液中锕系离子的选择性单光子和双光子还原反应，这些反应都有可能被用于分离核废物。

高放核废料的固化处理主要是指把放射性核素固定在基体材料的结构中，并且要求固化基体稳定、具有惰性，固化方法主要包括玻璃固化、陶瓷固化及玻璃陶瓷固化。高放核废料进行固化处理后，需将固化体储存 30～50 年，使其冷却和衰变，然后再将其深埋在距地表 500～1000m 的处置库中进行多屏障深地质处置，以将高放核废料与生物圈隔开，确保人类和自然环境安全。为了确保这些潜在固化体长期安全，固化体需满足以下几个条件[1]。

（1）基体材料应拥有很强的包容能力，能包容所有废物组分，对于放射性核素来说，还要能包容它的子衰变产物。

（2）固化体应具备优秀的长期抗浸出性与抗自身辐射性，即使在 α-辐射的影响下结构发生了改变（如陶瓷相的非晶化和玻璃的自发析晶），固化体也应拥有较好的化学稳定性与对核素的固化能力。

（3）为了确保在制备和运输过程中不会发生断裂的危险，固化体应具备良好的机械性能，而且固化体的孔隙率必须足够低，以减小与水溶液的接触面积。

（4）固化体必须具备良好的热稳定性，比如，核废料玻璃固化体的转变温度须比罐体的温度高 100℃，这样在处置过程中才能避免析晶的发生。

（5）固化体的体积应比高放废液的体积小，对于玻璃固化体来说，固化体体积应为高放废液体积的 1/6～1/5。

在保证固化体满足以上条件的基础上，需要考虑潜在固化体的制备合成工艺，具体包括以下两点。

（1）固化废物的过程尽可能简单，为了避免二级放射性核素的产生，减小固化成本，固化的步骤必须尽可能少。

（2）固化废物时合成温度不能太高，因为考虑到废物中有高含量的挥发性元素，如 Cs、I 和 Ru 等，这限制了很多玻璃固化体的熔融温度。

1.4　高放核废料固化体的主要设计原则

高放核废料固化体的设计需兼顾高放核废料包容量、工艺可行性、固化体稳定性等，如图 1-1 所示。高放核废料包容量方面，需考虑固化体对核废料主要组分（如 Na、Cr、Ce、Pu、Mo、Nd 等）的"溶解度"以及固化体的最大核废料承载能力等；工艺可行性方面，需考虑工艺操作的简洁性、最高制备温度、晶核剂及相关添加剂对工艺参数的影响等；固化体稳定性方面，需考虑固化体中相与相之间物理化学性质的匹配性，固化体化学稳定性、热稳定性、辐照稳定性、机械稳定性，以及相关的物理性能等，以满足深地质处置要求。

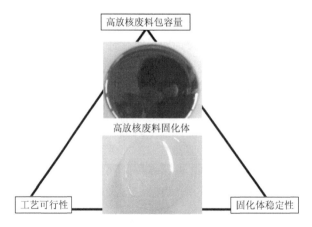

图 1-1　高放核废料固化体设计需要考虑的主要因素

高放核废料固化研究和实践表明，高放核废料固化体的设计需综合考虑以下几方面[5]。

①若采用玻璃固化：一般来说，玻璃中溶解度低的元素会使玻璃分相、析晶限制玻璃的废物负载量；而在玻璃熔融方面，需考虑玻璃易加工性，如玻璃固化体的熔融温度一般控制在 1100~1200℃，在这个温度范围内玻璃应具有合适的黏度、导电率、导热率，并且要最大化玻璃产率；最终的玻璃固化体需在热稳定性、耐化学腐蚀性、抗辐射能力及机械性能方面达到一定标准，满足在长期地质侵蚀过程中保持稳定以阻止核素向外界环境迁移的要求。玻璃固化体的设计往往需要折中优化，且在优化过程中需考虑各方面的因素，以使应用效果达到最佳；②若采用玻璃陶瓷固化：通常遵循材料结构内各部分内能差越小材料结构越稳定的原则，当基础玻璃为磷酸盐玻璃时，陶瓷相多设计为磷酸盐晶相，当基础玻璃为硅酸盐玻璃时，陶瓷相多设计为硅酸盐类微晶相；根据高放核废料的组成特点，往往需设计不同的陶瓷相，同时要考虑陶瓷相的形成或析出对基础玻璃性能的影响（如对于磷酸盐玻璃陶瓷固化，由于高放核废料中稀土元素含量较高，陶瓷相可设计为独居石晶相；当高放核废料中碱金属含量较高时，可将陶瓷相设计为磷酸锆钠晶相）；③设计高放核废料固化体组分时，应充分考虑工艺可行性，如应考虑制备过程中出现的气体、熔体等对设备和电极的腐蚀性，以便其实现工业化应用；④在工艺上，由于高放核废料中存在易挥发元素，高放核废料固化体的熔制（热处理）温度不宜超过1200℃，且出于放射性的特殊性，工艺应尽可能简洁，利于远程操控；⑤高放核废料最终的固化体的各项性能指标应满足深地质处置的要求。

由此可见，对于高放核废料固化体的设计，要综合考虑固化体的废物组成、各种性能、生产工艺的可行性和进行深地质处置时的服役条件等，从而得到一种可以进行工程化应用的固化体。

1.5 高放核废料固化机理

高放核废料包含元素周期表中的大部分元素，目前，高放核废料的固化处理方式主要包括玻璃固化、玻璃陶瓷固化以及陶瓷固化。

1.5.1 玻璃固化机理[2]

玻璃固化是把高放核废料和玻璃原料充分混合后制成配合料，在高温下通过熔融冷却形成玻璃固化体以用于处理高放核废料的固化方法。玻璃固化过程一般包括将高放核废料进行浓缩、煅烧，然后再与玻璃原料一起熔融，最终浇铸成玻璃固化体。玻璃作为一种非晶态物质，具有远程无序的柔性结构，大部分元素可进入玻璃结构中，可实现对核素的原子尺度固化，阻止其向外界环境迁移。在玻璃固化过程中，一般将含硅、硼等元素的氧化物作为添加剂加入核废料中，再经高温（约1200℃）熔融成玻璃。一般来说，废料中的高价离子（如 Al^{3+}、Fe^{3+}、Fe^{2+}、Zr^{4+}等）可进入玻璃网络结构，成为玻璃网络形成体（network former），增强玻璃的耐化学腐蚀性；而低价的碱金属阳离子（如 Na^+、Cs^+、Sr^+等）会填充在玻璃网络周围，成为网络修饰体（network modifier），增加非桥氧（non-bridging oxygen）数目，虽然这往往会降低玻璃的耐化学腐蚀性，但也会降低玻璃的熔融温度，使玻璃易于生产。这些元素均可溶于玻璃体，形成均质结构。然而，在实际的核废料玻璃固化过程中，玻璃体通常含有少量气泡（bubble）及包裹物（encapsulated particle）。气泡源于玻璃炉料经一系列高温化学反应产生的未排净残余气体，对玻璃固化体性能无太大影响。一些元素或化合物在玻璃中的溶解度很低，往往形成分相或析晶，即包裹物。玻璃中溶解度较低的元素（如 S、Mo、Cl 等）通常以硫酸盐、钼酸盐、氯化物形式析出，这些包裹物本身并不具有放射性，但其包含的一些放射性核素（如 ^{90}Sr 和 ^{137}Cs）往往具有高水溶性，与水接触后这些核素极有可能流入环境中，因此，必须尽量避免此类包裹物在核废料玻璃体中形成。另外，在玻璃中溶解度极低的贵金属（noble metal）元素（如 Rh、Pd 等）通常以单质形式析出。过渡金属元素（如 Fe、Ni、Cr、Mn 等）在玻璃熔融或冷却过程中，亦可析出尖晶石（spinel）型晶体（如[Fe, Ni, Zn, Mn][Fe, Cr]$_2$O$_4$）。这些包裹物虽对玻璃耐久性无太大影响，但在玻璃熔融过程中会沉淀聚集于熔炉底部，形成导电带，破坏炉体，因而需时刻监测它们的析出量。

1.5.2　玻璃陶瓷固化机理[5]

　　玻璃陶瓷固化是指通过在玻璃中形成稳定微晶相，将高放核废料中的长寿命核素或"难溶"组分固化进高稳定性的微晶相晶格，剩余组分"溶解"于玻璃相，形成玻璃陶瓷固化体。磷酸盐玻璃陶瓷固化高放核废料的机理如图 1-2 所示。

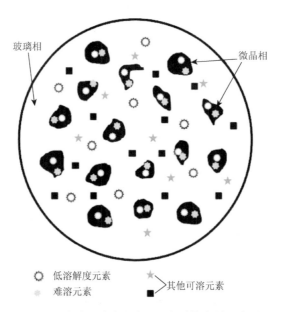

图 1-2　磷酸盐玻璃陶瓷固化高放核废料示意图

　　以磷酸盐玻璃陶瓷固化为例，磷酸盐玻璃陶瓷固化体通常以磷酸盐玻璃为玻璃相，磷酸盐晶相为陶瓷相，而重金属（如锆）和稀土元素或核素（如钕、铈、钇、镧、铈等元素）在磷酸盐玻璃中的"溶解度"有限，这是限制磷酸盐玻璃固化体的核废料包容量的主要因素。研究显示，这些元素在加入量超过其在玻璃中的"溶解度"后，易形成稳定的磷酸盐晶相，且易富集于形成的晶相中。在制备磷酸盐玻璃陶瓷时，这些低"溶解度"元素通常也是良好的晶核形成剂。根据这个特点，磷酸盐玻璃陶瓷固化高放核废料的机理一般为：加入量超过磷酸盐玻璃陶瓷固化体中玻璃相"溶解度"的元（核）素通常富集于稳定的陶瓷相中，在玻璃相"溶解度"范围内的重金属元素、稀土元素和核废料中的其他元素均匀分散并"禁锢"于玻璃相中。

磷酸盐玻璃具有近程有序、远程无序的非晶态结构，"溶解"于玻璃相的元素与玻璃组分形成化学键结合进玻璃结构中，实现元素的原子尺度"禁锢"，阻止其向环境迁移。例如，高放核废料中高价离子（如 Al^{3+}、Fe^{3+} 等）的作用与磷相似，可作为玻璃网络形成体离子进入玻璃网络结构，增强玻璃相的稳定性；低价的碱金属离子和碱土金属离子（如 Na^+、Ca^{2+} 等）可填充玻璃网络结构间隙，同时起电价补偿的作用。部分"溶解"于玻璃相的稀土金属离子和重金属离子的作用也与低价金属离子的作用相似，即填充玻璃网络间隙和进行电价补偿。富集于陶瓷相中的元素通常进入微晶相晶格，成为晶相的组成部分，稳定性更高。磷酸盐玻璃陶瓷固化体以这种方式实现了对高放核废料中所有元素的原子尺度固化。此外，玻璃陶瓷固化体中微晶相通常被玻璃相完全包围，为富核素的晶相提供第二屏障，可进一步阻止核素进入生物圈。

1.5.3　陶瓷固化机理[1]

自然界中放射性核素能稳定赋存在天然岩石中百万甚至上亿年，因此学者们提出可将核素固化进陶瓷晶相中。陶瓷固化（也称人造岩石固化）指将高放核废料与陶瓷原料均匀混合后，经成型、烧结工艺等制备成具稳定晶相的陶瓷固化体。陶瓷固化利用了晶格点阵中的离子置换机制，该离子置换机制主要包括以下三种置换[3]：①放射性核素等价取代晶格点阵中的离子；②放射性核素非等价取代晶格点阵中的离子，而其他离子作为电价补偿取代其邻位离子；③放射性核素进入晶体的缺陷位置。一般来说，陶瓷晶体中的离子取代对元素的电价、离子半径等有一定要求，因此陶瓷固化对固化核素的选择性很强，一种晶相能够固化的高放核废料中的元素有限。

陶瓷固化体与玻璃固化体相比具有更好的抗辐照能力，且浸出率低 2～3 个数量级。目前，研究得较多的稳定陶瓷晶相有钙钛锆石、烧绿石、钙钛矿、榍石、独居石、磷灰石、钼钨钙矿等。钙钛锆石（$CaZrTi_2O_7$）（CZT）有多种晶型，研究得最多的是 2M 型。固化原理主要是锕系元素进入 CZT 的晶格结构中，占据钙位和锆位。独居石（$LnPO_4$，$Ln = La, Gd, \cdots$）含有丰富的镧系磷酸盐和大量的铀和钍，辐照数亿年仍具有极好的稳定性，被认为是锕系元素（如 Am 和 Cm）最合适的陶瓷宿主。磷酸锆钠（NZP）族化合物由共点的 ZrO_6 八面体与 PO_4 四面体的三维网络组成，间隙部分被 Na 离子占据。这种结构在组成成分上展现出极大的灵活性，比如，碱类金属离子可以替代 N 位上的离子；二价离子如 Ca^{2+}、Ba^{2+}、Fe^{2+}、Mg^{2+}、Pb^{2+}、Sr^{2+} 等可以取代两个碱金属离子；Z 位离子可以被钛（Ti^{4+}）、锡（Sn^{4+}）、铌（Nb^{4+}）、铬（Cr^{4+}）等四价六配位离子取代；P 位代表五价四配位离子，除了磷（P）元素，四价的硅（Si^{4+}）也可能占据 P 位。该结构能够容纳

42 种核素，具有较高的热稳定性、化学稳定性、抗辐照性及较低的热膨胀系数。研究发现钼离子可以进入 NZP 八配位多面体中，形成 $NaMo_2(PO_4)_3$、$KMo_2(PO_4)_3$、$RbMo_2(PO_4)_3$、$TiMo_2(PO_4)_3$、$BaMo_2(PO_4)_3$、$SrMo_2(PO_4)_3$ 和 $CaMo_2(PO_4)_3$ 等固化体。NZP 族化合物晶体 $NaTi_2(PO_4)_3$、$Sr_{0.5}Zr_2(PO_4)_3$ 和 $NpZr_2(PO_4)_3$ 被详细地进行了研究，研究结果表明 $NpZr_2(PO_4)_3$ 能容纳 15%的模拟核素，其浸出率比硼硅酸盐玻璃低 2 个数量级，$Sr_{0.5}Zr_2(PO_4)_3$ 在酸碱溶液中的 Sr^{2+} 质量损失低于样品质量的 1%。

1.6　高放核废料固化材料研究进展

1.6.1　玻璃固化材料

目前，全世界处理高放核废料时使用得最多的方法是玻璃固化。玻璃的化学性质稳定，在高温下呈液态，包容性强，可以把不同半径的核素固定于网络结构中，玻璃固化体拥有良好的化学稳定性、耐 β-辐照性、耐 γ-辐照性。因此，玻璃固化技术成为如今唯一投入工业化应用的固化技术。迄今多国已经建成商用的玻璃固化处理厂并投入运营，如英国、法国、美国、意大利、比利时、中国、印度和日本。法国作为第一个将玻璃固化投入工业化应用的国家，从 1957 年便开始进行相应的研究开发，马库尔玻璃固化设施 AVM 在 1978 年正式开始运行。随后，美国、英国、比利时等国也相继进行玻璃固化的工业化应用。适用于高放废物玻璃固化的基础玻璃体系主要是硼硅酸盐玻璃和磷酸盐玻璃两种，对应的固化材料主要是硼硅酸盐玻璃固化材料和磷酸盐玻璃固化材料[3]。

1. 硼硅酸盐玻璃固化材料

硼硅酸盐玻璃（BS）是目前实际运用得最广泛的固化基材，主要包含 SiO_2、B_2O_3、Al_2O_3、Na_2O、CaO、BaO 和 ZrO_2。在理想条件下，最稳定的玻璃固化基材是纯的 SiO_2 玻璃，然而 SiO_2 玻璃的熔制所需温度过高，且在玻璃固化体投入工业化应用时需要综合考虑玻璃的耐久性、可加工性和经济成本，因此纯的 SiO_2 玻璃并不适用。而 B_2O_3 常常被用来改善 SiO_2 玻璃的性能，可大大降低玻璃的熔融温度，提高玻璃的形成能力，同时还能让玻璃保持良好的稳定性。因此，硼硅酸盐玻璃成为用于核废物固化的首选固化基材。硼硅酸盐玻璃以 B_2O_3 和 SiO_2 为主要成分，硅氧四面体和硼氧四面体相互连接构成玻璃网络结构。但由于 B_2O_3 为层状结构，而 SiO_2 为架状结构，两者的结构不同，难以形成均一的熔体，因此一般会在体系中加入碱金属或碱土金属氧化物（如 Na_2O、CaO），这样不仅能降低玻璃的熔点和黏度，而且其提供的游离氧能将玻璃体中的硼氧三角体[BO_3]转变成硼氧四面体[BO_4]⁻，使其与[SiO_4]形成稳定的网络结构[6]。目前大量的研究集中于在钠硼硅酸盐玻璃体系中加入少量其他修饰型氧化物，如 Al_2O_3、Li_2O、CaO 和 ZnO。Na_2O 能降低玻璃高温熔融所需的温度，提高玻璃液的流动性，阻碍玻璃析晶，将 B_2O_3 转变为[BO_4]⁻单元，但会弱化玻璃结构，导致玻璃稳定性下降；BaO 有降低玻璃高温熔融所需的温度，提高玻璃液的流动性，增强玻璃结构，提高玻璃稳定性的作用；CaO 有降低玻璃高温熔融所需的温度，提高玻璃液的流动性，促进玻璃析晶，提高玻璃稳定性的作用；Al_2O_3 在提高玻璃稳定性的同时，也会提高玻璃熔融温度；含有 ZrO_2 或 P_2O_5、CaO 或 Al_2O_3 的硅酸盐玻璃在浸出过程中会在玻璃表面形成溶解度很小的保护层，从而增强玻璃的化学稳定性。加入 BaO 的硼硅酸盐对含锕系元素钍（Th）的 ThO_2 的包容量高达 15.86%，对 UO_3 的包容量达 7.5%。

近几年，对玻璃固化的研究主要集中在玻璃固化体的形成过程、长期稳定性、辐照稳定性等方面。武汉理工大学的 Xu 等[7, 8]在 700℃ 以下模拟了核废物玻璃原料向玻璃转变和相的转变的过程，揭示了原料向玻璃转变的机理，包括：①水分的挥发；②含氧离子盐和硼酸盐的熔解和分解；③中间相的形成；④石英的熔解；⑤泡沫状玻璃熔融物的膨胀与坍塌。当熔融温度在 700℃ 以上时，铝硅酸盐中间相和石英颗粒在连续的硼硅酸盐熔体中逐渐熔解，并随瞬时的泡沫状熔融物膨胀。了解这些反应和相变过程有助于建模和最大化核废物玻璃原料的利用率。

美国 PNNL（Pacific Northwest National Laboratory，太平洋西北国家实验室）的 Kroll 等[9]针对储存在 Hanford（汉福德）的将进行玻璃固化处理的高铝高放废物，设计和测试了满足固化条件的玻璃配方，并证实对于典型的 Hanford 高铝 HLW，设计的玻璃配方在含 30%～35% 的 Al_2O_3 时能满足 Hanford 的固化生产要求，该实验结果也证明了当前用于预测含 30% 以上 Al_2O_3 玻璃固化体的玻璃组成-性能模型的适用性，但要改进该玻璃组成-性能模型，还需要更多 Al_2O_3 含量在 30% 以上的数据。

针对放射性废物的处理方法主要包括将放射性核素以玻璃或陶瓷固化体的形式固定在不锈钢罐中，以进行深地质处置，因此研究固化体的腐蚀机制、建立腐蚀模型对评估固化体在地下长期储存过程中的稳定性不可或缺。美国 PNNL 针对这一研究课题做了大量研究。硼硅酸盐玻璃的溶解速率取决于玻璃的成分以及溶液的温度、pH 和化学成分等因素，Neeway 等[10]研究了温度和 pH 对三种模拟高放废物玻璃固化体（SON68、ISG、AFCI）溶解速率的影响，实验采用了单通道流量通过测试方法，测试温度分别设定为 23℃、40℃、70℃ 和 90℃，pH（22℃）分别为 9、10、11 和 12。该研究得到了玻璃在不同浓度溶液中的正向溶解速率，为了解玻璃在溶液中的溶解机制打下了坚实基础。而研究硼硅酸盐玻璃在原子尺度下的溶蚀过程是建立腐蚀模型的关键，Kerisit 和 Du[11]提出了一种新的用于非晶态的蒙特卡罗法，其代替了在模拟硼硅酸盐玻璃溶解时使用立方晶格表达形式的传统的蒙特卡罗法，用这种新的方法可以研究两种体系的钠硼硅酸盐玻璃在稀释条件下的溶解情况，这种方法使用的输入模型为用分子动力学模拟生成的原子尺度的玻璃结构。此外，他们还采用蒙特卡罗法模拟了辐射引起的硼硅酸盐玻璃固化体结构变化对腐蚀的影响，模拟结果表明，腐蚀动力学过程和腐蚀程度变化的主要原因是局部结构变化引起玻璃网络解聚程度变化。目前，安全性和性能评估模型只考虑了储存库中地下水的化学性质（如 pH），并没有考虑在固化体与屏障材料接触的界面处腐蚀可能会显著加剧，而这可能是由溶液化学性质的变化和有限空间内局部酸碱度的变化导致的。Guo 等[12]为了研究界面相互作用对固化体腐蚀的影响，将玻璃/陶瓷固化体与用于制造储存罐的不锈钢材料 SS316 挤压在一起，并在 90℃ 的 0.6mol/L NaCl 溶液中腐蚀 30 天（模拟储存罐里的化学环境），发现当不同材料在水环境中直接接触时，其腐蚀产物可能会产生反馈效应，从而影响其腐蚀行为。该研究为改进当前用于预测固化体在地下水环境中的腐蚀机制的模型提供了新的思路——应加入潜在的协同腐蚀行为，避免低估了腐蚀情况。

虽然目前玻璃固化已经投入工业化应用，但一些元素和组分要通过玻璃来进行固化并保持持续的稳定性是非常困难的，因为它们在玻璃体系中的溶解度非常低，包括溶解度在 1%以下的 Ag、Au、Hg、Pd、Pt 和 Rh，溶解度在 5%以下的 Am、As、Cd、Ce、Cm、Co、Cr、Dy、Eu、Hf、Mo、Ni、Np、P、Pm、Re、Sb、Se、Sm、Sn、Tc、Te、Tl、W 和 Y。而且玻璃属于热力学亚稳相，当其长期处于数百度高温和潮湿等极端环境下时，会发生溶蚀、自发析晶、稳定性降低等现象，从而致使浸出率大幅度提升。而在进行固化处理时，放射性核素裂变产生的高温可引起玻璃失透，从而降低固化体的性能。虽然玻璃固化技术发展了 40 年，但是仍有很多问题需要得到解决，如在玻璃固化体进行地质处置之前弄清放射性核素溶解的关键机制、辐照对玻璃的影响（包括对结构和长期性能的影响）等，另外需要通过更系统的研究来评估放射性核素在衰变与进行储存时可能会接触到的所有环境材料（如铁腐蚀产物、地下水、主岩、水泥等）的耦合效应，以模拟出实际老化条件对玻璃固化体的影响。

2. 磷酸盐玻璃固化材料

磷酸盐玻璃固化源于对钠磷酸盐玻璃的研究，得到的玻璃固化体存在对高放废物包容量低、对一些重金属溶解度小、化学稳定性差以及对炉膛腐蚀性强等缺点。而铅铁磷酸盐玻璃与钠磷酸盐玻璃相比，化学稳定性有所提高，但其他缺点仍没有被克服。然而，原料的摩尔组成为 $40Fe_2O_3$-$60P_2O_5$ 的固化体对金属离子和高放核废料的包容量大于35%，化学稳定性不亚于硼硅酸盐玻璃，且熔融温度低[13]。通过研究摩尔组成为 $[(1-x)(0.6P_2O_5$-$0.4Fe_2O_3)]$-xR_ySO_4（$x = 0\sim0.5$，R = Li、Na、K、Mg、Ca、Ba、Pb，$y = 1,2$）的玻璃发现[14]，增加氧化物的含量会使桥氧键减少，结构解聚；碱性氧化物略微提高了玻璃化转变温度，但对密度几乎没有影响，玻璃析晶温度为 $600\sim700\,℃$；二价碱土金属氧化物明显增加了玻璃的密度，析晶温度为 $700\sim800\,℃$，添加的二价碱土金属氧化物摩尔分数为 30%～50%时，玻璃的浸出率比硼硅酸盐玻璃低 2～3 个数量级。针对稀土元素 Y、La、Nd、Sm 和 Gd 对摩尔组成为 $12CaO$-$20Fe_2O_3$-$68P_2O_5$ 玻璃的结构和物理性能影响的研究显示，该玻璃对稀土元素的包容量约为 10%（摩尔分数），稀土离子场强越大、含量越高，结构中焦磷酸盐基团数量越多[13]。此外，研究发现铁磷酸盐玻璃（IP）对 Cr_2O_3 的包容量达到了 4.1%，远远超过了其在硼硅酸盐玻璃中的包容量，且化学稳定性较强。极化率大的金属阳离子如 Al^{3+}、Zr^{4+}、Fe^{3+}、Cr^{3+}等在铁磷酸盐玻璃中可形成 O—Me—O—P 键，连接焦磷酸盐基团和正磷酸盐基团可进一步提高铁磷酸盐玻璃的抗腐蚀性。Na_2O-FeO-Fe_2O_3-P_2O_5（NFP）（$3.25 < O/P < 3.5$，$0 < Fe/P < 0.67$，物质的量比）玻璃的结构研究表明，磷酸盐基团的平均链长随着 O/P 物质的量比的增加而缩短，O/P 物质的量比一致时，Fe/P 物质的量比越大磷酸根离子分布越广。此外，向铁磷酸盐玻璃中加入 B_2O_3 后，由于 B_2O_3 质量吸收系数和热中子吸收系数比 P_2O_5 高许多，玻璃的抗辐照能力提高，且 B_2O_3 更有利于玻璃的形成，适量的 B_2O_3 在提高玻璃化转变温度时不

会提高玻璃中元素的浸出率[15, 16]。Fe_2O_3-B_2O_3-P_2O_5（IBP）体系玻璃固化一定量的
Na_2O/K_2O、CeO_2、ZrO_2、La_2O_3、Cr_2O_3、Gd_2O_3 或模拟核废物后仍然具有较好的结构和
性能[1, 5, 13, 14, 16, 17]。

　　用不同能量的离子辐照铁磷酸盐玻璃固化体，模拟核废物中锕系元素产生 α 衰变对
玻璃固化体的影响，模拟结果显示，经 750keV 的 Bi 离子辐照后，玻璃固化体发生了聚
合反应，在 $2×10^{17}$ions/cm^2 高辐照强度下，观察到氦泡的形成[1]。为了进一步研究铁磷
酸盐玻璃的辐照稳定性，在该体系玻璃中加入锕系核素的模拟元素铈，辐照后，在掺杂
铈的玻璃中明显观察到铁离子的还原，该现象可能会导致玻璃析晶，使固化体最终的化
学稳定性有所降低。这给我们提供了启示，在研究组分时，离子的价态至关重要。此外，
大多数锕系元素在磷酸盐玻璃固化体中的溶解度仍有限，且玻璃属于介稳相，具有自发
结晶的趋势，这可能会降低玻璃的化学稳定性。

1.6.2　玻璃陶瓷固化材料

　　1957 年，康宁公司首次提出用玻璃陶瓷的概念来定义其发现的一种材料"Pyroceram"
（玻璃代号 9606），基于这种材料的生产流程将玻璃陶瓷定义为"通过先熔融形成含有成
核剂的特殊玻璃，再对玻璃进行析晶控制而制成的材料"[18]。1959 年，Stookey 采用一
种统一的方法对两种材料使用了玻璃陶瓷这一术语，而不依赖于所使用的成核剂类型
（Cu、Ag、Au 或 TiO_2）[19]。自此，玻璃陶瓷这一概念吸引了广大的研究者，玻璃陶瓷材
料也由于其优异的热学性能和机械性能得到了广泛的应用。传统的玻璃陶瓷制备路线
包括：①通过熔融、均化和精炼形成光学上均匀的玻璃，通常含有一种或多种晶核剂；
②通过热成型（压制、吹制、轧制等）制成玻璃制品；③通过受控的热处理诱导内部析
晶，从而得到无孔且具备所需功能的玻璃陶瓷。制备玻璃陶瓷的前两个步骤（步骤①和
步骤②）首先要求有能力制备玻璃，而第三个步骤（步骤③）需要应用液相-晶相转变动
力学来发展出一种时间-温度关系变化使玻璃转变为玻璃陶瓷。如图 1-3 所示，通过以下
几种方法可以获得具有理想形状的玻璃：高于液相温度 T_L 的熔融-淬火法、低于玻璃化转
变温度 T_g 的溶胶-凝胶法和高于 T_g 的气相沉积法。而玻璃陶瓷的形成，可通过冷却和经
历一个阶段或两个阶段的热处理过程来实现。如今，经过 60 多年的发展，除了上述传统
制备方法外，玻璃陶瓷的制备还可以通过控制熔体的冷却速率而得以实现。而 Deubener[20]
重新对玻璃陶瓷进行了定义，即玻璃陶瓷是一种无机非金属材料，通过不同的加工方法
对玻璃进行析晶控制而制成。它至少包含一种功能性的结晶相和一种残余玻璃相，结晶
相的体积分数为 0.0001%～100%。

　　在核废料处理领域，玻璃陶瓷固化是指利用特定的基础玻璃组分，通过在热处理过
程中控制析晶温度及程序，获得既含有微晶相又含有玻璃相的质地坚硬且密度均匀的复
相材料——玻璃陶瓷固化体[1, 5]。它兼具玻璃固化和陶瓷固化的优点，能将长寿命的放射
性核素固定到材料结构的陶瓷相晶格中，而其他一些核素或不具有放射性的组分被包容
到玻璃相中。玻璃陶瓷固化从本质上解决了玻璃固化基材核素包容量高和化学稳定性好
之间不可协调的矛盾，克服了纯陶瓷固化基材对高放核废料中核素的选择性强、陶瓷固

化技术不成熟的局限，且玻璃陶瓷固化能直接利用制备玻璃固化体的生产设备及部分工艺。因此，优于玻璃固化和陶瓷固化的玻璃陶瓷固化已成为高放核废料固化处理技术的发展方向之一。

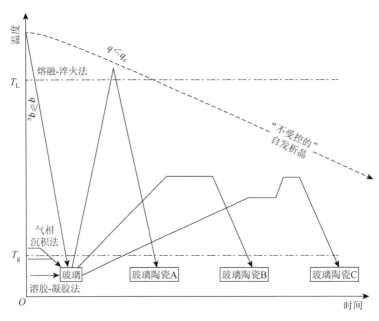

图 1-3　制备玻璃和玻璃陶瓷的几种途径

注：q 为冷却速率；q_c 为玻璃的临界冷却速率

玻璃陶瓷固化处理技术最早出现在 1976 年的德国，其目的是通过部分析晶提高当时所用的核废料硼硅酸盐玻璃的热稳定性和机械性能。从那时起，研究者们设想了各种各样的玻璃陶瓷固化体来固化处理民用或军用核废料后处理回收的高放废液中未分离的放射性核素。例如，对硼硅酸盐玻璃进行晶化处理，在 1175～1250℃ 的熔融温度下制备玻璃前驱体，并在大约 620℃ 和 800℃ 下对玻璃分别进行核化和析晶处理，得到一些特别的晶相，包括主晶相钡长石（$BaAl_2Si_2O_8$）、其他的晶相有烧绿石（$Re_2Ti_2O_7$）、白钨矿（$BaMoO_4$）、铯榴石（$CsAlSi_2O_6$）和含钼的方岩[$Na_8Al_6MoO_4(SiO_4)_6$]，其中烧绿石相作为锕系元素和锶的宿主相，而铯榴石作为铯和铷的宿主相，贵金属裂变产物会以小金属滴的形式析出[21]。相较于硼硅酸盐玻璃，钡长石玻璃陶瓷的机械性能得到了提升，但由于硼的含量较高，化学稳定性并没有优势，因此，钡长石玻璃陶瓷的研究被限制。为了制备一种硼含量低、化学稳定性好的玻璃陶瓷，有研究者在 1200℃ 的熔融温度下制备玻璃前驱体，随后于 600℃ 和 900～960℃ 下对玻璃分别进行核化和析晶处理，得到主晶相为硅钛钡石（$BaTiSi_2O_8$）的玻璃陶瓷，其余晶相包括钡柱红石（$BaFe_2Ti_6O_{16}$）、烧绿石和白钨矿，其中白钨矿相作为钡和锶的宿主相，而铯主要存在于无定形的玻璃相中。尽管这些玻璃陶瓷表现出机械性能提升，但是其化学稳定性还不尽如人意，因此，体系的研究工作也被限制。因为同样的问题，研究被限制的玻璃陶瓷体系还有钙钛矿基玻璃陶瓷固化体[21]。除上述几种玻璃陶瓷固化体外，主晶相为透辉石（$CaMgSi_2O_6$）的玻璃陶瓷也具有相对较低的浸出率，这使得它成为高放核废料固化处理的潜在候选固化体。

美国 PNNL 的 Crum 等[22]研究了能固化铯、镧系元素和过渡金属裂变产物的多相硼硅酸盐玻璃陶瓷的制备，通过慢冷法得到了钼钙矿相和硅酸盐氧磷灰石相共存的玻璃陶瓷固化体。在随后的研究中，McCloy 等[23]将钼钙矿［$(RE, A, AE)MoO_4$］（A = 碱金属，AE = 碱土金属）、硅酸盐氧磷灰石[$(RE, A, AE)_{10}(SiO_4)_6O_2$]、方铈石［$(Ce, Zr)O_2$］、镧系硼硅酸盐（$RE_3BSi_2O_{10}$）、铯榴石（$CsAlSi_2O_6$）或者钡长石（$AEAl_2Si_2O_8$）作为目标晶相，研究了各种热处理制度对简化成 8 种氧化物体系的核废物玻璃配方制成的玻璃（玻璃陶瓷）的相分离和析晶情况的影响，发现慢冷法或在 975℃下长时间做保温处理可以使结晶率显著提高。而对于这 8 种核废物玻璃固化体来说，1250℃是一个临界温度，在该温度以下进行等温处理后淬火会导致出现 Mo 液滴相的分离与氧磷灰石相和钼钙矿相的析晶。从对玻璃陶瓷的研究来看，可通过控制组分来达到控制析晶的目的。冷却速率和组分对晶相形成的影响需要得到更精确的研究，以消除玻璃相与晶相之间界面应力引起的化学稳定性问题。在钙钛锆石基钡硼硅酸盐玻璃陶瓷固化体中，当包容的 Nd_2O_3 的质量分数为 6%或者 SO_3 的摩尔分数为 1.1%时，能形成均匀致密的结构，而当 SO_3 的摩尔分数达到 4%时，在该玻璃陶瓷固化体表面会形成一层单独包含 Na_2SO_4 和 $BaSO_4$ 的白色硫酸盐层[24]。近几年，研究者们对各种玻璃陶瓷固化体进行了大量研究[1, 25-27]。

针对铁磷酸盐玻璃陶瓷体系，研究者们也做了大量研究[5, 13, 17]。例如，采用不完全熔融法，用铁硼磷酸盐玻璃体系配方固化了模拟核素镧、钆、铈，发现当镧的摩尔分数≥6%，超过玻璃体系的溶解度时，固化体中会出现部分析晶，产生独居石相 $LaPO_4$；当钆的摩尔分数≥4%时，会出现部分析晶，产生独居石相 $GdPO_4$；当铈的摩尔分数≥6%时，会出现部分析晶，产生独居石相 $CePO_4$。总的来说，这些固化体均拥有良好的化学稳定性[5]。使用摩尔组成为 $xCeO_2$- $(100-x)(40Fe_2O_3$-$60P_2O_5)$（$0 \leq x \leq 8$）的磷酸盐配合料，通过慢冷法可制备铁磷酸盐玻璃陶瓷，用以固化模拟核素 Ce，得到主晶相为独居石 $CePO_4$ 相、次晶相为 $FePO_4$ 相的玻璃陶瓷固化体，并且该固化体具有良好的化学稳定性[28, 29]。对基于 Fe_2O_3-B_2O_3-P_2O_5 体系固化 Ce 的玻璃陶瓷的制备过程做进一步分析，采用不完全熔融法可制备 $CePO_4$ 作为唯一晶相的玻璃陶瓷固化体，同时也可成功制备主晶相为磷酸锆钠相（NZP）的磷酸盐玻璃陶瓷固化体，说明传统的玻璃制备工艺也可用于玻璃陶瓷的制备合成[13]。

俄罗斯弗鲁姆金物理化学和电化学研究所的 Stefanovsky 等[30-32]除了致力于用磷酸盐玻璃固化高钠铝含量的高放废物，也尝试对玻璃陶瓷固化技术进行了研究，对硼硅酸盐体系和磷酸盐体系分别通过高温熔融取出和熔融后缓冷法对含钠铝的模拟高放废物进行了固化处理。在对硼硅酸盐体系的研究中[31]，他们发现当模拟高放废物的包容量为 45%时，直接熔融取出的固化体中有少量尖晶石相和微量霞石相(Na, K)Al-SiO_4，而在缓冷的固化体中废物的含量高达 50%，而且含有更多的尖晶石相和霞石相。在对磷酸盐体系的研究中[32]，他们通过直接熔融取出和熔融后缓冷法制备了包含 5%～20%稀土元素的钠铝（铁）磷酸盐玻璃陶瓷固化体，在含铁和不含铁的组分中，分别得到了主晶相为 Na-Al-Fe

正磷酸盐和独居石相的玻璃陶瓷固化体，并且通过熔融后缓冷法制备的固化体中的晶相含量比直接熔融取出的固化体中的晶相含量高。由此可以看出，熔融后缓冷法也是一种制备玻璃陶瓷固化体的简单可行的方法。

虽然玻璃陶瓷固化兼具玻璃固化和陶瓷固化的优点，但目前对玻璃陶瓷固化的研究相比玻璃固化还相当基础。要想玻璃陶瓷固化成为一种工业化应用的固化技术，还需要做大量的研究和前期实验。

1.6.3 陶瓷固化材料

为了弥补玻璃固化的一些不足（如在玻璃熔融温度下某些高放核废料中的元素挥发、一些放射性核素在玻璃中的溶解度低），研究者们对陶瓷固化进行了研究开发，如鲁克海文国家实验室的 Hatch[33]在 1953 年提出将核废料中的放射性元素固定在矿物相组合中。而1973～1976 年，宾夕法尼亚州立大学的研究者证明了用天然矿物稳定相制备陶瓷的可行性[34]。从那时起，各种各样的矿物陶瓷组合被开发出来，包括 Sandia 的钛酸盐基陶瓷、澳大利亚"SYNROC"陶瓷、氧化铝基陶瓷和用于 Pu 固化的烧绿石陶瓷等[35, 36]，其中最著名的是 SYNROC 系列陶瓷。选择这一系列的陶瓷作为固化基材的原因是[1]：SYNROC属于一种钛酸盐陶瓷，基于自然界产生的矿物质，而这些自然界中的矿物质本身就含有各种锕系元素并能长期稳定地存在。SYNROC 通常是锰钡矿（$BaAl_2Ti_2O_6$）、钙钛矿（$CaTiO_3$）、钙钛锆石（$CaZrTi_2O_7$）和金红石（TiO_2）的组合形式，具体的组成取决于使用条件。比如，SYNROC-C 是为了固化反应堆乏燃料后处理产生的商业废物而开发的，SYNROC-D 用于固化处理军事方面的放射性废物，SYNROC-E 是为了提高固化体的长期稳定性而开发的，SYNROC-F 用于固化未经处理的含有大量铀和钍的乏燃料。一般来说，10%～20%的高放核废料氧化物可以被固化在锰钡矿相、钙钛矿相和钙钛锆石相中，其中钙钛锆石相更倾向于用来固化锕系元素，四价的离子会取代钙钛锆石结构中的 Zr 位，而三价离子会取代结构中的 Ca 位。SYNROC 的制备工艺包括单轴热压工艺、热等静压工艺、冷压工艺和前驱体粉末烧结工艺。

陶瓷是一种多相或单相的多晶材料，一般由前驱体粉末在相对较高的温度下经过压制烧结而成，主要的烧结方法有冷压烧结、热等静压烧结、单轴热压烧结和电火花等离子体烧结等。陶瓷固化体相较于玻璃固化体，具有如下优点[3, 37]：①陶瓷具有更高的机械性能；②陶瓷的热稳定性更好，而且导热系数通常高于玻璃；③陶瓷的化学稳定性更好，相同化学组成的玻璃的化学稳定性要比陶瓷低 1～2 个数量级；④某种高浓度的特定废物可以被包容在陶瓷的结构中，如次锕系元素和锕系元素。虽然陶瓷固化的优点众多，但目前除了 SYNROC 多相陶瓷处于开始工业化应用阶段，陶瓷固化总体上仍处于实验室研究阶段，并未投入工业化应用。在陶瓷相中，放射性核素能占据结构中特定的原子位置，但是容纳的核素受到尺寸、电荷和键方面的限制，这就意味着理想的固化体中陶瓷相通常应具有相对复杂的结构类型、许多大小和形状不同的配位多面体，并且要具有多种取代方案，以便与取代的离子实现电荷平衡。

目前，多个国家都在研究用于高放核废料处理的陶瓷固化技术，旨在提高高放核废料固化体在储存、运输和处置过程中的环境安全性。正在研究的主要陶瓷相包括烧绿石、钙钛锆石、钙钛矿、锰钡矿、石榴石等，一些潜在的可用于锕系元素固化的陶瓷相列于表 1-1[1] 中。

表 1-1　潜在的可用于锕系元素固化的陶瓷相[1]

结构类型	化学组成
萤石	ThO_2，UO_2，PuO_2，ZrO_2，CeO_2
烧绿石	$A_2B_2O_7$，$RE_2Ti_2O_7$，$Ga_2Ti_2O_7$
钙钛锆石	$CaZrTi_2O_7$
钙钛矿	$CaTiO_3$
石榴石结构铁酸盐	$Ca_{1.5}GdTh_{0.5}ZrFeFe_3O_{12}$，$Ca_{2.5}Ce_{0.5}Zr_2Fe_3O_{12}$
锆石	$ZrSiO_4$
磷灰石	$Ca_{4-x}RE_{6+x}(SiO_4)_6O_{1+0.5x}$
榍石	$CaTiSiO_5$
独居石	$CePO_4$，$LaPO_4$
磷酸锆钠	$NaZr_2(PO_4)_3$
二磷酸磷酸钍	$Th_4(PO_4)_4P_2O_7$
磷钇矿	YPO_4

采用固相反应法并以 $CaCO_3$、ZrO_2、TiO_2 和 MoO_2 为原料，可制备一系列钙钛锆石相陶瓷 $CaZr(Ti_{2-x}Mo_x)O_7$（$0 \leqslant x \leqslant 0.4$），以此来固化锝的无放射性结构替代物钼。研究结果表明，在真空条件下可以制备单相钙钛锆石陶瓷[38]。利用自蔓延高温合成法，可制备钙钛锆石陶瓷固化体，其中 $Ca(NO_3)_2$ 作为氧化剂，Ti 作为还原剂，得到的固化体主晶相为钙钛锆石-2M 型，次晶相为钙钛矿（$CaTiO_3$）和烧绿石（$Ca_2Ti_2O_6$）。当固化四价核素的模拟元素 Ce 时，发现能进入钙钛锆石结构中 Zr 位的 Ce^{4+} 摩尔分数为 50%，但由于次晶相的产生，Ce 更容易取代钙钛矿和烧绿石的 Ca 位，而不是钙钛锆石的 Zr 位[39]。研究[40,41]显示，在 $CaZrTi_2O_7$（钙钛锆石相）-$Sm_2Ti_2O_7$（烧绿石相）多相陶瓷体系中，随着 Sm^{3+} 掺量的增加，相的转变过程为钙钛锆石-2M 型→钙钛锆石-4M 型→烧绿石，另外有次晶相钙钛矿生成，并且钙钛矿相的比例增加；在 $CaZrTi_2O_7$-$Nd_2Ti_2O_7$ 多相陶瓷体系中，随着 Nd^{3+} 掺量的增加，相的转变过程为单斜钙钛锆石-2M 型→单斜钙钛锆石-4M 型→立方钙钛矿→立方烧绿石→单斜 $Nd_2Ti_2O_7$，并且在 Nd^{3+} 的摩尔分数小于 51%时，钙钛锆石结构不会发生任何相的分离。经性能测试，这两种体系都适用于某些高放核废料的固化处理。

1997 年研究人员利用 ANSTO（Australian Nuclear Science and Technology Organization，澳大利亚核科学与技术组织）和美国阿贡国家实验室联合开发的技术对 SYNROC 陶瓷固化高放废物的水平进行了测试；在澳大利亚、美国、日本和英国的联合研究中，关于 SYNROC 系列陶瓷性能的基础研究仍在继续进行。因此，SYNROC 陶瓷成为最有可能代替玻璃固化体的固化基材，陶瓷固化技术也有望成为一种可大规模投入商业化应用的固化技术。

参 考 文 献

[1] 竹含真. 硼硅酸盐玻璃陶瓷固化体结构与化学稳定性的研究[D]. 绵阳：西南科技大学，2020.

[2] 徐凯. 核废料玻璃固化国际研究进展[J]. 中国材料进展，2016，35（7）：481-488.

[3] Ojovan M I，Lee W E，Kalmykov S N. An Introduction to Nuclear Waste Immobilisation[M]. Amsterdam：Elsevier，2019.

[4] 罗上庚. 放射性废物概论[M]. 北京：原子能出版社，2003.

[5] 王辅，廖其龙，竹含真，等. 高放核废料磷酸盐玻璃陶瓷固化研究进展[J]. 核化学与放射化学，2021，43（6）：441-452.

[6] 丁新更，李平广，杨辉，等. 硼硅酸盐玻璃固化体结构及化学稳定性研究[J]. 稀有金属材料与工程，2013，42（S1）：325-328.

[7] Xu K，Hrma P，Rice J，et al. Melter feed reactions at $T \leqslant 700\,℃$ for nuclear waste vitrification[J]. Journal of the American Ceramic Society，2015，98（10）：3105-3111.

[8] Xu K，Hrma P，Rice J A，et al. Conversion of nuclear waste to molten glass：cold-cap reactions in Crucible Tests[J]. Journal of the American Ceramic Society，2016，99（9）：2964-2970.

[9] Kroll J O，Nelson Z J，Skidmore C H，et al. Formulation of high-Al_2O_3 waste glasses from projected Hanford waste compositions[J]. Journal of Non-Crystalline Solids，2019，517：17-25.

[10] Neeway J J，Rieke P C，Parruzot B P，et al. The dissolution behavior of borosilicate glasses in far-from equilibrium conditions[J]. Geochimica et Cosmochimica Acta，2018，226：132-148.

[11] Kerisit S，Du J C. Monte Carlo simulation of borosilicate glass dissolution using molecular dynamics-generated glass structures[J]. Journal of Non-Crystalline Solids，2019，522：119601.

[12] Guo X L，Gin S，Lei P H，et al. Self-accelerated corrosion of nuclear waste forms at material interfaces[J]. Nature Materials，2020，19（3）：310-316.

[13] 刘金凤. 锆磷酸盐玻璃陶瓷固化体的结构与性能研究[D]. 绵阳：西南科技大学，2019.

[14] Wang F，Liao Q L，Dai Y Y，et al. Immobilization of gadolinium in iron borophosphate glasses and iron borophosphate based glass-ceramics：implications for the immobilization of plutonium（Ⅲ）[J]. Journal of Nuclear Materials，2016，477：50-58.

[15] Deng Y，Liao Q L，Wang F，et al. Synthesis and characterization of cerium containing iron phosphate based glass-ceramics[J]. Journal of Nuclear Materials，2018，499：410-418.

[16] 王辅. 铁硼磷酸盐玻璃固化体结构与性能的研究[D]. 绵阳：西南科技大学，2010.

[17] 李利. 铈铁磷酸盐玻璃陶瓷固化体的形成与性能研究[D]. 绵阳：西南科技大学，2020.

[18] Stookey S D. History of the development of pyroceram[J]. Research Management，1958，1（3）：155-163.

[19] Stookey S D. Catalyzed crystallization of glass in theory and practice[J]. Industrial & Engineering Chemistry，1959，51（7）：805-808.

[20] Deubener J，Allix M，Davis M J，et al. Updated definition of glass-ceramics[J]. Journal of Non-Crystalline Solids，2018，501：3-10.

[21] Lutze W，Borchardt J，Dé A K. Characterization of glass and glass-ceramic nuclear waste forms[C]//Scientific Basis for Nuclear Waste Management. Boston，MA：Springer US，1979：69-81.

[22] Crum J V，Turo L，Riley B，et al. Multi-phase glass-ceramics as a waste form for combined fission products：alkalis，alkaline earths，lanthanides，and transition metals[J]. Journal of the American Ceramic Society，2012，95（4）：1297-1303.

[23] McCloy J S，Riley B J，Crum J，et al. Crystallization study of rare earth and molybdenum containing nuclear waste glass ceramics[J]. Journal of the American Ceramic Society，2019，102（9）：5149-5163.

[24] Wu L，Li H D，Wang X，et al. Effects of Nd content on structure and chemical durability of zirconolite-barium borosilicate glass-ceramics[J]. Journal of the American Ceramic Society，2016，99（12）：4093-4099.

[25] Loiseau P，Caurant D，Baffier N，et al. Glass-ceramic nuclear waste forms obtained from SiO_2-Al_2O_3-CaO-ZrO_2-TiO_2 glasses containing lanthanides（Ce，Nd，Eu，Gd，Yb）and actinides（Th）：study of internal crystallization[J]. Journal of Nuclear Materials，2004，335（1）：14-32.

[26]　Kong L G, Wei T, Zhang Y J, et al. Phase evolution and microstructure analysis of CaZrTi$_2$O$_7$ zirconolite in glass[J]. Ceramics International, 2018, 44（6）: 6285-6292.

[27]　Kong L G, Karatchevtseva I, Chironi I, et al. CaZrTi$_2$O$_7$ zirconolite synthesis: from ceramic to glass-ceramic[J]. International Journal of Applied Ceramic Technology, 2019, 16（4）: 1460-1470.

[28]　Li L, Wang F, Liao Q L, et al. Synthesis of phosphate based glass-ceramic waste forms by a melt-quenching process: the formation process[J]. Journal of Nuclear Materials, 2020, 528: 151854.

[29]　Wang F, Li L, Zhu H Z, et al. Effects of heat treatment temperature and CeO$_2$ content on the phase composition, structure, and properties of monazite phosphate-based glass-ceramics[J]. Journal of Non-Crystalline Solids, 2022, 588: 121631.

[30]　Stefanovsky S V, Stefanovsky O I, Remizov M B, et al. FTIR and Mössbauer spectroscopic study of sodium-aluminum-iron phosphate glassy materials for high level waste immobilization[J]. Journal of Nuclear Materials, 2015, 466: 142-149.

[31]　Stefanovsky S V, Sorokaletova A N, Nikonov B S. Phase composition and elemental partitioning in glass-ceramics containing high-Na/Al high level waste[J]. Journal of Nuclear Materials, 2012, 424（1-3）: 75-81.

[32]　Stefanovsky S V, Stefanovsky O I, Kadyko M I, et al. Sodium aluminum-iron phosphate glass-ceramics for immobilization of lanthanide oxide wastes from pyrochemical reprocessing of spent nuclear fuel[J]. Journal of Nuclear Materials, 2018, 500: 153-165.

[33]　Hatch L P. Ultimate disposal of radioactive wastes[J]. American Scientist, 1953, 41（3）: 410-421.

[34]　McCarthy G J. Quartz matrix isolation of radioactive wastes[J]. Journal of Materials Science, 1973, 8（9）: 1358-1359.

[35]　Jantzen C M, Lee W E, Ojovan M I. 6-Radioactive waste（RAW）conditioning, immobilization, and encapsulation processes and technologies: overview and advances[M]//Lee W E, Ojovan M I, Jantzen C M. Radioactive Waste Management and Contaminated Site Clean-Up. British: Woodhead Publishing, 2013: 171-272.

[36]　Ringwood A E, Kesson S E, Ware N G, et al. Immobilisation of high level nuclear reactor wastes in SYNROC[J]. Nature, 1979, 278: 219-223.

[37]　Donald I W. Waste Immobilization in Glass and Ceramic Based Hosts: Radioactive, Toxic and Hazardous Wastes[M]. Chichester, UK: John Wiley & Sons, 2010.

[38]　Stennett M C, Lee T H, Bailey D J, et al. Ceramic immobilization options for technetium[J]. MRS Advances, 2017, 2（13）: 753-758.

[39]　Zhang K B, Wen G J, Zhang H B, et al. Self-propagating high-temperature synthesis of CeO$_2$ incorporated zirconolite-rich waste forms and the aqueous durability[J]. Journal of the European Ceramic Society, 2015, 35（11）: 3085-3093.

[40]　Jafar M, Sengupta P, Achary S N, et al. Phase evolution and microstructural studies in CaZrTi$_2$O$_7$(zirconolite)-Sm$_2$Ti$_2$O$_7$（pyrochlore）system[J]. Journal of the European Ceramic Society, 2014, 34（16）: 4373-4381.

[41]　Jafar M, Sengupta P, Achary S N, et al. Phase evolution and microstructural studies in CaZrTi$_2$O$_7$（zirconolite）-Sm$_2$Ti$_2$O$_7$（pyrochlore）system[J]. Journal of the European Ceramic Society, 2014, 34（16）: 4373-4381.

第2章　硼硅酸盐玻璃固化材料

2.1　硼硅酸盐玻璃固化基材

2.1.1　硼硅酸盐玻璃中各元素的作用

可按各元素与氧结合的单键键能大小，将玻璃中的阳离子氧化物分为三类，即网络形成体氧化物、网络修饰体氧化物和网络中间体氧化物。现分别对这几类氧化物在硼硅酸盐玻璃中的作用进行简要介绍。

（1）网络形成体氧化物是形成玻璃的主体，这类氧化物能够单独生成玻璃，如 SiO_2、P_2O_5、B_2O_3、As_2O_5、GeO_2 等。

（2）网络修饰体氧化物不能单独生成玻璃，它是结构中游离氧的提供者，主要起断网的作用。然而，一些高电荷的阳离子是网络的积聚者，这与阳离子的场强大小有关：当阳离子场强较小时，以断网作用为主；当阳离子场强较大时，以补网作用为主。作为网络修饰体的氧化物主要有碱金属氧化物和部分碱土金属氧化物，如 Na_2O、K_2O、Li_2O、CaO、BaO、SrO 等。

（3）网络中间体氧化物是介于网络形成体氧化物和网络修饰体氧化物之间的氧化物，这类氧化物一般不能独立形成玻璃。此类氧化物中阳离子的配位数一般为 6，夺取游离氧后，其配位数可变为 4，此时它能够起到补网作用，即起到网络形成体的作用。常见的中间体氧化物有 MgO、Al_2O_3、ZnO、TiO_2、BeO、Ga_2O_3 等。中间体氧化物同时具备了夺取和给出游离氧的能力：当阳离子场强比较大时，夺取游离氧的能力强；当阳离子场强比较小时，给出游离氧的能力强。当体系中的中间体氧化物不止一种，并且游离氧的供应不充足时，中间体离子进入网络的顺序大致如下：$[BeO_4]^{2-} \rightarrow [AlO_4]^- \rightarrow [GaO_4]^- \rightarrow [BO_4]^- \rightarrow [TiO_4] \rightarrow [ZnO_4]^{2-}$。

硼硅酸盐玻璃的主要组分为 SiO_2 和 B_2O_3。由于 SiO_2 是架状结构，B_2O_3 是层状结构，它们很难共融形成均匀一致的熔体，在高温冷却过程中会形成互不相溶的两层玻璃相。在硼硅酸盐玻璃中加入 Na_2O 后，Na_2O 会提供游离氧：当 Na_2O/B_2O_3 的物质的量比大于 1 时，$[BO_3]$ 三角体能转变为 $[BO_4]^-$ 四面体，结构也由层状转变为架状，这为形成均匀的玻璃创造了有利条件；当 Na_2O/B_2O_3 物质的量比约为 1 时，B^{3+} 形成的 $[BO_4]^-$ 四面体最多；当 Na_2O/B_2O_3 的物质的量比小于 1 时，游离氧不足，增加的 B^{3+} 不是以 $[BO_4]^-$ 四面体形式存在于玻璃中，而是以 $[BO_3]$ 三角体的形态存在，结构趋于疏松，玻璃的性能将发生逆转，此现象称为 "硼反常" 现象。

对于 Na_2O-Al_2O_3-B_2O_3-SiO_2 简单玻璃体系，当玻璃体系中 Na_2O/Al_2O_3 的物质的量比大于 1 时，$[AlO_4]^-$ 四面体与 $[SiO_4]$ 四面体之间紧密连接，形成连续的结构网，Al_2O_3 为玻璃网络形成体；当玻璃体系中 Na_2O/Al_2O_3 的物质的量比小于 1 时，$[AlO_6]$ 八面体位于 $[SiO_4]$ 四面体所形成的网络结构间隙中，此时 Al_2O_3 为玻璃网络修饰体。

对于玻璃固化体，要求熔融温度尽可能低。这就需要明确了解各种氧化物在玻璃中的作用，各种氧化物的作用大致归纳如下。

（1）SiO_2 是玻璃网络形成体氧化物。在 Na_2O-CaO-SiO_2 简单玻璃体系中，SiO_2 能使玻璃的热膨胀系数降低，玻璃的化学稳定性、热稳定性、机械稳定性和机械强度、硬度、软化温度及黏度等提高。SiO_2 的含量越高，玻璃结构中 $[SiO_4]$ 四面体的相互连接程度越高，玻璃的化学稳定性越好，但当结构中含有较多的 SiO_2 时，则需要比较高的熔融温度。

（2）B_2O_3 是玻璃网络形成体氧化物，能够使玻璃的热膨胀系数降低，热稳定性和化学稳定性提高。温度较高时，B_2O_3 可降低玻璃黏度；温度较低时，可提高玻璃黏度。此外，B_2O_3 具有助熔作用，能加快玻璃的澄清与熔化。但是当加入过量的 B_2O_3 时，含量较高的 $[BO_3]$ 三角体反而会增大玻璃的热膨胀系数等，即发生硼反常现象，玻璃的化学稳定性会有所降低。

（3）Al_2O_3 是玻璃网络中间体氧化物，可以降低玻璃的析晶倾向，提高玻璃的化学稳定性、热稳定性、机械稳定性及机械强度、黏度、硬度等，从而降低玻璃对耐火材料的侵蚀程度。当 Al_2O_3 含量较少时，形成 $[AlO_4]$ 四面体，它对 $[SiO_4]$ 网络结构起到了补网作用，能够提高玻璃的化学稳定性；当 Al_2O_3 含量过高时，由于 $[AlO_4]^-$ 四面体的体积要比 $[SiO_4]$ 四面体的体积大，因而玻璃网络致密度降低，化学稳定性也随之减弱。又由于 Al 获取游离氧的能力强于 B，并且 Al—O 键的键能比 B—O 键的键能大，故 Al_2O_3 对硼硅酸盐玻璃化学稳定性的影响较复杂。

（4）碱金属氧化物（如 Na_2O、K_2O 和 Li_2O）是玻璃网络修饰体氧化物。其中作为惰性气体型离子的 K^+ 和 Na^+，主要起断网作用；不属于惰性气体型离子的 Li^+，主要起聚网作用。当玻璃成分中，总的碱金属氧化物含量不变，用一种氧化物逐步取代另一种氧化物时，玻璃的性质会出现一个明显极值，即"混合碱效应"。

（5）CaO 是玻璃网络修饰体氧化物，主要作为稳定剂来使玻璃的化学稳定性和机械强度得到提高。CaO 含量过高时，会增强玻璃的析晶倾向，温度较高时，可以使玻璃黏度降低，促进玻璃的澄清及熔化。

（6）MgO 是玻璃网络修饰体氧化物，能使玻璃的析晶倾向和结晶速率降低，并且使玻璃在高温下的黏度增加、化学稳定性提高。

（7）一般情况下 ZnO 作为网络修饰体，以 $[ZnO_6]$ 八面体形态存在；当玻璃结构中含有足够多的游离氧时，可以形成 $[ZnO_4]$ 四面体，玻璃结构趋于稳定。

2.1.2　正交实验设计

国内外几种比较典型的高放核废料玻璃的主要成分见表 2-1。为了提高硼硅酸盐玻璃固化体的综合性能，加入 Li_2O、K_2O、CaO、ZnO 代替 Na_2O。碱金属氧化物本身可以降低玻璃的熔融温度，它们混合后产生的混合碱效应有利于提高玻璃的化学稳定性，用 CaO 来取代碱金属氧化物也能提高玻璃的化学稳定性。

表 2-1 国内外几种高放废物玻璃的主要成分（%）

	SiO$_2$	B$_2$O$_3$	Al$_2$O$_3$	CaO	MgO	Li$_2$O	Na$_2$O	其他
R7/T7（法国）	47.20	14.90	4.40	4.10	—	2.00	10.60	16.80
DWPF（美国）	50.01	7.98	3.97	1.04	1.35	4.38	8.99	22.28
K-26（俄罗斯）	48.20	7.50	2.50	15.50	—	—	16.10	10.20
P0798（日本）	46.70	14.30	5.00	3.00	—	3.00	10.00	18.00
90-19/U（中国）	50.23	18.48	2.94	4.54	0.84	1.93	4.20	16.84

注：表中数据为质量分数。

通过相关的理论分析，再结合前人所做的实验验证，设计一组正交实验，考察各组分及各个因素对玻璃抗浸出性能的影响。正交实验因素水平见表 2-2。

表 2-2 正交实验因素水平

W_{Si}/%	R_m	R_w	W_{Ce}/%
46.50	0.80	0.18	0.75
48.00	1.00	0.25	2.85
52.50	1.20	0.50	5.00

注：表中 W_{Si} 为 SiO$_2$ 的质量分数；R_m 为 (Na$_2$O + K$_2$O + Li$_2$O + CaO + ZnO)/(B$_2$O$_3$ + Al$_2$O$_3$) 的物质的量比；R_w 为 Al$_2$O$_3$/B$_2$O$_3$ 的质量比；W_{Ce} 为 CeO$_2$ 的质量分数，与 Gd$_2$O$_3$ 的质量分数相同。实验固定质量比为 Na$_2$O∶K$_2$O∶Li$_2$O∶CaO∶ZnO = 7∶3∶3∶4∶3。

以 SiO$_2$、H$_3$BO$_3$、Al$_2$O$_3$、Na$_2$CO$_3$、Li$_2$CO$_3$、K$_2$CO$_3$、CaCO$_3$ 和 ZnO 为原料（以上试剂均为分析纯），以 Gd$_2$O$_3$ 和 CeO$_2$ 为模拟核素氧化物，将上述原料按根据表 2-2 计算出来的玻璃固化体配方（表 2-3）获得的配比，准确称量并均匀混合后置于坩埚中，然后以 5℃/min 的速率升温到 900℃保温 1h，再以 3℃/min 的速率升温至 1200℃保温 2h。将熔融后的部分玻璃液浇铸在自制的已预热到 600℃左右的模具 [1cm（长）×1cm（宽）×1cm（高）] 中冷却成型，仅供抗浸出性能测试使用；另一部分玻璃液水淬后，将玻璃碴以酒精为介质用行星式球磨机磨 8h，所得粉体经干燥冷却后用于其他各项性能的表征。

表 2-3 玻璃固化体配方（%）

样品编号	SiO$_2$	Al$_2$O$_3$	B$_2$O$_3$	Na$_2$O	K$_2$O	Li$_2$O	CaO	ZnO	CeO$_2$	Gd$_2$O$_3$
1	48.0	4.6	24.9	5.3	3.6	3.6	4.8	3.6	0.8	0.8
2	48.0	4.9	19.6	5.5	3.7	3.7	4.9	3.7	3.0	3.0
3	48.0	6.8	13.6	5.5	3.7	3.6	4.9	3.7	5.1	5.1
4	49.2	4.8	19.0	4.3	2.9	2.9	3.8	2.9	5.1	5.1
5	49.6	8.7	17.4	5.8	3.9	3.9	5.2	3.9	0.8	0.8
6	49.7	3.3	18.3	5.8	3.9	3.9	5.2	3.9	3.0	3.0
7	53.8	7.9	15.6	4.3	2.9	2.8	3.8	2.9	3.0	3.0
8	53.8	2.9	16.2	4.3	2.9	2.9	3.9	2.9	5.1	5.1
9	54.3	4.3	17.1	5.8	3.9	3.9	5.2	3.9	0.8	0.8

注：表中数据为质量分数。

1. X 射线衍射（XRD）分析

从熔融程度来看，玻璃熔体在 1200℃下能很好地熔化，并且熔体的流动性表现出不规律变化，熔体的表面较光滑，未见悬浮物，表明其均化效果很好。从熔铸的玻璃块体颜色来看，随着 CeO$_2$ 和 Gd$_2$O$_3$ 掺量的增加，玻璃块体颜色逐渐加深。用玻璃粉末做 X 射线衍射（X-ray diffraction，XRD）测试（图 2-1），鉴定其潜在晶相时发现：在所有配合料形成的玻璃中，检测到部分玻璃有一些微小峰形，经过分析可知，该衍射峰属于氧化铝，这可能是由熔制所用坩埚引入的，也可能是由于原料中不同配比的氧化物抑制了氧化铝的熔化，氧化铝没有完全熔融所致。

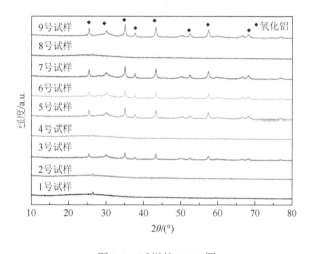

图 2-1　试样的 XRD 图

2. 密度

本正交实验制备的玻璃固化体在采用 ASTM（American Society for Testing Materials，美国材料与实验协会）标准的 MCC-1 法浸泡前后的密度大小对比如图 2-2 所示，玻璃固化体试样的密度在 2.55～2.78g/cm^3 范围内变化。由图可见，1 号固化体试样的密度在浸泡之前最小，且在浸泡后降低幅度较大，初步表明其在水中浸泡时被侵蚀得较严重，3 号和 4 号试样的密度较高，但浸泡后密度变化较明显，表明随着浸泡时间的延长，侵蚀程度加剧。除此之外，可以看到，除了 7 号试样浸泡前后密度基本未发生变化之外，其余试样都或多或少地发生了密度降低的规律性变化。综上所述，1 号试样浸泡前后密度均最小，且变化幅度较大，说明其致密度较低、性能较差；7 号试样浸泡前后密度基本不变，结合失重速率曲线可以看出 7 号试样性能相对较好。

3. 抗浸出性能

本书主要通过硼硅酸盐玻璃固化体在去离子水中浸泡时的溶解速率得到玻璃固化体试样的耐水性，以表征其抗浸出性能，采用的方法为 MCC-1 静态浸泡法。固化体溶解速率的大小主要取决于玻璃的网络结构以及网络结构中各种阳离子场强的大小。图 2-3 为不同浸泡时间下所制备的部分玻璃固化体试样在 90℃ 去离子水中的失重速率曲线。实验中所有试样经过一段时间的浸泡后，其浸出液的颜色均未明显改变，仍然为无色透明，pH 为 7 左右。通过数据分析可知，4 号和 8 号玻璃固化体试样浸泡后的平均失重速率均较高，为了便于其他试样间进行比较，图中没有绘制 4 号与 8 号玻璃固化体试样相应的失重速率曲线，且傅里叶变换红外光谱仪（Fourier transform infrared spectrometer，FTIR）显示这两个试样的图谱无明显吸收峰，表明它们的结构中含有很少的[BO₄]⁻和[SiO₄]基团，因此抗浸出性能较差。此外，从图 2-3 中可以明显看出，所有玻璃固化体失重速率变化规律基本一致：1~7 天失重速率迅速降低，7~28 天失重速率降低幅度减小，28~56 天趋于稳定。由于实验过程中始终不更换浸泡液，随着浸泡时间的延长，玻璃固化体表面逐渐形成一层较致密的凝胶层，使浸出机制发生改变，进而使玻璃网络水解速率下降近 2 个数量级。因此，随着浸泡时间的延长，试样的失重速率趋于稳定。其中 7 号玻璃固化体（表 2-3 中 W_{Si} = 53.8%、R_m = 0.8、R_w = 0.5、W_{Ce} = 3%）虽在浸泡前几天失重速率较大，但随着浸泡时间的延长，其质量损失速率减小得最快，在浸泡 14 天后，其失重速率迅速减小到最小，浸泡 56 天时失重速率约为 1.49×10^{-8}g/(cm²·min)，明显低于其他玻璃固化体，表明其具有良好的抗浸出性能。表 2-4 为样品浸泡 56 天后浸出液中各浸出元素的浓度。从表 2-4 中可以看出，模拟高放废物的 Ce、Gd 元素在浸出液中的浓度明显很低，接近或低于仪器检出限（均可视作未检出），说明这些配方所形成的玻璃固化体均能较好地"禁锢"高放射性核素。Ce 元素的浸出量比 Si 和 B 等玻璃基体元素低 3~4 个数量级，Gd 元素的浸出量比玻璃基体元素低 2 个数量级。但同样可以从表 2-4 中看出玻璃结构中其他组分元素在浸出液中的浓度相对较高，仔细比较表中各数据，并结合失重速率曲线的变化，可知 7 号样品的元素浸出率最低，说明其化学稳定性最好。

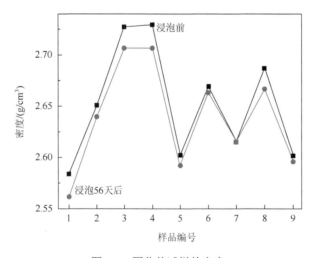

图 2-2　固化体试样的密度

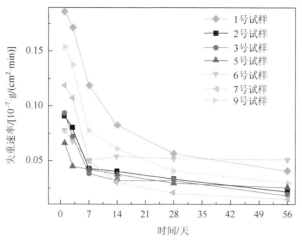

图 2-3 试样在 90℃去离子水中浸泡不同时间的失重速率

表 2-4 试样浸泡 56 天后的浸出浓度 （单位：μg/mL）

元素	样品编号								
	1	2	3	4	5	6	7	8	9
Si	39.85	19.23	12.60	17.51	22.23	25.67	7.95	25.24	27.68
Al	1.54	2.87	2.87	2.08	4.16	2.12	1.07	0.99	1.81
B	19.61	5.64	3.99	3.62	3.14	3.58	0.94	5.56	3.50
K	6.18	2.80	2.71	2.64	3.11	3.56	0.80	2.79	3.35
Li	4.44	1.81	1.79	1.53	2.07	2.19	0.45	1.59	2.26
Ca	5.05	3.38	3.28	2.63	3.58	3.71	1.12	2.87	4.31
Zn	0.54	0.30	0.30	0.06	0.08	0.33	0.01	0.11	0.19
Ce	0.03	0	0.04	0	0.01	0.06	0.03	0	0.17
Gd	0.01	0.06	0.03	0	0.05	0	0	0	0.09

4. FTIR 光谱分析[1]

图 2-4 为所制备的试样的 FTIR 图。图中 $460cm^{-1}$ 处较为尖锐的吸收峰是[SiO$_4$]中 Si—O—Si 键的伸缩振动峰和[AlO$_4$]$^-$中 Al—O 键的合峰；$615cm^{-1}$ 处较弱的吸收峰是 [BO$_4$]$^-$四面体的振动吸收峰，也是 Si—O—B 键的弯曲振动峰；$1025cm^{-1}$ 处较宽的吸收峰 是 Q^2 和 Q^3 结构单元中 Si—O—Si 键的伸缩振动峰，也是[BO$_4$]$^-$中 B—O—B 键的不对称 伸缩振动峰；$1411cm^{-1}$ 处的吸收峰是[BO$_3$]的不对称伸缩振动峰。

假设结构中由 Na$_2$O 提供的游离氧只有在供[BO$_3$]三角体转变为[BO$_4$]$^-$四面体后，余下的 部分才用来破坏[SiO$_4$]四面体的网络结构，那么在本章实验中，当 $n(B_2O_3)/n(Na_2O) \leqslant 1$ 时， Na$_2$O 提供的游离氧足够使[BO$_3$]转变为[BO$_4$]$^-$，余下的游离氧用于破坏[SiO$_4$]。由于 Al^{3+} 夺 取游离氧的能力较 B^{3+} 强，固化体中 Al^{3+} 先以[AlO$_4$]$^-$的形式存在，所以代表[AlO$_4$]$^-$的 $460cm^{-1}$ 处的吸收峰峰形较尖锐，而代表[BO$_4$]$^-$四面体的 $615cm^{-1}$ 处的振动吸收峰峰形较宽。通过计 算得知，样品配方中 $n(B_2O_3)/n(Na_2O) > 1$，因此，实验中所有配合料形成的玻璃固化体结构 中游离氧较少，结构中 Na$_2$O 提供的游离氧大都用于连接网络，[BO$_4$]$^-$、[AlO$_4$]$^-$和[SiO$_4$]三 种四面体结构紧密相连，这也解释了图 2-4 中 $1411cm^{-1}$ 处代表[BO$_3$]中 B—O—B 键不对称伸缩振动的吸收峰很微弱，所形成的玻璃固化体中[BO₃]三角体的含量很少的原因。同时，这与615cm⁻¹处出现的Si—O—B键的弯曲振动峰是一致的，导致网络的致密度增加。因为固化体成分中没有足够的游离氧使B^{3+}形成$[BO_4]^-$四面体，所以玻璃固化体结构中有相对较多的[BO₃]基团，而非桥氧的形成使网络结构断裂，造成玻璃固化体的化学稳定性降低。

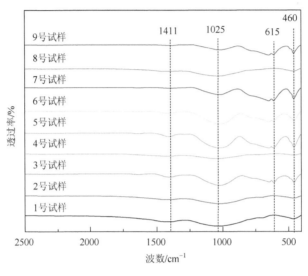

图 2-4　试样的 FTIR 图

5. 表面形貌分析

随着CeO_2和Gd_2O_3掺量的增多，所制备的玻璃固化体颜色逐渐加深。固化体均无明显气泡并且杂质较少，说明所有配合料在1200℃下保温2h都能很好地澄清和均化。侵蚀较严重的1号固化体和抗浸出性能最好的7号固化体浸泡前后的形貌变化如图2-5所示。由图可见，浸泡前这两个固化体的表面微观形貌都非常致密，浸泡56天后，1号样品侵蚀程度较严重，但表面侵蚀较均匀，而7号样品侵蚀程度较轻，表面形貌与浸泡前相差不大。浸泡前，玻璃固化体表面比较光滑，无沉积物；浸泡后，表面由于受到水的侵蚀附着了一层不均匀分布的沉积物，从而变得凹凸不平，且色泽浑浊。玻璃固化体表面沉积物的产生，有两种可能：①水化过程中直接从玻璃基体向表面生长；②从浸泡液中沉积于表面。浸泡后玻璃固化体表面出现很多小孔状结构，为玻璃中的成分被浸泡液浸出，然后再沉积或结晶于固化体的表面所致。

为进一步分析玻璃固化体的表面成分，对1号和7号样品进行表面能量色散X射线谱（X-ray energy dispersive spectrum，EDS）分析，结果如图2-6所示，所制备的玻璃固化体表面主要有O、Al、Si、Ca、Na、Zn、K等元素。浸泡前后1号样品中Ce和Gd的含量变化比较明显，浸泡前未见这两种元素的谱峰，浸泡后有较少的谱峰出现，且Al在表面的含量较浸泡前明显增多；7号样品浸泡前后表面各元素的含量变化不明显。两组样品表面Al和Si含量都较高，这与玻璃相中Al_2O_3和SiO_2耐化学腐蚀性好，有利于提高玻璃固化体化学稳定性的结论一致。

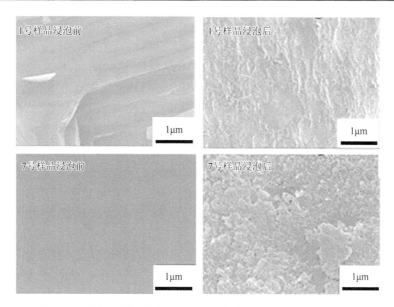

图 2-5　1 号和 7 号固化体浸泡前后的扫描电子显微镜（SEM）图

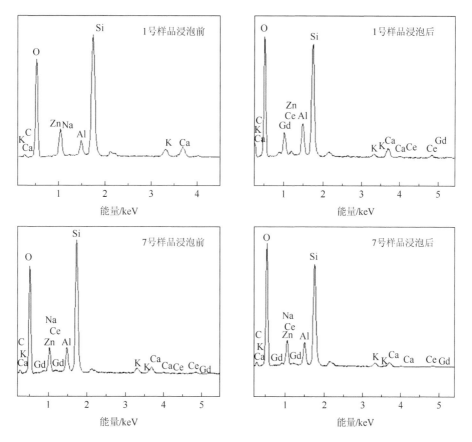

图 2-6　1 号和 7 号固化体浸泡前后的 EDS 图

综合以上分析，可得出结论：硼硅酸盐玻璃固化体由[BO_4]⁻和[SiO_4]两种四面体紧密相连形成完整的网络结构，仅含有极少量的[BO_3]三角体。当 SiO_2 质量分数为 53.82%、(Na_2O +K_2O + Li_2O + CaO + ZnO)/(B_2O_3 + Al_2O_3)物质的量比为 0.8、Al_2O_3 和 B_2O_3 的质量比为 0.5、CeO_2 质量分数为 2.92%时，制备的硼硅酸盐玻璃固化体抗浸出性能较佳，浸泡后表面被侵蚀程度最低且表面成分无明显变化，浸泡 56 天后失重速率仅为 $1.49×10^{-8}$g/(cm²·min)，且无模拟核素 Ce 和 Gd 浸出，玻璃自身成分元素浸出量相对于其他玻璃固化体低。玻璃固化体中存在的[BO_4]⁻和[SiO_4]两种四面体基团结构紧密相连，从而增强了网络完整性，玻璃固化体的抗浸出性能得到进一步提高。

2.1.3 Na_2O/Al_2O_3 物质的量比对硼硅酸盐玻璃固化体性能的影响[1]

不同 Na_2O/Al_2O_3 物质的量比下模拟高放废液硼硅酸盐玻璃固化体的组分见表 2-5。表中 N1.0 代表 Na_2O/Al_2O_3 物质的量比为 1 的试样，其余以此类推。以 SiO_2、Al_2O_3、H_3BO_3、Na_2CO_3、K_2CO_3、Li_2CO_3、$CaCO_3$、ZnO、CeO_2 和 Gd_2O_3 为原料，按化学计量比进行配料，并将各原料均匀混合后置于黏土坩埚中于 1200℃下熔融，然后将熔制好的玻璃液浇注于已预热至 800℃左右的不锈钢模具中成型，在 600℃下退火 1h 后取出固化体试样，并用砂纸打磨去除表面污染层，用丙酮超声清洗两次后，用酒精和去离子水再次清洗数次备用。

表 2-5　模拟高放废液硼硅酸盐玻璃固化体组分（%）

样品	SiO_2	Al_2O_3	B_2O_3	Na_2O	K_2O	Li_2O	CaO	ZnO	CeO_2	Gd_2O_3
N2.0	46	6	18	7	3	3	4	3	5	5
N1.5	46	7	18	6	3	3	4	3	5	5
N1.0	46	8	18	5	3	3	4	3	5	5
N0.5	46	10	18	3	3	3	4	3	5	5
N0.1	46	12	18	1	3	3	4	3	5	5

注：表中数据为质量分数。

1. XRD 分析

图 2-7 为退火后玻璃固化体粉末的 XRD 测试结果。检测结果显示所有配合料所形成的玻璃固化体均未能检测到晶相的存在，表明配合料在上述烧结制度下用 1200℃保温 2h 均能很好地形成玻璃。

2. 密度

样品的密度反映了材料的结构特征，代表材料单位体积的质量，主要受材料相对原子质量的影响，也可以反映结构中原子的堆积密度，是反映材料是否致密的重要参数。玻璃固化体浸泡前后的密度大小如图 2-8 所示，试样的密度在 2.64～2.71g/cm³ 范围内变化。由图可见，N2.0 玻璃固化体试样的密度在浸泡之前最小，N1.0 玻璃固化体试样的密度在浸泡之前最大。浸泡后，N2.0 玻璃固化体试样的密度明显减小，密度降低幅度较大；

N1.0 玻璃固化体试样的密度未有明显变化。结合其余试样密度大小的变化可知，N1.0 玻璃固化体试样相对较致密，性能较好；N2.0 玻璃固化体试样密度相对较小，性能较差。

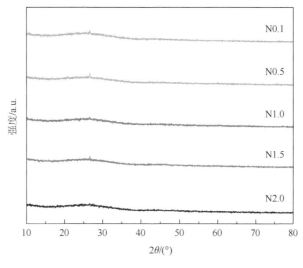

图 2-7 试样的 XRD 图

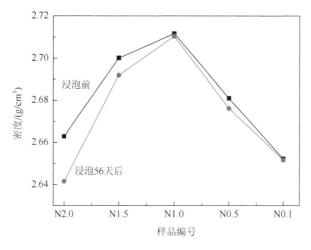

图 2-8 固化体试样的密度

3. FTIR 光谱分析

图 2-9 为所制试样的 FTIR 图。图中 $460cm^{-1}$ 处较尖锐的吸收峰为[SiO$_4$]中 Si—O—Si 键的伸缩振动峰和[AlO$_4$]$^-$中 Al—O 键的合峰；$615cm^{-1}$ 左右处出现的较弱吸收峰是[BO$_4$]$^-$四面体的振动吸收峰，也是 Si—O—B 键的弯曲振动峰；$1024cm^{-1}$ 处较宽的吸收峰是 Q^2、Q^3 结构单元中 Si—O—Si 键的伸缩振动峰，也是[BO$_4$]$^-$中 B—O—B 键的不对称伸缩振动峰，该峰较明显，表明玻璃固化体中存在大量的[SiO$_4$]和[BO$_4$]$^-$四面体基团；$1400cm^{-1}$ 处的吸收峰是[BO$_3$]的不对称伸缩振动峰。

从图中可以看出，随着 Na_2O/Al_2O_3 物质的量比的增加，$1024cm^{-1}$ 处的吸收峰强度有所增加，而 $1400cm^{-1}$ 和 $460cm^{-1}$ 处吸收峰强度逐渐较小，表明随着 Na_2O/Al_2O_3 物质的量比的增加，结构中的$[BO_3]$三角体和$[AlO_4]^-$四面体基团减少，$[BO_4]^-$四面体基团增加。即使 Na_2O/Al_2O_3 物质的量比小于 1 [$n(Na_2O/Al_2O_3)<1$]，玻璃固化体成分中因同时存在一定量的 Li_2O 和 K_2O，导致$(Na_2O + Li_2O + K_2O)/Al_2O_3$ 的物质的量比仍大于 1，这是由于 Al^{3+}夺取游离氧的能力较 B^{3+}强，固化体中 Al^{3+} 先以$[AlO_4]^-$的形式存在，固化体成分中没有足够的游离氧使 B^{3+}变成四配位，因而玻璃固化体结构中有相对较多的$[BO_3]$基团。这导致代表$[BO_3]$基团的红外峰强度较高，玻璃固化体的结构稳定性相对较弱；随着 Na_2O/Al_2O_3 物质的量比的增加 [$n(Na_2O/Al_2O_3) = 1$]，固化体结构中游离氧增多，$[BO_3]$基团向$[BO_4]^-$基团转变，从而相对增强了玻璃固化体结构的稳定性；当 Na_2O/Al_2O_3 的物质的量比继续增大 [$n(Na_2O/Al_2O_3) = 1.5$ 或 2.0] 时，固化体中$(Na_2O + Li_2O + K_2O)/Al_2O_3$ 的物质的量比远大于 1，更多的$[BO_3]$基团转变为架状$[BO_4]^-$基团，固化体结构中$[BO_4]^-$基团也更多。另外，固化体成分中的 Al_2O_3 含量随着 Na_2O/Al_2O_3 物质的量比的增加而减少，固化体结构中四配位的$[AlO_4]^-$也随之减少。因此，$1024cm^{-1}$ 处代表$[BO_4]^-$四面体基团的吸收峰强度增加，而 $1400cm^{-1}$ 处代表$[BO_3]$基团的吸收峰和 $460cm^{-1}$ 处代表$[AlO_4]^-$基团的吸收峰强度均逐渐减小。

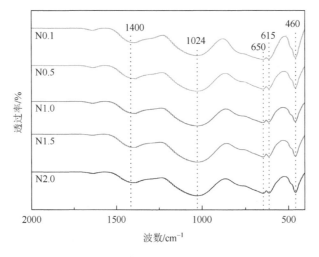

图 2-9 玻璃固化体的 FTIR 图

4. 抗浸出性能

图 2-10 为试样采用 MCC-1 法浸泡不同天数的失重速率曲线。从图中可以看出，所有试样的失重速率变化规律基本一致，7 天后质量变化不明显。另外，从图中也可以明显看出，试样 N1.0 的平均失重速率最低，在浸泡 56 天时失重速率已经达到 $10^{-9}g/(cm^2·min)$ 的数量级，另外 4 组试样的平均浸出率相对较高。N1.0 浸泡 28 天时的失重速率为 $7.31×10^{-9}g/(cm^2·min)$，在所有试样中其失重速率最小，平均失重速率也相对较低，化学稳定性较佳。对于 N0.1 和 N0.5 试样，$n(Na_2O/Al_2O_3)<1$，试样中同时存在一定量的 Li_2O 和 K_2O，使得$(Na_2O + Li_2O +$

K$_2$O)/Al$_2$O$_3$ 物质的量比大于 1，固化体结构中 Al^{3+} 虽能以 [AlO$_4$]$^-$ 四面体的形式存在，但相对于 N1.0 试样，[BO$_4$]$^-$ 四面体较少，固化体的结构稳定性相对较弱，因而其抗浸出性能相对于 N1.0 试样较差；对于 N1.5 和 N2.0 试样，固化体中 Na$_2$O 含量过多，这虽能提供足够的游离氧使玻璃固化体结构中存在更多的 [BO$_4$]$^-$ 四面体，Al^{3+} 在玻璃结构中也能以四配位的 [AlO$_4$]$^-$ 形式存在，但固化体成分中 Al 含量很少，[AlO$_4$]$^-$ 基团含量也很少，对固化体结构稳定性产生影响较小，且固化体成分中存在过多起断网作用的碱金属离子，固化体网络结构变得疏松，固化体的结构相对于 n(Na$_2$O/Al$_2$O$_3$)<1 的试样更不稳定，因此，固化体的抗浸出性能急剧降低，这也是 N1.5 和 N2.0 试样的抗浸出性能相对于 N0.1 和 N0.5 试样低的原因之一。

　　玻璃固化体试样与浸泡液之间的相互作用在不同的浸泡阶段控制试样与浸泡液反应速率的过程不尽相同。浸泡初期，起主要作用的是液体（水）分子扩散以及离子的交换反应，反应较易进行，固化体试样的质量变化也相对比较明显；经过一段时间的浸泡后，网络溶解反应起主要作用，由于此时的浸泡液浓度相对于浸泡初期较高，反应的难度有所增加，固化体试样的质量变化也变得不明显；随着时间的推移，固化体试样的表面不断有沉积物形成并附着，同时有一些反应产生的二次结晶体，这会使浸泡过玻璃固化体试样的浸泡液中某些离子的浓度降低，固化体与水的反应速率加快。图 2-10 所示曲线展示了玻璃固化体试样与浸泡液相互作用的结果。表 2-6 为试样浸泡 56 天时浸泡液中各种

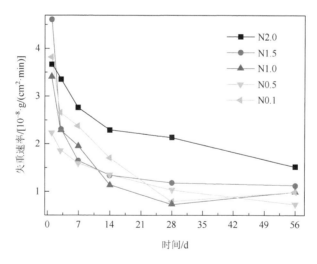

图 2-10　试样在 90℃去离子水中浸泡不同天数的失重速率

表 2-6　试样浸泡 56 天后浸出液中各元素的浸出浓度　　　　（单位：μg/mL）

样品	Si	Al	B	K	Li	Ca	Zn	Ce	Gd
N2.0	18.08	1.91	4.90	2.11	1.29	2.58	0.17	0	0
N1.5	16.10	2.22	5.16	2.51	1.44	2.59	0.11	0	0
N1.0	12.34	1.73	3.94	1.88	1.05	2.12	0.01	0.01	0
N0.5	13.05	2.36	4.21	2.06	1.14	2.25	0.06	0	0
N0.1	13.24	3.00	4.27	2.13	1.14	2.26	0.11	0	0

元素的浸出浓度,从表中可以看出,Si 的浸出浓度在所有元素中最高。N2.0、N1.5、N0.5 和 N0.1 试样中各种元素的平均浸出浓度较高,这与失重速率曲线的变化趋势一致。另外,对比 N1.0 和 N2.0 试样的浸出浓度可知,N1.0 样品中各种元素的浸出浓度均较 N2.0 样品低,进一步证明 N1.0 试样抗浸出性能相对较好(图 2-11)。

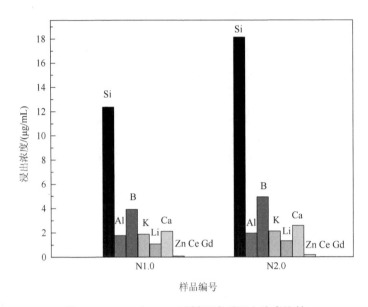

图 2-11　N1.0 和 N2.0 试样浸泡后浸出浓度比较

5. 表面形貌分析

为了观察浸泡液对试样表面的侵蚀程度,选择 N1.0 和 N2.0 这两组化学稳定性差别较大的试样进行 SEM 和 EDS 测试,其结果分别如图 2-12 和图 2-13 所示。在图 2-12 中,N2.0 试样浸泡前有很多分布不均匀的纳米级微孔;浸泡后,由于在浸泡过程中固化体耐水性较差的区域与水相互作用形成了二次结晶相,固化体表面有片状结晶体。进一步观察断面发现,表面层以下的固化体基体已被浸泡液侵蚀,形成了均匀分布的微孔结构,浸泡液很容易经这些微孔结构继续侵入固化体内层,表明固化体表面形成的二次结晶相的片状结构不具有保护作用,固化体的失重速率没有随时间延长而显著下降,浸出液中各元素的浓度也较高,进一步证实 N2.0 试样的抗浸出性能较差。N1.0 试样在浸泡前有少量分布不均匀的纳米级孔洞,并伴随有少量析晶;浸泡 56 天后,形成一层较平整且均匀分布的表面层,其在一定程度上阻止了固化体与浸泡液之间的相互作用,对玻璃固化体有一定保护作用,因此,该组成的玻璃固化体试样具有较佳的抗浸出性能。

所制备的玻璃固化体表面主要有 O、B、Al、Si、Ca、Na、Zn 和 K 等元素,如图 2-13 所示。N2.0 试样中 Ce 元素在浸泡前后的含量变化比较明显,浸泡后 Ce 含量明显增加,同时 Zn 和 Al 的浸出量变化也较明显,表明该组成的玻璃固化体抗浸出性能较差。N1.0 试样中各种元素在浸泡前后的含量变化不明显,Si、Al、K、Ca 和 Zn 等基体元素的表面浸出量相对下降较少,表明 N1.0 试样有较好的抗浸出性能。

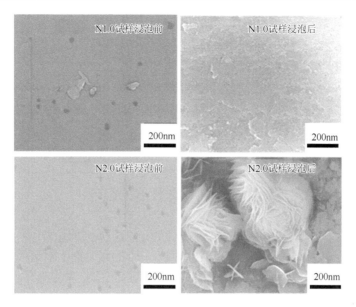

图 2-12　N1.0 和 N2.0 试样浸泡前后的 SEM 图

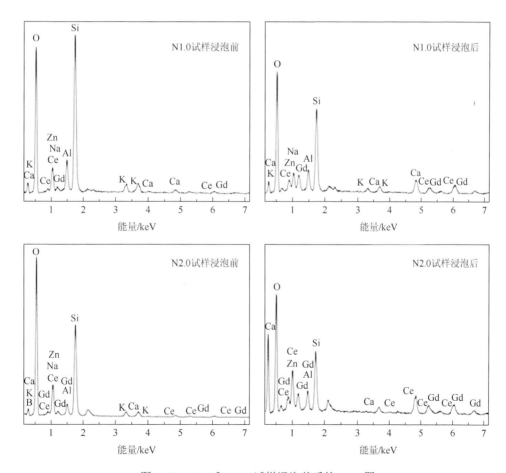

图 2-13　N1.0 和 N2.0 试样浸泡前后的 EDS 图

2.2　硼硅酸盐玻璃固化模拟核素

本节采用铈（Ce）和钕（Nd）模拟高放核废料中的放射性核素，用传统的熔融-冷却法获得典型组分的硼硅酸盐玻璃固化体，探讨并总结模拟核素 Ce 或/和 Nd 含量、Ce/Gd（钆）物质的量比对硼硅酸盐玻璃固化体物相、结构、密度、化学稳定性、热稳定性等的影响规律，并归纳模拟核素 Ce 对硼硅酸盐玻璃固化体析晶性能和析晶动力学参数的影响规律。

2.2.1　Nd_2O_3 掺杂对硼硅酸盐玻璃固化体性能的影响

将原料 SiO_2、H_3BO_3、Na_2CO_3、$CaCO_3$、$4MgCO_3·Mg(OH)_2·5H_2O$、TiO_2、$Al(OH)_3$ 和 Nd_2O_3 按表 2-7 设计的配方进行配料。将均匀混合的原料置于刚玉坩埚中，然后将坩埚放入高温炉中，采用传统的熔融-冷却法制备玻璃固化体。先将高温炉以 5℃/min 升至 900℃保温 1h 以分解碳酸盐，再升温至 1200℃保温 2～3h，然后将熔融后的玻璃熔液倒在预热至 800℃左右的石墨板上，铸造成型。根据 Nd_2O_3 掺杂量将样品标记为 Nd0、Nd12、Nd20、Nd24、Nd28 和 Nd32。

表 2-7　掺杂不同含量 Nd_2O_3 的硼硅酸盐玻璃固化体组成配方（%）

样品	SiO_2	B_2O_3	Na_2O	Al_2O_3	MgO	CaO	TiO_2	Nd_2O_3
Nd0	56.7	12.4	17.5	2.6	2.1	4.1	4.6	0
Nd12	49.9	11.0	15.4	2.3	1.8	3.6	4.0	12
Nd20	45.3	9.9	14.0	2.1	1.7	3.3	3.7	20
Nd24	43.1	9.4	13.3	2.0	1.6	3.1	3.5	24
Nd28	40.8	8.9	12.6	1.9	1.5	3.0	3.3	28
Nd32	38.6	8.4	11.9	1.8	1.4	2.8	3.1	32

注：表中数据为质量分数。

1. XRD 分析

图 2-14 为掺杂不同含量 Nd_2O_3 样品的 XRD 图和实物图。从 XRD 图中可以看出，当 Nd_2O_3 的质量分数不超过 28%时，固化体样品为均匀无定形的玻璃相，通过实物图也可以佐证，除了 Nd32 样品，其余样品均透明并带有玻璃光泽。当 Nd_2O_3 的质量分数为 32%时，XRD 图中出现了少量的衍射峰，通过分析可知该晶相为硅酸盐氧磷灰石 $Ca_2Nd_8(SiO_4)_6O_2$（PDF *No.*78-1127），并且从 Nd32 样品的实物图中可以看出，玻璃中形成了分相，这可能是因为 Nd_2O_3 的质量分数超过了该玻璃结构的包容量，从而析出晶相。而在关于对 Nd^{3+} 的溶解度的记录中，钠铝-硼硅酸盐玻璃对 Nd^{3+} 的包容量大约为 22%[2]。硅酸盐氧磷灰石晶相在玻璃陶瓷固化体中属于一种稳定的晶相，当 Nd 的掺量超过硼硅酸盐玻璃的溶解度后，很容易出现此晶相，4.1.2 节会对其进行分析。

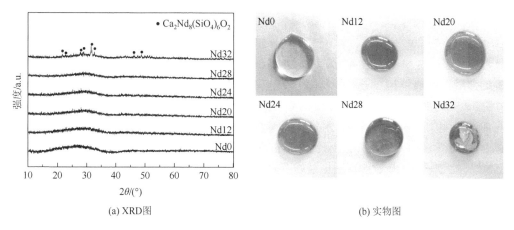

(a) XRD图　　　　　　　　　　　　　　(b) 实物图

图 2-14　掺杂 Nd_2O_3 样品的 XRD 图和实物图

2. 密度及摩尔体积

图 2-15 为掺杂 Nd_2O_3 样品的密度及摩尔体积。随着 Nd_2O_3 掺量的增加，样品的密度呈现上升的趋势，从 2.48g/cm³（Nd0 样品）增加到 3.09g/cm³（Nd32 样品），这是由于 Nd 的相对原子质量（144.24）比该玻璃基体中其他元素的相对原子质量［如 B（10.81）、Si（20.09）和 Na（22.99）］大，Nd 的掺入并未破坏玻璃的基础结构，密度得到增大。然而，随着 Nd_2O_3 掺量的增加，所有样品的摩尔体积呈现出非线性增长趋势，说明 Nd_2O_3 的加入导致玻璃结构重排，从而导致摩尔体积发生变化。

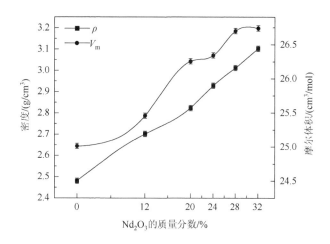

图 2-15　掺杂 Nd_2O_3 样品的密度（ρ）及摩尔体积（V_m）

3. FTIR 光谱分析[3]

图 2-16 为掺杂 Nd_2O_3 样品的 FTIR 图。由图可见，所有样品的峰形都类似，说明 Nd_2O_3 的掺杂对硼硅酸盐玻璃的结构并未产生显著的影响。470cm⁻¹ 处的峰为[SiO_4]中 Si—O—Si 键的弯曲振动峰；700cm⁻¹ 处的峰为[BO_3]中 B—O—B 键的弯曲振动峰；778cm⁻¹ 处微弱的

吸收峰为 Si—O—B 键的对称伸缩振动峰；1016cm^{-1} 处的强振动峰为[SiO$_4$]中 Si—O—Si 键的不对称伸缩振动峰和[BO$_4$]$^-$中 B—O—B 键的不对称伸缩振动峰的合峰，并且较为宽化，说明玻璃网络结构中存在大量的[BO$_4$]$^-$和[SiO$_4$]四面体基团；1221cm^{-1} 处的峰归属于 B—O 键的伸缩振动峰；1425cm^{-1} 处的峰为[BO$_3$]基团中非桥氧键的不对称伸缩振动峰。随着 Nd$_2$O$_3$ 掺量的增加（小于 24%），1425cm^{-1} 处[BO$_3$]的非桥氧键不对称伸缩振动峰逐渐增强，说明[BO$_3$]基团中非桥氧键增多，这可能是因为 Nd 作为一种网络修饰体进入了玻璃网络的间隙位置，使得 B—O—B 桥氧键断裂形成非桥氧键，随着 Nd$_2$O$_3$ 掺量继续增加（大于 24%），470cm^{-1} 处的 Si—O—Si 键的弯曲振动峰有轻微的偏移和宽化现象，其偏移量和宽度依赖于阳离子的种类，因为阳离子的加入对网络具有解聚作用。

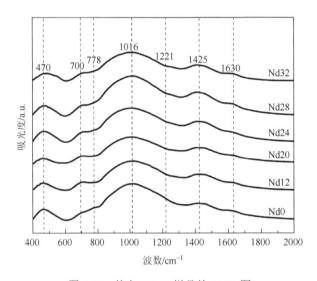

图 2-16　掺杂 Nd$_2$O$_3$ 样品的 FTIR 图

4. 抗浸出性能

采用 ASTM 标准下的产品一致性实验（product consistency testing，PCT）对样品的抗浸出性能进行测试，得到样品在不同浸泡天数下浸出液中 Si 和 Nd 元素的归一化浸出率（LR$_{Si}$ 和 LR$_{Nd}$），如图 2-17 所示。总的来说，LR$_{Si}$ 和 LR$_{Nd}$ 均随着浸泡天数的增加而减小，虽然 LR$_{Si}$ 随着 Nd$_2$O$_3$ 掺量的增加而增大，但始终保持在 $10^{-3} \sim 10^{-2}$g/(m^2·d)数量级，LR$_{Nd}$ 第一天时偏高，随着浸泡天数的增加，其值稳定在 $10^{-6} \sim 10^{-5}$g/(m^2·d)数量级。在浸泡初期，浸出液中 Si 元素的浓度较高，而随着时间的推移，其浸出率逐渐降低，原因如下：在浸泡初期，浸出液中的 H$^+$、OH$^-$、H$_3$O$^+$等与玻璃组分中的离子发生交换，此外，玻璃组分中的 B$_2$O$_3$ 和 SiO$_2$ 发生水解反应，最终 B 和 Si 以 H$_3$BO$_3$ 和 H$_4$SiO$_4$ 形式释放到浸出液中，其反应式为 Na$_2$O + SiO$_2$ + B$_2$O$_3$ + 6H$_2$O $\longrightarrow$ 2Na$^+$ + 2OH$^-$ + H$_4$SiO$_4$ + 2H$_3$BO$_3$，因此浸泡初期浸出液中 B 和 Si 元素的浓度较高。随后，[SiO$_4$]中的 4 个桥氧键都被 OH$^-$取代形成 Si(OH)$_4$，然后与水分子结合形成 Si(OH)$_4$·nH$_2$O，在玻璃表面产生一层保护膜，防止 B 和 Si 浸出，因此其浸出率降低且在 14 天后无明显变化。

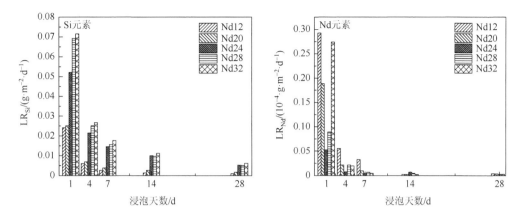

图 2-17　掺杂 Nd_2O_3 样品在不同浸泡天数下浸出液中主要元素的归一化浸出率

2.2.2　CeO_2 掺杂对硼硅酸盐玻璃固化体性能的影响

将原料 SiO_2、H_3BO_3、Na_2CO_3、$CaCO_3$、$4MgCO_3·Mg(OH)_2·5H_2O$、TiO_2、$Al(OH)_3$ 和 CeO_2 按表 2-8 设计的配方进行配料。将均匀混合的原料置于刚玉坩埚中，然后将坩埚放入高温炉中，采用传统的熔融-冷却法制备玻璃固化体。先将高温炉以 5℃/min 升至 900℃保温 1h 以分解碳酸盐，再升温至 1200℃保温 2~3h，然后将熔融后的玻璃熔液倒在预热至 800℃左右的石墨板上，铸造成型。根据 CeO_2 的掺杂量将样品标记为 Ce0、Ce5、Ce10、Ce15、Ce18 和 Ce20。

表 2-8　掺杂不同含量 CeO_2 的硼硅酸盐玻璃固化体组成配方（%）

样品	SiO_2	B_2O_3	Na_2O	Al_2O_3	MgO	CaO	TiO_2	CeO_2
Ce0	56.7	12.4	17.5	2.6	2.1	4.1	4.6	0
Ce5	53.9	11.8	16.6	2.4	2.0	3.9	4.4	5.0
Ce10	51.0	11.2	15.8	2.3	1.9	3.7	4.1	10.0
Ce15	48.2	10.5	14.9	2.2	1.8	3.5	3.9	15.0
Ce18	46.5	10.2	14.3	2.1	1.7	3.4	3.8	18.0
Ce20	45.4	9.9	14.0	2.1	1.7	3.2	3.7	20.0

注：表中数据为质量分数。

1. 物相与结构分析

图 2-18 为掺杂 CeO_2 的硼硅酸盐玻璃固化体粉末的 XRD 图。由图可知，除了 Ce20 样品外，其他的样品只在 $2\theta = 20°\sim40°$ 处有一个弥散峰，说明样品为无定形的玻璃相。当 CeO_2 的掺量为 20%时，出现了一些微弱的衍射峰，使用 Jade 6.0 软件分析可知，这些衍射峰对应于结晶的 CeO_2 晶相，说明该玻璃基体对 CeO_2 的最大包容量为 18%，超过此掺量，样品中会存在分相。

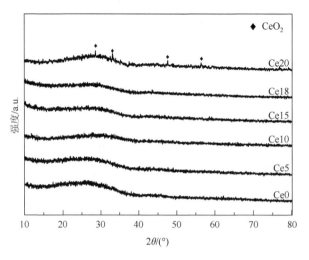

图 2-18　掺杂 CeO_2 样品的 XRD 图

为了验证 XRD 测试结果，对样品进行扫描电子显微镜测试分析，如图 2-19 所示。结果发现，当 CeO_2 的掺量小于 18%时，图像均显示光滑均匀的玻璃相，没有任何杂质；当 CeO_2 的掺量高于或等于 18%时，在原本无定形的玻璃相中出现了白色方形的晶相，而且随着 CeO_2 掺量从 18%增加到 20%，方形晶粒的数量增多。该结果表明此基础玻璃至少能包容 15%的 CeO_2，而对于 CeO_2 掺量为 18%的样品来说，可能因为只有少量的 CeO_2 相形成，所以在 XRD 图中并没有反映出来。根据以往的研究[2]，钠铝-硼硅酸盐体系的玻璃对 Ce^{3+} 和 Ce^{4+} 的包容量分别约为 10%和 3%，说明本实验的玻璃组分对 Ce 的包容量达到了基础线。

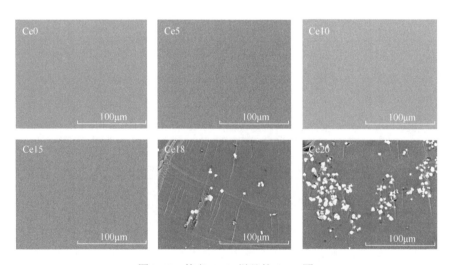

图 2-19　掺杂 CeO_2 样品的 SEM 图

2. 密度及摩尔体积

图 2-20 为掺杂 CeO_2 的玻璃固化体的密度和摩尔体积。由图可见，随着 CeO_2 的掺量

从 0%增加到 15%，密度从 2.48g/cm³ 增加到 2.74g/cm³，当 CeO₂ 的掺量增加到 18%和 20%时，密度呈现略微减小，分别为 2.74g/cm³ 和 2.73g/cm³。出现这个结果可以解释为 Ce 的相对原子质量（140.12）比该玻璃基体中其他元素的相对原子质量大，如 B（10.81）、Si（20.09）和 Na（22.99）。而且，当 Ce 掺入玻璃基体时，通常位于玻璃网络的间隙位置，这也会导致密度增大。根据 XRD 图，当 Ce18 和 Ce20 样品中形成 CeO₂ 相时，会使玻璃结构变得更混乱，Ce18 和 Ce20 样品的结构比 Ce15 样品的结构更疏松。与此同时，可以发现样品的摩尔体积呈现先减小后增大的趋势，随着 CeO₂ 掺量从 0%增加到 10%，摩尔体积从 25.01cm³/mol 减小到 24.47cm³/mol，之后随着 CeO₂ 增多出现了些微增大，其中，Ce10 样品的摩尔体积最小，说明 Ce10 样品与其他样品相比具有最紧密的玻璃结构。

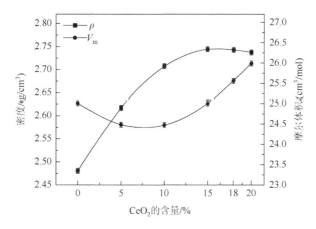

图 2-20　掺杂 CeO₂ 样品的密度（ρ）及摩尔体积（V_m）

3. FTIR 光谱分析[3]

图 2-21 为掺杂 CeO₂ 的玻璃固化体在 400～2000cm⁻¹ 波数范围内的 FTIR 图。由图可观察到，所有样品的 FTIR 图中均含有 6 个主要的吸收峰，分别位于 470cm⁻¹、700cm⁻¹、787cm⁻¹、1016cm⁻¹、1425cm⁻¹ 和 1630cm⁻¹ 处。其中，位于 470cm⁻¹ 处的吸收峰属于 Si—O—Si 键和 O—Si—O 键的弯曲振动峰的合峰，位于 700cm⁻¹ 处的吸收峰归因于 B—O—B 键的弯曲振动，位于 787cm⁻¹ 处微弱的吸收峰属于 Si—O—B 桥氧键的对称伸缩振动模式，位于 1630cm⁻¹ 处的一个小的吸收峰是由样品中水分子的振动引起的。由于 800～1600cm⁻¹ 波数范围内的峰发生了重叠，为了更好地确定玻璃固化体结构中硅酸盐基团和硼酸盐基团的振动模式，采用高斯拟合法对该波数范围内的 FTIR 光谱进行拟合。图 2-22 展示了所有样品在 800～1600cm⁻¹ 波数范围内的拟合图谱，所有的分峰数据列于表 2-9 中。位于 858cm⁻¹ 处的吸收峰属于[SiO₄]基团中 Si—O—Si 键的伸缩振动峰，位于 900cm⁻¹ 处的峰属于[BO₄]⁻基团中 B—O 键的伸缩振动峰，位于 1007cm⁻¹ 处的峰属于 O—Si—O 键的伸缩振动峰，位于 1346cm⁻¹ 处的峰是与[BO₃]基团相关的 B—O 键的伸缩振动模式，位于 1446cm⁻¹ 处的吸收峰归因于[BO₃]基团中非桥氧（NBO）键的伸

缩振动。从表 2-9 中可以看出，随着 CeO_2 掺量的增加，位于 $1446cm^{-1}$ 处的吸收峰强度增强并向低波数方向偏移，对应地，$1346cm^{-1}$ 处的吸收峰强度减弱，说明随着 CeO_2 掺量的增加，$[BO_3]$ 基团中非桥氧键的数量增多而 B—O—B 键的数量减少，这是因为 CeO_2 作为一种玻璃网络修饰体进入了玻璃网络的间隙位置，使得 B—O—B 桥氧键断裂形成 Ce—O—B 键。而且，当 CeO_2 的掺量增加到 15% 时，促进了 $[BO_3]$ 基团向 $[BO_4]^-$ 基团转变。

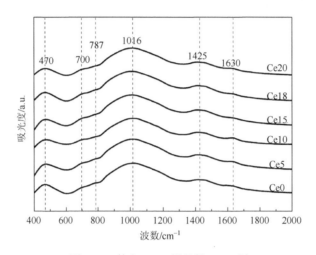

图 2-21 掺杂 CeO_2 样品的 FTIR 图

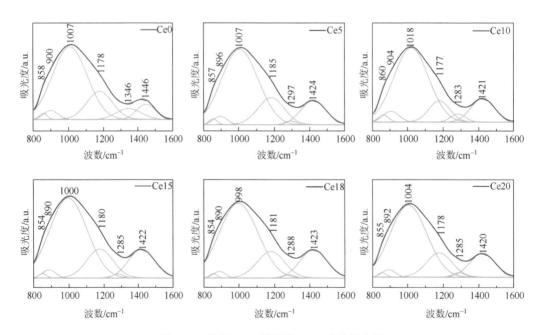

图 2-22 掺杂 CeO_2 样品的 FTIR 光谱拟合图

表 2-9 所有掺杂 CeO_2 样品在 $800\sim1600cm^{-1}$ 范围内的高斯拟合峰归属和相关参数

Ce0		Ce5		Ce10		Ce15		Ce18		Ce20		归属
C/cm^{-1}	A	C/cm^{-1}	A	C/cm^{-1}	A	C/cm^{-1}	A	C/cm^{-1}	A	C/cm^{-1}	A	
858	1.1	857	1.1	860	0.8	854	0.7	854	0.6	855	0.5	Si—O—Si, $[SiO_4]$
900	3.3	896	2.9	904	2.5	890	2.4	890	1.8	892	2.5	B—O, $[BO_4]^-$
1007	64.5	1007	66.0	1018	66.1	1000	63.3	998	63.9	1004	65.1	O—Si—O, $[SiO_4]$
1178	14.3	1185	14.3	1177	12.9	1180	16.2	1181	15.9	1178	15.1	$[BO_4]^-$
1346	7.2	1297	1.1	1283	2.9	1285	1.0	1288	0.9	1285	1.5	B—O, $[BO_3]$
1446	9.6	1424	14.6	1421	14.8	1422	16.4	1423	16.9	1420	15.0	NBO, $[BO_3]$

注：C 代表吸收峰中心位置；A 代表相应峰的相对面积。

4. 抗浸出性能

采用 PCT 粉末浸泡（简称 PCT 法）法在 90℃去离子水中浸泡不同天数，得到掺杂 CeO_2 样品浸出液中 B 和 Si 元素的浓度，并根据所得浓度计算出对应元素的归一化浸出率，如图 2-23 所示。总的来说，LR_B 和 LR_{Si} 随着浸泡天数的增加而逐渐降低，第 7 天时降低的幅度较大，21 天后基本趋于稳定，所有样品中 B 和 Si 元素的归一化浸出率从 $10^{-2}g/(m^2 \cdot d)$ 数量级（第 1 天）降低到 $10^{-3}g/(m^2 \cdot d)$ 数量级（第 3 天）。另外在整个浸出实验期间，Ce15 样品的浸出率一直保持在 $10^{-3}g/(m^2 \cdot d)$ 数量级。在玻璃形成范围（CeO_2 的含量≤15%）内，样品中 LR_B 和 LR_{Si} 随着 CeO_2 掺量的增加而降低，这是因为三配位的基团需要阳离子进行电位补偿才能转变为四配位的基团，从而加强玻璃的网络结构，因此在该组分中，部分铈离子充当了电位补偿者的角色，增强了样品的抗浸出性能。但是，当 CeO_2 的掺量达到 18% 和 20% 时，CeO_2 晶体形成，导致玻璃结构改变并变得疏松，因此 Ce18 和 Ce20 样品中 B 和 Si 的浸出率高于 Ce15 样品。总的来说，浸泡 7 天后，样品中 B 和 Si 的归一化浸出量（分别为 $0.017\sim0.020g/m^2$ 和 $0.020\sim0.023g/m^2$）均低于标准参考玻璃固化体 ARM-1、SRM-623、SRL-G 和 SRL-P 中 B 和 Si 的归一化浸出量（分别为 $0.020\sim0.079g/m^2$ 和 $0.034\sim0.115g/m^2$）[4]。由于浸出液中 Ce 元素的浓度除了只在 28 天时可以被检测

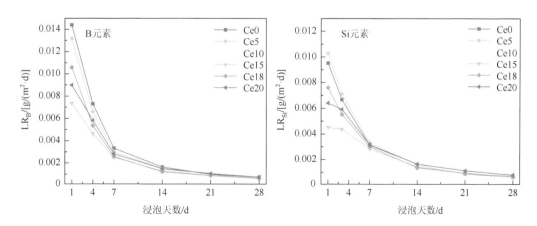

图 2-23 样品中主要元素的归一化浸出率

到，其余浓度均在仪器的检出限以下，所以这里只列出浸泡 28 天时 Ce 元素的归一化浸出率，如图 2-24 所示。由图可得，LR_{Ce} 随着 CeO_2 掺量的增加而减小，当 CeO_2 的掺量增加到 15%后，其浸出率保持在 $10^{-8}g/(m^2·d)$数量级，说明 Ce 元素的加入可提高玻璃固化体的抗浸出性能。因此，可以得出结论：样品中 CeO_2 晶相的形成对 LR_{Ce} 的影响微乎其微，Ce 元素可以很好地被固化在玻璃（或玻璃陶瓷）结构中。相比掺杂 Nd_2O_3 的样品来说，其浸出率低 1～2 个数量级（2.2.1 节），说明 Ce 比 Nd 更能增强玻璃固化体的抗浸出性能，这也符合阳离子场强理论，即影响玻璃化学稳定性的关键因素为阳离子的场强，阳离子场强越强，玻璃的化学稳定性越强，Ce^{4+}的场强（$0.78Å^{-2}$）大于 Nd^{3+}的场强（$0.48Å^{-2}$），因此掺杂 Ce 的玻璃固化体的抗浸出性能要强于掺杂 Nd_2O_3 的玻璃固化体。

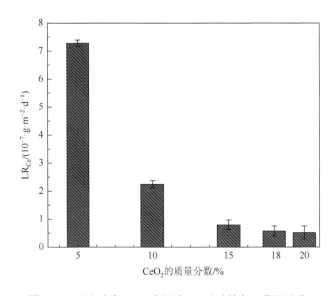

图 2-24　浸出液中 Ce 元素浸泡 28 天时的归一化浸出率

5. Ce 的价态分析

由于 Ce 离子存在三价和四价两种价态，并且在玻璃固化体的制备过程中，Ce^{4+}容易被还原成 Ce^{3+}，因此分析最终固化体中 Ce 离子的价态对分析玻璃结构很重要。本实验通过测试 Ce15 样品的 XPS Ce 3d 图谱，分析计算了样品中 Ce^{3+}和 Ce^{4+}的相对浓度，对 Ce 在玻璃中的价态有了初步的认识。其中得到的 XPS 图谱使用 XPS Peak 4.1 软件进行去卷积处理，在分析拟合过程中，峰的背景采用 Shirley 模式扣除，峰形拟合由高斯分布（80%）和洛伦兹分布（20%）的组合形式确定，并且为了限制各参数变量，对 Ce^{3+}和 Ce^{4+}对应的拟合峰的峰面积、峰位置和半高宽进行了约束，得到的去卷积分峰图谱如图 2-25 所示。由图可见，共得到 10 个（5 对）拟合峰，其中 5 个被标记为 v 的峰属于 $3d_{5/2}$ 自旋轨道分裂双峰，另外 5 个被标记为 u 的峰属于 $3d_{3/2}$ 自旋轨道分裂双峰，在这 5 对峰当中，有两对归属于 Ce^{3+}，分别是 u_0（BE[①]≈899.9eV）、v_0（BE≈881.7eV）、u'（BE≈904.2eV）

_____

① BE 指 binding energy，即结合能。

和 v'（BE≈885.9eV）；另外三对归属于 Ce^{4+}，分别是 u（BE≈901.8eV）、u''（BE≈906.3eV）、u'''（BE≈916.9eV）、v（BE≈883.6eV）、v''（BE≈887.3eV）和 v'''（BE≈898.0eV）。根据 Ce^{3+} 和 Ce^{4+} 所属峰的相对面积可以计算出两种价态的离子的相对浓度，公式如下：

$$\%Ce^{3+} = \frac{A_{Ce^{3+}}}{A_{Ce^{3+}} + A_{Ce^{4+}}} \times 100\% \tag{2-1}$$

$$\%Ce^{4+} = \frac{A_{Ce^{4+}}}{A_{Ce^{3+}} + A_{Ce^{4+}}} \times 100\% \tag{2-2}$$

式中，$\%Ce^{3+}$ 为 Ce^{3+} 的相对浓度；$\%Ce^{4+}$ 为 Ce^{4+} 的相对浓度；$A_{Ce^{3+}}$ 为图谱中 Ce^{3+} 所属峰的总面积；$A_{Ce^{4+}}$ 为图谱中 Ce^{4+} 所属峰的总面积。

通过计算可得，在 Ce15 样品中 Ce^{3+} 的浓度为 53.1%，Ce^{4+} 的浓度为 46.9%，说明在玻璃固化体的熔融制备过程中，有大约 50% 的 Ce^{4+} 被还原成 Ce^{3+}。

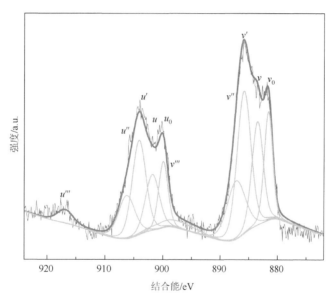

图 2-25　Ce15 样品的去卷积 XPS Ce 3d 图谱

6. 氧化铈对硼硅酸盐玻璃析晶行为的影响[5]

将 Ce5、Ce10、Ce15 和 Ce18 样品分别在 5℃/min、10℃/min、15℃/min 和 20℃/min 的升温速率下进行测试，得到样品的 DSC 曲线。其中，Ce5 样品在不同升温速率下的 DSC（differential scanning calorimeter，示差扫描量热法）曲线如图 2-26 所示。

由图 2-26 可见，随着升温速率的增大，样品的析晶峰温度增高，且峰形变得越来越尖锐，这是因为升温速率较慢时，玻璃向晶体转变的时间充裕，析晶放热峰温度较低，瞬间转变速率小，析晶转变峰较平缓，反之亦然。玻璃化转变温度随着升温速率的增大而增高，与玻璃结构松弛延迟有关。表 2-10 展示了不同升温速率下，各个样品的玻璃化转变温度（T_g）、开始析晶温度（T_r）和析晶温度（T_c）。

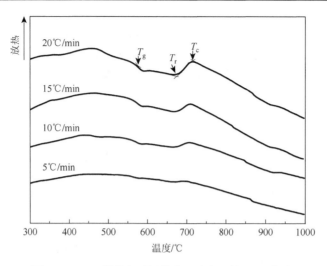

图 2-26　Ce5 样品在不同的升温速率下的 DSC 曲线

表 2-10　所有样品在不同升温速率下进行 DSC 测试后得到的各热学参数

样品	升温速率 β/(℃/min)	$T_g \pm 1$/℃	$T_r \pm 1$/℃	$T_c \pm 1$/℃
Ce5	5	564	662	689
	10	569	667	706
	15	573	670	708
	20	575	673	714
Ce10	5	565	663	690
	10	569	664	703
	15	573	669	709
	20	577	674	715
Ce15	5	562	661	695
	10	568	667	704
	15	573	669	709
	20	579	674	719
Ce18	5	560	662	694
	10	570	664	704
	15	576	671	711
	20	580	674	718

　　根据 Kissinger（基辛格）方程［式（2-3）］和 Ozawa（小泽）方程［式（2-4）］，都可计算出玻璃的析晶活化能。

$$\ln\left(\frac{T_c^2}{\beta}\right) = \frac{E_c}{RT_c} + 常数 \tag{2-3}$$

$$\ln\beta = -\frac{E_c}{RT_c} + 常数 \tag{2-4}$$

式中，T_c 为玻璃的析晶温度；E_c 为玻璃的析晶活化能；β 为升温速率；R 为气体常数，等于 8.314J/(K·mol)。以 $1000/T_c$ 为横坐标、$\ln(T_c^2/\beta)$ 或 $\ln\beta$ 为纵坐标作图，得到的直线斜率为 $-E_c/R$，由此即可得到玻璃的析晶活化能 E_c。

以 $1000/T_c$ 为横坐标、$\ln(T_c^2/\beta)$ 和 $\ln\beta$ 为纵坐标的拟合关系图分别如图 2-27（a）和图 2-27（b）所示，通过拟合结果可以计算获得析晶活化能 E_c，进一步可求出 Avrami（阿天拉米）指数 n，见表 2-11。根据析晶动力学理论，当玻璃态转变为结晶态时，需要克服一定的能量势垒，该势垒的高度用析晶活化能 E_c 来表示，E_c 越大说明玻璃在进行转变时所需克服的势垒越高。

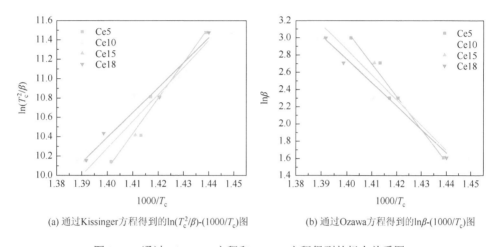

(a) 通过 Kissinger 方程得到的 $\ln(T_c^2/\beta)$-$(1000/T_c)$图　　　(b) 通过 Ozawa 方程得到的 $\ln\beta$-$(1000/T_c)$图

图 2-27　通过 Kissinger 方程和 Ozawa 方程得到的拟合关系图

表 2-11　通过不同方法计算得到的各样品玻璃转变活化能 E_g、析晶活化能 E_c 和 Avrami 指数 n

样品	E_g/(kJ/mol)		E_c/(kJ/mol)		n
	Moynihan	Kissinger	Kissinger	Ozawa	
Ce5	333±2	323±2	303±4	315±4	1.2
Ce10	309±5	300±5	179±4	191±4	1.5
Ce15	221±3	211±3	231±4	243±4	1.0
Ce18	186±0.2	177±0.2	213±2	225±3	1.4

从表 2-11 中可以看出，两种方法计算得到的 E_c 整体上都随着 CeO_2 掺量的增加而减小，因此在相同的热处理条件下，Ce5 样品的成核和析晶速率相比其他三个样品最小，这可以解释为高场强的 Ce^{4+}/Ce^{3+} 的加入影响了其周围原子的堆积，从而促进了玻璃析晶。为了验证 CeO_2 对玻璃析晶的影响，将所有样品在 750℃下保温 3h，获得样品的 XRD 图，如图 2-28 所示。经分析，热处理获得的样品主晶相为 CeO_2（PDF $No.$65-5923），此外，通过皮尔森Ⅶ函数扣除背景后计算得出 XRD 衍射峰的相对强度，从而获得 Ce5、Ce10、Ce15 和 Ce18 样品的结晶度分别为（32.64±3.92）%、（75.92%±4.83）%、（59.76±4.23）%和（78.19±1.2）%，这与 E_c 的变化一致。而且，Avrami 指数 n 的取值范围为 1.0～1.5，

可以认为样品在进行热处理时以表面析晶为主。根据 Marotta 的理论[6]，析晶峰的形状受表面析晶和整体析晶的强烈影响，DSC 曲线上宽泛的析晶峰对应于表面析晶，尖锐的析晶峰对应于整体析晶，因此在本实验中，样品宽泛的析晶峰（图 2-26）进一步证明了 Avrami 指数的分析结果。

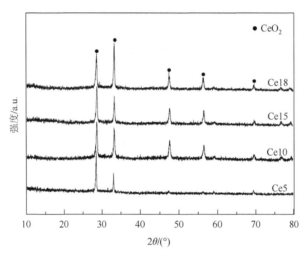

图 2-28　样品在 750℃下保温 3h 后得到的 XRD 图

根据 Moynihan 方程［式（2-5）］和 Kissinger 方程［式（2-6）］都可计算出玻璃转变活化能。

$$\ln \beta = -\frac{E_g}{RT_g} + 常数 \tag{2-5}$$

$$\ln\left(\frac{T_g^2}{\beta}\right) = \frac{E_g}{RT_g} + 常数 \tag{2-6}$$

式中，T_g 为玻璃化转变温度；E_g 为玻璃转变活化能；β 为升温速率；R 为气体常数，等于 8.314J/(k·mol)。以 $1000/T_g$ 为横坐标、$\ln\beta$ 或 $\ln(T_g^2/\beta)$ 为纵坐标作图，可得到直线斜率为 E_g/R，由此即可求得玻璃转变活化能。

得到的拟合关系如图 2-29（a）和图 2-29（b）所示，通过拟合结果可以计算获得玻璃转变活化能 E_g，见表 2-11。玻璃的转变与玻璃黏液态到热力学准稳定态的变化有关，在玻璃化转变温度附近原子运动和重排所需的能量就是热松弛活化能，它和玻璃转变活化能相关。因此，玻璃态最稳定区域的转变活化能最低，由表 2-11 可见，随着 CeO_2 掺量的增加，样品的 E_g 逐渐减小。

2.2.3　CeO_2 和 Gd_2O_3 共掺杂对硼硅酸盐玻璃固化体性能的影响

按照 CeO_2/Gd_2O_3 物质的量比的不同，对模拟高放废液硼硅酸盐玻璃固化体做 5 组对比实验，它们各自的组分见表 2-12。以 SiO_2、Al_2O_3、H_3BO_3、Na_2CO_3、K_2CO_3、Li_2CO_3、$CaCO_3$、ZnO、CeO_2 和 Gd_2O_3 为原料，按表 2-12 所示的玻璃固化体组分的化学计量比进行配料。将配合料均匀混合后置于黏土坩埚中并在一定的烧结制度下升温至 1200℃，保温 2h，然后将熔制好的玻璃液浇注于已预热至 800℃左右的不锈钢模具 [10mm（长）×10mm（宽）×10mm（高）] 中成型，在 600℃下退火 1h 后取出固化体试样，再用砂纸打磨去除表面污染层，并用丙酮超声清洗两次，最后用酒精和去离子水再次清洗数次备用。

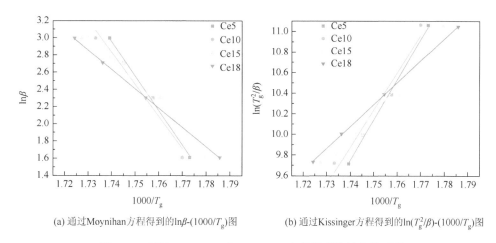

(a) 通过 Moynihan 方程得到的 lnβ-(1000/T_g)图 　　　 (b) 通过 Kissinger 方程得到的 ln(T_g^2/β)-(1000/T_g)图

图 2-29　通过 Moynihan 和 Kissinger 方程得到的拟合关系图

表 2-12　模拟高放废液硼硅酸盐玻璃固化体组分（%）

样品	SiO$_2$	Al$_2$O$_3$	B$_2$O$_3$	Na$_2$O	K$_2$O	Li$_2$O	CaO	ZnO	CeO$_2$	Gd$_2$O$_3$
CG-1	46	6	18	7	3	3	4	3	5	5
CG-2	46	6	18	7	3	3	4	3	8	2
CG-3	46	6	18	7	3	3	4	3	6	4
CG-4	46	6	18	7	3	3	4	3	4	6
CG-5	46	6	18	7	3	3	4	3	2	8

注：表中数据为质量分数。

1. XRD 分析

图 2-30 为固化体试样的 XRD 测试结果。所有样品均只在 $2\theta = 20°$～$30°$ 处有一个弥散峰，没有明显的析晶峰，表明该组试样在所用的烧结制度下能够很好地形成均匀一致的玻璃固化体。

2. 密度

根据不同 CeO$_2$/Gd$_2$O$_3$ 物质的量比配料制备的玻璃固化体浸泡前后的密度大小对比如图 2-31 所示，该组玻璃固化体试样的密度在 2.59～2.68g/cm^3 范围内变化。由图可见，该组试样的密度浸泡前后变化不大，其中，CG-3 玻璃固化体试样的密度在浸泡之前最小，CG-5 玻璃固化体试样浸泡前密度最大。进一步根据综合浸泡前后密度的大小可以看出，CG-5 玻璃固化体试样的密度变化幅度不大，且浸泡前致密度最高，可初步推测其抗浸出性能相对较好，而密度较小的 CG-3 玻璃固化体试样的抗浸出性能可能相对较差。

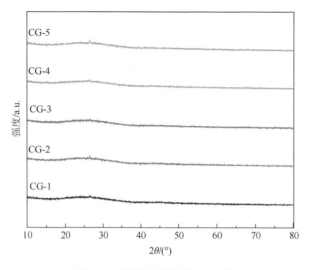

图 2-30　固化体试样的 XRD 图

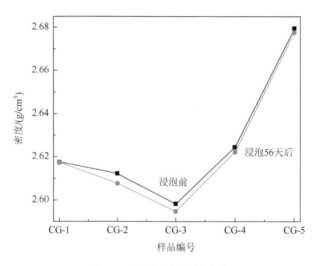

图 2-31　固化体试样的密度

3. FTIR 光谱分析[1]

图 2-32 为玻璃固化体试样的 FTIR 图。图中 460cm^{-1} 处较尖锐的吸收峰为[SiO$_4$]中 Si—O—Si 键的伸缩振动峰；710cm^{-1} 处出现的微弱吸收峰是[BO$_3$]三角体的弯曲振动峰，同时也是[SiO$_4$]中 Si—O—Si 键的伸缩振动峰；1030cm^{-1} 处较宽的吸收峰是 Q^2、Q^3 结构单元中 Si—O—Si 键的不对称伸缩振动峰，也是[BO$_4$]$^-$四面体中 B—O—B 键的不对称伸缩振动峰，其峰形较明显，表明玻璃固化体中存在大量的[SiO$_4$]四面体基团和[BO$_4$]$^-$四面体基团；1400cm^{-1} 处的吸收峰是[BO$_3$]的不对称伸缩振动峰。

从强度值可以看出，CG-5 玻璃固化体试样在 460cm^{-1}、1030cm^{-1} 处代表 Si—O—Si 键的伸缩振动峰和 B—O—B 键的不对称伸缩振动峰的吸收峰强度相对于其余玻璃固化体试样较高，而 710cm^{-1} 处[BO$_3$]三角体的弯曲振动峰强度相对较弱，这是因为玻璃固化体

试样随着 Gd_2O_3 掺量的增多，结构中$[BO_3]$三角体有向$[BO_4]^-$四面体转变的趋势，$[SiO_4]$和$[BO_4]^-$四面体的含量相对于$[BO_3]$三角体的含量增多，这为玻璃固化体化学稳定性的增强提供了有利条件。

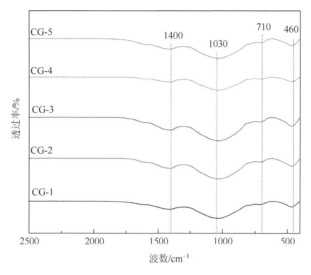

图 2-32　玻璃固化体的 FTIR 图

4. 抗浸出性能

图 2-33 为玻璃固化体试样采用 MCC-1 法浸泡不同天数的失重速率变化曲线。从图中可以看出，CG-5 试样的失重速率在浸泡 14 天后明显低于其余试样，而 CG-2 试样的失重速率在浸泡 7 天时就明显高于其余试样。另外，CG-5 试样的初始失重速率最低，CG-2

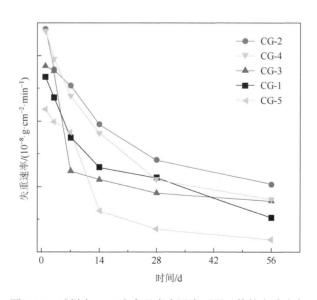

图 2-33　试样在 90℃去离子水中浸泡不同天数的失重速率

试样的初始失重速率最高,进一步证实CG-5试样在去离子水中浸泡时的耐水性要比CG-2试样好。总体来说,该组试样的失重速率数量级均在10^{-8}g/(cm^2·min)以上,所以,它们的耐水性相对较差,这与FTIR分析结果相一致。

表2-13为试样浸泡56天时浸泡液中各种元素的浸出浓度。从表中可以看出,Si的浸出浓度在所有元素中最高。CG-5玻璃固化体试样各种元素的平均浸出浓度最低,CG-2玻璃固化体试样各种元素的平均浸出浓度最高,这与失重速率曲线的变化趋势一致。另外,对比CG-5和CG-2玻璃固化体试样各种元素的浸出浓度可以发现,CG-5玻璃固化体试样大多数元素的浸出浓度较CG-2样品低,抗浸出性能相对较好。

表2-13　样品浸泡56天后浸出液中各元素浓度　　　　　（单位：μg/mL）

样品	Si	Al	B	K	Li	Ca	Zn	Ce	Gd
CG-1	22.73	1.08	7.02	3.14	2.01	3.41	0.04	0	0
CG-2	32.99	2.58	11.46	5.14	3.05	2.61	0.10	0.22	0.07
CG-3	25.88	3.04	7.62	3.59	2.05	2.94	0.18	0.23	0.14
CG-4	23.67	2.55	6.61	2.99	1.79	2.66	0.42	0.20	0.26
CG-5	19.85	2.26	5.45	2.50	1.47	2.20	0.42	0.08	0.30

5. 表面形貌分析

为观察浸泡液对玻璃固化体试样表面的侵蚀程度,根据失重速率曲线以及浸泡液浸出元素浓度,选择CG-5和CG-2这两组化学稳定性差别相对较大的试样做SEM测试和EDS测试,其结果分别如图2-34和图2-35所示。在图2-34中,CG-2玻璃固化体试样浸泡前表面凹凸不平;浸泡过程中,耐水性较差的区域与水相互作用形成二次结晶相,浸泡后玻璃表面附着了很多分布不均匀的微晶相。CG-5玻璃固化体试样浸泡前表面光滑平整,无明显晶相,表明CG-5玻璃固化体配合料在1200℃下烧制效果较好,形成了均匀一致的玻璃固化体;浸泡56天后,玻璃固化体表面形成了一层较平整且均匀分布的表面层,该表面层对玻璃固化体有一定的保护作用,在一定程度上阻止了玻璃固化体与浸泡液之间进一步反应,因此,CG-5玻璃固化体试样具有较佳的抗浸出性能。

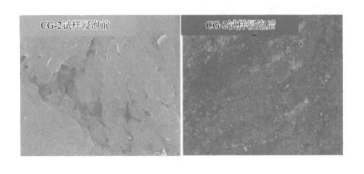

图 2-34　CG-2 和 CG-5 固化体试样浸泡前后的 SEM 图

　　该组分下所制备的玻璃固化体表面主要有 O、Al、Si、Ca、Na、Zn 和 K 等元素，如图 2-35 所示。CG-2 玻璃固化体试样表面 Al、Ca、Na、Zn、K 元素及模拟核素 Ce 和 Gd 的含量浸泡前后的变化比较明显，表明该组成的玻璃固化体抗浸出性能较差。CG-5 玻璃固化体试样表面各元素含量变化不明显，表明玻璃固化体与浸泡液之间离子交换作用不强，进一步证实 CG-5 玻璃固化体试样具有较好的抗浸出性能。

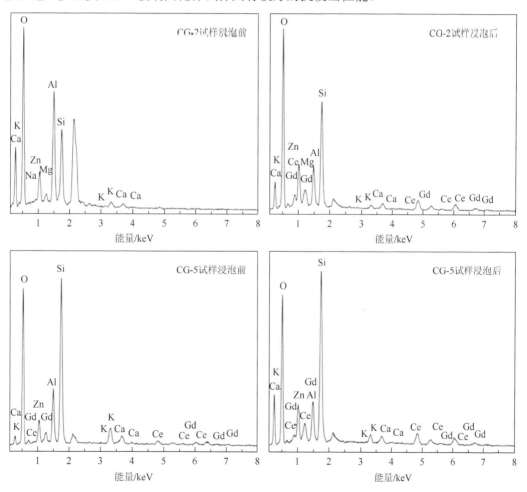

图 2-35　CG-2 和 CG-5 固化体试样浸泡前后的 EDS 图

2.3　硼硅酸盐玻璃固化钼

钼（Mo）作为高放核废料中最丰富的裂变产物之一，是动力堆高放废物的主要成分，然而 Mo 在普通硼硅酸盐玻璃中的溶解度仅为 1%～2%（以摩尔分数表示），这使得硼硅酸盐玻璃固化体进行固化处理时在废物包容量方面具有局限性。本节以提高 Mo 在典型硼硅酸盐［SiO_2-B_2O_3-R_2O-CaO（R = Li、Na、K）］玻璃体系中的溶解度为目标，通过 XRD、SEM、能谱分析、FTIR 光谱、拉曼光谱、核磁共振和化学稳定性测试等手段，探讨并总结 Na_2O、CaO、Al_2O_3、Li_2O、Nd_2O_3 等对 Mo 在硼硅酸盐玻璃固化体中溶解度的影响规律，并归纳其对硼硅酸盐玻璃固化体物相、结构、密度、化学稳定性、热稳定性等的影响规律，总结硼硅酸盐玻璃固化体中 Mo 的溶解机理，优化高 Mo 包容量的硼硅酸盐玻璃固化体配方。

2.3.1　碱金属（Li、Na、K）对硼硅酸盐玻璃中 Mo 溶解度的影响[7]

在含有不同碱金属的 SiO_2-B_2O_3-R_2O-CaO（R = Li、Na、K）玻璃体系中分别引入摩尔分数为 2.5% 和 3.5% 的 MoO_3。首先改变玻璃配方中碱金属类型并且保持碱金属的总量不变，然后调整配方中 MoO_3 的含量，探究不同碱金属对含 Mo 玻璃析晶情况和结构的影响。含不同类型碱金属的玻璃组分见表 2-14，所获得的样品实物图如图 2-36 所示。

表 2-14　不同碱金属（Li、Na、K）含量玻璃的组分（%）

样品	SiO_2	B_2O_3	CaO	MoO_3	Li_2O	Na_2O	K_2O
Li-2.5	52.33	13.95	20.87	2.50	10.35	0	0
Na-2.5	52.33	13.95	20.87	2.50	0	10.35	0
K-2.5	52.33	13.95	20.87	2.50	0	0	10.35
Li-3.5	51.79	13.81	20.66	3.50	10.24	0	0
Na-3.5	51.79	13.81	20.66	3.50	0	10.24	0
K-3.5	51.79	13.81	20.66	3.50	0	0	10.24

注：表中数据为摩尔分数。

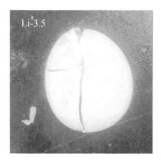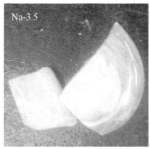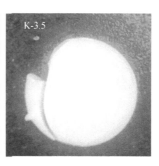

图 2-36　含不同碱金属的玻璃固化体样品实物图

1. XRD 分析

从图 2-36 中可以看出，在宏观上，除了 Na-2.5 样品以外，其他样品都存在部分分相，其中 K-2.5 样品的分相情况最轻，而 Li-3.5 样品的分相情况最严重。结合图 2-37 的 XRD 结果可以看出：当 Mo 的摩尔分数为 2.5%时，所有样品均为玻璃相，没有晶相析出，但是从样品的实物图可以看出，除了 Na-2.5 样品为均匀的玻璃相，Li-2.5 和 K-2.5 样品均有第二相析出，说明玻璃样品发生了分相现象，这可能是由于配方中含有较多的碱金属，当配方中引入较多的碱金属时，熔体会分成两相，其中一相表现为独立的 R-O 离子聚合体，只含少量的 Si^{4+}，另一相为 Si^{4+} 的富集相，这样就出现了两相共存的不混溶现象，尤其是 Li^+，由于 Li^+ 的离子半径较小，会使 Si-O 熔体出现很小的第二相液滴，造成出现乳光现象；当 Mo 的摩尔分数提高到 3.5%时，在宏观上可以看出所有样品均有分相现象，结合 XRD 图可以看出所有样品均有 $CaMoO_4$（PDF *No*.29-0351）晶相析出，并且随碱金属离子半径的增大而增多，说明在碱金属元素中 Li^+ 对 Mo 有较大的包容量，但是在该配方中 Li^+ 会引起玻璃产生分相，而 K^+ 对提高 Mo 溶解度的影响最小，Na^+ 对提高 Mo 溶解度的影响则介于两者之间。

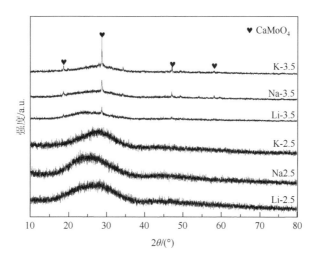

图 2-37　含不同碱金属的玻璃固化体样品的 XRD 图

2. 拉曼光谱分析

图 2-38 为含不同碱金属玻璃固化体的拉曼光谱图。$[MoO_4]^{2-}$ 特征峰的拉曼散射强度高于硼硅酸盐玻璃网络结构中的结构单元（$[SiO_4]$、$[BO_3]$ 和 $[BO_4]^-$），因此拉曼光谱图可以很好地反映 $[MoO_4]^{2-}$ 周围的环境。拉曼光谱图中位于 $320cm^{-1}$、$390cm^{-1}$、$792cm^{-1}$、$846cm^{-1}$ 和 $878cm^{-1}$ 位置的尖锐峰为 $CaMoO_4$ 晶体中的 $[MoO_4]^{2-}$ 振动特征峰。此外，位于 $320cm^{-1}$、$878cm^{-1}$ 和 $912cm^{-1}$ 左右处的弥散峰归属于玻璃结构中的 $[MoO_4]^{2-}$ 特征峰。由图可知，Li-2.5、Na-2.5 和 K-2.5 样品均为玻璃相，没有出现代表 $CaMoO_4$ 晶体中 $[MoO_4]^{2-}$ 基团的振动特征峰，而 Li-3.5、Na-3.5 和 K-3.5 样品出现了代表 $CaMoO_4$ 晶体的尖锐振动峰，证明这三个样品中均有 $CaMoO_4$ 晶体析出，这与 XRD 结果一致。此外，样品位于 $912cm^{-1}$ 附近的弥散峰随着碱金属阳离子半径的增大而几乎没有发生偏移，说明玻璃相中 $[MoO_4]^{2-}$ 振动特征峰周围的环境没有发生较大的改变，这可能是因为补偿 $[MoO_4]^{2-}$ 电荷的阳离子主要是碱土金属离子（Ca^{2+}），所以改变一价碱金属类型对 $[MoO_4]^{2-}$ 振动特征峰周围的环境没有较大的影响。

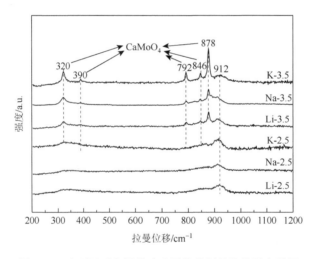

图 2-38　含不同碱金属的玻璃固化体样品的拉曼光谱图

3. FTIR 光谱分析

图 2-39 为含不同碱金属的玻璃固化体的 FTIR 图，位于 $715cm^{-1}$ 和 $1415cm^{-1}$ 处的峰分别对应玻璃结构中 $[BO_3]$ 的弯曲振动模式和伸缩振动模式；位于 $810cm^{-1}$ 处的峰对应 $CaMoO_4$ 中 $[MoO_4]^{2-}$ 的伸缩振动模式；位于 $871cm^{-1}$ 处的峰是由 Si—O 键（含非桥氧）的不对称振动引起的吸收峰；位于 $1026cm^{-1}$ 处的峰是由结构中 Si—O 键（含桥氧和非桥氧）的伸缩振动模式和 $[BO_4]^-$ 的伸缩振动模式重叠而形成的吸收峰。

从 FTIR 图中可以明显看出，对于 Li-3.5、Na-3.5 和 K-3.5 样品而言，位于 $810cm^{-1}$ 处的 $CaMoO_4$ 伸缩振动峰强度随着碱金属阳离子半径的增加而增强，这与前面的拉曼光谱和 XRD 测试结果一致；$1026cm^{-1}$ 处峰的峰宽随着阳离子半径增加明显减小，这可能是因为随着碱金属阳离子半径的增加，碱金属阳离子的迁移率降低，对[BO₄]⁻基团的电荷补偿力下降，导致[BO₄]⁻基团减少，进而使 1026cm⁻¹ 处峰的峰宽随着阳离子半径增加而减小，而[BO₄]⁻基团减少会导致玻璃中的非桥氧增加，从而使 871cm⁻¹ 处代表 Si—O 非桥氧键的不对称振动峰增强。

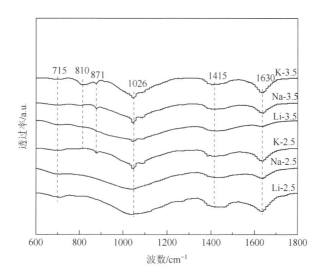

图 2-39　含不同碱金属的玻璃固化体样品的 FTIR 图

　　结合样品实物图、XRD 图、拉曼光谱和 FTIR 光谱可以看出，随着碱金属阳离子半径增加，Mo 在玻璃中的溶解度减小，但是过量的 Li 元素会引起玻璃产生分相，从而导致固化体稳定性下降。

2.3.2　Na₂O 和 CaO 对硼硅酸盐玻璃中 Mo 溶解度的影响[8]

　　不同 Na₂O 和 CaO 总含量玻璃的组分及玻璃熔融后的质量损失率 WR 见表 2-15。表中，Na₂O、CaO 等比例替换 SiO₂ 并逐渐增加，分别对应编号为 M25、M30、M35、M40 的样品。此外，通过玻璃初始质量 m_1 和熔融后玻璃的质量 m_2，按照式（2-7）计算玻璃熔融后的质量损失率。

$$WR = \frac{m_1 - m_2}{m_1} \times 100\% \qquad (2\text{-}7)$$

各玻璃样品的 WR 均小于 5%，表明熔融过程中的挥发量相对较小。

表 2-15　不同 Na₂O 和 CaO 总含量玻璃的组分（摩尔分数，%）及玻璃熔融后的质量损失率（WR，%）

样品	SiO_2	B_2O_3	Na_2O	CaO	MoO_3	WR
M25	54.4	17.5	8.4	16.7	3	2.3
M30	49.4	17.5	10.1	20	3	2.5

样品	SiO$_2$	B$_2$O$_3$	Na$_2$O	CaO	MoO$_3$	WR
M35	44.4	17.5	11.7	23.4	3	2.8
M40	39.4	17.5	13.4	26.7	3	3.2

1. XRD 分析

宏观上，M40 和 M35 样品都呈白色透明状，但 M35 样品内有些微白色相；M30 样品呈半透明乳浊状，而 M25 样品变为不透明乳白色。图 2-40 为不同 Na$_2$O 和 CaO 总含量固化体的 XRD 图，图中 M40 和 M35 样品均有具无定形特征的弥散峰，表明玻璃溶解了所有 Mo，或析出的钼酸盐晶粒小于 XRD 的检出限，而 M30 及 M25 样品则具有单一且逐渐增强的 CaMoO$_4$（PDF No.29-0351）结晶峰，说明 M30 和 M25 样品逐渐变得不透明是由组分中的 Mo 逐渐析出形成 CaMoO$_4$ 晶相造成的，而随着 Na$_2$O、CaO 逐渐置换 SiO$_2$，结晶峰逐渐减弱，最后消失，说明玻璃中的 Mo 溶解度增加。

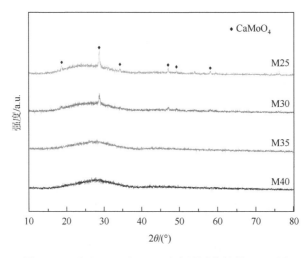

图 2-40　不同 Na$_2$O 和 CaO 总含量固化体的 XRD 图

2. 密度及摩尔体积

图 2-41 为不同 Na$_2$O 和 CaO 总含量固化体的密度和摩尔体积，随着 Na$_2$O、CaO 逐渐置换 SiO$_2$，密度逐渐增加，但增长趋势逐渐减弱，而摩尔体积逐渐减小，但下降趋势逐渐减弱。同时，随着 Na$_2$O、CaO 替换 SiO$_2$，组分中网络修饰离子逐渐增多，它们能进入玻璃网络间隙以填充空间，因此摩尔体积减小、密度增大，但玻璃网络结构中可填充的空间并不大，所以摩尔体积和密度的变化趋势趋缓。

3. 拉曼光谱分析

图 2-42 为不同 Na$_2$O 和 CaO 总含量固化体的拉曼光谱图，主要反映了不同环境下

[MoO$_4$]$^{2-}$的拉曼振动。图中，322cm^{-1}、391cm^{-1}、792cm^{-1}、846cm^{-1}和878cm^{-1}处的尖锐峰为 CaMoO$_4$ 的[MoO$_4$]$^{2-}$特征峰，而 322cm^{-1}、878cm^{-1} 和 913cm^{-1} 左右处宽泛的弥散峰归属于玻璃结构中的[MoO$_4$]$^{2-}$特征峰。从图中可以看出，随着 Na$_2$O、CaO 逐渐置换 SiO$_2$，CaMoO$_4$ 的特征峰逐渐减弱，在 M40 样品中消失，说明 Mo 溶解度在玻璃中逐渐增加，这与 XRD 结果一致。此外，322cm^{-1} 和 913cm^{-1} 左右处的弥散峰并没有随组分变化而出现波数偏移，说明玻璃结构中[MoO$_4$]$^{2-}$周围的环境并没有发生变化，即补偿[MoO$_4$]$^{2-}$电荷的阳离子（Na$^+$和 Ca^{2+}）没有发生相对较大的变化。值得注意的是，在 XRD 图中，M35 样品没有被检测出 CaMoO$_4$ 的结晶峰，而在拉曼光谱中检测出微弱的 CaMoO$_4$ 结晶峰，这是由于拉曼光谱对 CaMoO$_4$ 的结晶相更加灵敏，同时也说明 M35 样品的 Mo 溶解度极限接近 2.98%（摩尔分数），且 XRD 结果和拉曼光谱表明 M40 样品的 Mo 溶解度达到 2.98%（摩尔分数）。

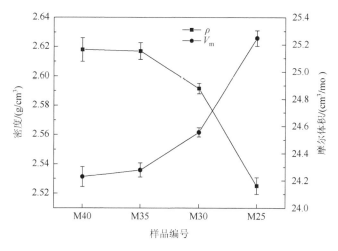

图 2-41　不同 Na$_2$O 和 CaO 总含量固化体的密度（ρ）和摩尔体积（V_m）

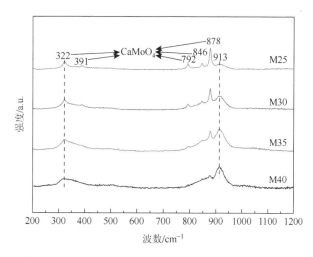

图 2-42　不同 Na$_2$O 和 CaO 总含量固化体的拉曼光谱图

4. FTIR 光谱分析

图 2-43 为不同 Na_2O 和 CaO 总含量固化体的 FTIR 图。图中 705cm^{-1} 和 1416cm^{-1} 处的峰分别对应玻璃网络结构中[BO_3]的弯曲振动模式和伸缩振动模式；位于 1026cm^{-1} 处的峰由结构中 Si—O—Si 键的伸缩振动模式和[BO_4]$^-$的伸缩振动模式重叠而形成，这两种伸缩振动模式分别对应 1020～1060cm^{-1} 和 940～980cm^{-1}；810cm^{-1} 处的峰对应 $CaMoO_4$ 中 [MoO_4]$^{2-}$的伸缩振动模式。图中，从 M25 样品到 M40 样品，位于 1026cm^{-1} 处的峰逐渐向低波数方向偏移，同时 705cm^{-1} 处的峰逐渐移向高波数，这是由于 Na_2O、CaO 逐渐置换 SiO_2 使结构中非桥氧逐渐增加而 Si—O—Si 键逐渐减少，因此使得 1026cm^{-1} 处的峰发生偏移。同时，减少的 Si—O—Si 键结构影响了 B—O 键的键能，导致 B—O 键略微增强，所以 705cm^{-1} 处的峰向高波数方向移动。图中 M25 和 M30 样品在 810cm^{-1} 处出现了新的峰，该峰是 $CaMoO_4$ 的特征峰，并且峰强度逐渐减弱，在 M35 样品中消失，说明 $CaMoO_4$ 的结晶趋势减弱，进一步说明 Mo 溶解度增加。

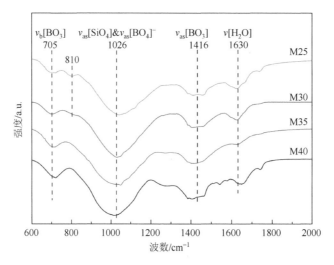

图 2-43　不同 Na_2O 和 CaO 总含量固化体的 FTIR 图

v_b 为弯曲振动，v_{as} 为不对称伸缩振动，v 为伸缩振动

FTIR 光谱、XRD 结果和拉曼光谱一致，说明用 Na_2O、CaO 等比例置换 SiO_2 可以提高 Mo 在玻璃中的溶解度。[MoO_4]$^{2-}$和网络修饰离子（Na^+、Ca^{2+}等阳离子）以及非桥氧均位于玻璃网络结构的解聚区域，且一些网络修饰离子围绕在[MoO_4]$^{2-}$的周围以补偿电价，因而 Wang 等[9]、连启会[10]及 Chouard 等[11]均认为 Mo 的溶解度与[MoO_4]$^{2-}$周围的阳离子有关，而拉曼光谱表明[MoO_4]$^{2-}$周围的环境并没有随 Na_2O、CaO 置换 SiO_2 而变化，但 XRD 结果、拉曼光谱及 FTIR 光谱都表明 Mo 的溶解度有所提高。结合以上分析和实验结果，本书提出 Mo 在硼硅酸盐玻璃中的溶解度不仅与[MoO_4]$^{2-}$周围的环境有关，还与容纳[MoO_4]$^{2-}$的解聚区域有关,增大玻璃结构的解聚区域可以提高 Mo 的溶解度。从 M25 样品到 M40 样品，Na_2O、CaO 逐渐置换 SiO_2，FTIR 图中振动峰的偏移表明 Si—O—Si 键逐渐减少，进一步说明玻璃

网络结构聚合程度降低，即解聚区域增大，增大的解聚区域有更大的空间容纳$[MoO_4]^{2-}$和其他离子，因而在没有改变$[MoO_4]^{2-}$周围环境的前提下提高了 Mo 的溶解度。

2.3.3 Na_2O/CaO 物质的量比对玻璃中 Mo 溶解度的影响

表 2-16 展示了不同 Na_2O/CaO 物质的量比固化体的组分和熔融后的质量损失率（WR）。上一个实验中，M35 样品透明但含有些微白色相，因此，这组样品以 M35 样品为基础，只改变组分中 Na_2O 和 CaO 的相对含量，而玻璃其他组分不变。表中样品的 WR 均小于 5%，说明熔融过程中挥发量并不大，WR 随 Na_2O 取代 CaO 逐渐增大，说明 Na_2O 的挥发量相对要多一些。

表 2-16 不同 Na_2O/CaO 物质的量比固化体的组分（摩尔分数，%）和熔融后的质量损失率（WR，%）

样品	SiO_2	B_2O_3	Na_2O	CaO	MoO_3	WR
R0.09	44.4	17.5	3.1	32.0	3.0	1.4
R0.23	44.4	17.5	8.0	27.1	3.0	2.6
R0.33	44.4	17.5	11.7	23.4	3.0	2.8
R0.44	44.4	17.5	15.6	19.5	3.0	3.4
R0.50	44.4	17.5	17.5	17.6	3.0	2.7
R0.60	44.4	17.5	21.0	14.1	3.0	3.9
R0.71	44.4	17.5	25.1	10.0	3.0	4.4
R0.82	44.4	17.5	28.8	6.3	3.0	4.6

1. 物相与结构分析

宏观上，R0.09、R0.23 和 R0.33 样品为透明玻璃，仅 R0.33 含有些微乳白色相，其余样品都呈乳白色不透明状，且 R0.71 和 R0.82 样品表面的白色沉淀（"黄相"）逐渐增多（图 2-44），R0.82 样品表面沉淀较多，且能够分离，因此将该样品分为不含沉淀（标记为 R0.82a）和含有沉淀（标记为 R0.82b）进行测试。图 2-45 为不同 Na_2O/CaO 物质的量比固化体的 XRD 图，R0.09、R0.23 和 R0.33 样品具有无定形非晶峰，表明固化体溶解了所有 Mo，其 Mo 溶解度达到 2.98%（摩尔分数），或析出的钼酸盐晶粒小于 XRD 的检出限；R0.44、R0.50 和 R0.60 样品的 XRD 图出现单一的 $CaMoO_4$（PDF *No*.29-0351）结晶峰；R0.71 样品出现 $CaMoO_4$ 和 $Na_2MoO_4 \cdot 2H_2O$（PDF *No*.34-0076）晶相；R0.82b 样品主要出现 Na_2MoO_4（PDF *No*.12-0773）晶相和少量 $CaMoO_4$ 及 $Na_2MoO_4 \cdot 2H_2O$ 晶相，而 R0.82a 表现出非晶特性。R0.71 和 R0.82 样品内部结晶很少甚至消失，这是由于在样品表面出现了钼酸盐晶相，玻璃内部的 Mo 含量降低。另外，从图中可以看出，R0.09～R0.50 样品，随着 Na_2O 增多而 CaO 减少，$CaMoO_4$ 的结晶峰逐渐出现并增强，说明 Mo 的溶解度逐渐降低，随后 Na_2O 继续置换 CaO（R0.50～R0.82 样品），$CaMoO_4$ 逐渐减少，但样品表面出现分相，表明 Mo 溶解度进一步降低。由此可以反过来说明，该硼硅酸盐玻璃体系中 CaO 逐渐替换 Na_2O 可以提高 Mo 的溶解度。

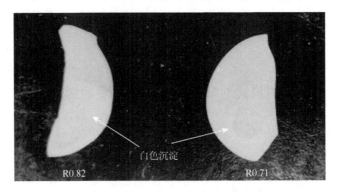

图 2-44　R0.71 和 R0.82 样品外貌图

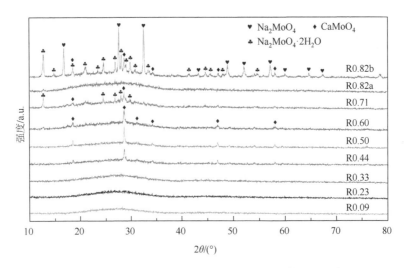

图 2-45　不同 Na_2O/CaO 物质的量比固化体的 XRD 图

　　图 2-46 为 R0.09、R0.44、R0.50、R0.60 样品的 SEM 图。R0.09 样品有具玻璃特征的微观形貌，均匀且无结晶相，随着 Na_2O 置换 CaO，R0.44、R0.50、R0.60 三个样品出现水滴状白色颗粒，这些颗粒随机均匀分布在玻璃相中，粒径为几十到几百纳米。根据 XRD 结果，这些颗粒呈 $CaMoO_4$ 晶相，这种水滴状的形貌是由熔体冷却过程中的液-液分离造成的。此外，在 R0.44、R0.50、R0.60 样品中均可以看到气孔，且气孔数量逐渐增多。

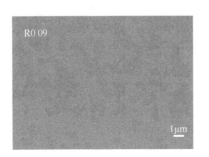

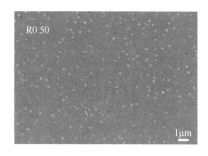
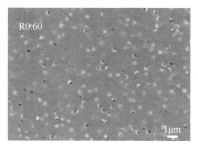

图 2-46　样品的 SEM 图

2. 密度及摩尔体积

图 2-47 为不同 Na_2O/CaO 物质的量比固化体的密度和摩尔体积。图中，从 R0.09 样品到 R0.60 样品，密度呈线性减小趋势，从 $2.69g/cm^3$ 减小至 $2.56g/cm^3$，而摩尔体积呈线性增加趋势，这是由于 Na^+ 对邻近的 Si—O—Si 键的反极化作用较强，Si—O—Si 键强度减弱、键长增长。此外，在 SEM 图中观察到的气孔数量增加也可能导致密度下降。

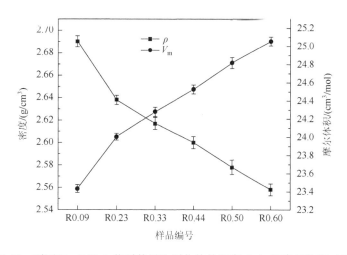

图 2-47　不同 Na_2O/CaO 物质的量比固化体的密度（ρ）和摩尔体积（V_m）

3. 拉曼光谱分析

图 2-48 为不同 Na_2O/CaO 物质的量比固化体的拉曼光谱图。图中，$322cm^{-1}$、$391cm^{-1}$、$792cm^{-1}$、$846cm^{-1}$ 和 $878cm^{-1}$ 处的尖锐峰归属于 $CaMoO_4$ 的 $[MoO_4]^{2-}$ 特征峰；$833cm^{-1}$、$842cm^{-1}$ 和 $896cm^{-1}$ 处的尖锐峰是 $Na_2MoO_4 \cdot 2H_2O$ 中 $[MoO_4]^{2-}$ 的振动峰；$302cm^{-1}$、$809cm^{-1}$ 和 $896cm^{-1}$ 处的峰是 Na_2MoO_4 晶相的特征峰；$322cm^{-1}$ 和 $910cm^{-1}$ 左右处宽泛的弥散峰归属于玻璃结构中 $[MoO_4]^{2-}$ 的特征峰。各个结晶相的特征峰均在图 2-48 中标明，除 R0.33 和 R0.60 样品外，其余样品的非晶或结晶结果与 XRD 结果一致，由于拉曼光谱的灵敏度高，能检测出 R0.33 样品内微量的 $CaMoO_4$ 晶相以及 R0.60 样品内微量的 Na_2MoO_4 或 $Na_2MoO_4 \cdot 2H_2O$ 晶相（R0.60 在 $896cm^{-1}$ 处出现微弱的峰）。拉曼光谱中代表晶相的峰变化

表明，随着 Na₂O 逐渐取代 CaO，Mo 溶解度逐渐降低，玻璃首先在内部析出 CaMoO₄ 晶相，然后在表面析出水溶性 Na₂MoO₄ 和 Na₂MoO₄·2H₂O 相。XRD 结果和拉曼光谱都表明 R0.71 和 R0.82 样品中出现的白色沉淀主要包含水溶性 Na₂MoO₄ 和 Na₂MoO₄·2H₂O 相，水溶相的存在会严重影响固化体的化学稳定性，在固化体的制备过程中，必须严格避免水溶相的生成，因此本书没有对 R0.71 和 R0.82 样品进行其他测试。此外，920cm⁻¹ 处的弥散峰（R0.09 样品）逐渐偏移到 910cm⁻¹ 处（R0.60 样品），表明随着 Na₂O 置换 CaO，玻璃结构中[MoO₄]²⁻周围的环境被改变，补偿[MoO₄]²⁻电荷的阳离子逐渐由 Ca²⁺ 过渡到 Na⁺，这可以解释结晶相为什么由单一的 CaMoO₄ 相转变为混合的 Na₂MoO₄·2H₂O 和 Na₂MoO₄ 相。

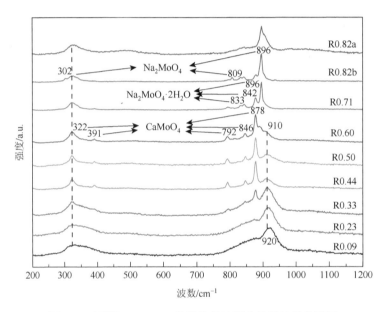

图 2-48　不同 Na₂O/CaO 物质的量比固化体的拉曼光谱图

4. FTIR 光谱分析

图 2-49 为不同 Na₂O/CaO 物质的量比固化体的 FTIR 图。图中 705cm⁻¹ 和 1415cm⁻¹ 处的峰分别对应玻璃网络结构中[BO₃]的弯曲振动模式和伸缩振动模式；位于 1015cm⁻¹ 处的峰由结构中 Si—O—Si 键的伸缩振动模式和[BO₄]⁻的伸缩振动模式重叠而形成，这两种伸缩振动模式分别对应 1020～1060cm⁻¹ 和 940～1080cm⁻¹；810cm⁻¹ 处的峰对应 CaMoO₄ 中[MoO₄]²⁻的伸缩振动模式。图中，R0.44、R0.50、R0.60 样品在 810cm⁻¹ 处出现的峰表明固化体内部存在 CaMoO₄，这与 XRD 结果和拉曼光谱一致。此外，从 R0.09 样品到 R0.60 样品，位于 1015cm⁻¹ 处的重叠峰向低波数方向偏移，这是由于 Na⁺ 的场强比 Ca²⁺低，Na⁺对邻近的 Si—O—Si 键的反极化作用较强，Si—O—Si 键键强减弱，并且玻璃结构中 Na⁺ 会优先补偿[BO₄]⁻的电价，Na₂O 增多会促进[BO₃]转变为[BO₄]⁻，进而促使重叠峰向低波数方向偏移。

XRD 结果和拉曼光谱都表明，组分中 CaO 逐渐替换 Na₂O 可以提高 Mo 的溶解度，这可以用 Mo 溶解度与解聚区域的相关性来解释：一方面，在六配位的情况下，Na^+ 的离子半径（$R_{Na}=1.16$Å）与 Ca^{2+}（$R_{Na}=1.14$Å）的差别不大，但 CaO 替换 Na_2O 使得组分中阳离子（Na^+ 和 Ca^{2+}）的总数量降低，进而使得解聚区域原本容纳 Na^+ 的空间可以用来容纳 $[MoO_4]^{2-}$，因而提高了 Mo 溶解度，此时能够补偿 $[MoO_4]^{2-}$ 电价的 Ca^{2+} 增多，这与拉曼光谱中 $[MoO_4]^{2-}$ 邻近环境发生改变相一致；另一方面，FTIR 光谱表明 Na_2O 减少会促进 $[BO_4]^-$ 转变为 $[BO_3]$，并产生非桥氧，$[BO_3]$ 和 $[SiO_4]$ 的结构差异性以及产生的非桥氧都可以使玻璃网络的无序性增强，网络结构聚合程度降低，解聚区域扩大，进而有更大空间容纳 $[MoO_4]^{2-}$ 和其他离子，因此 Mo 的溶解度增大。

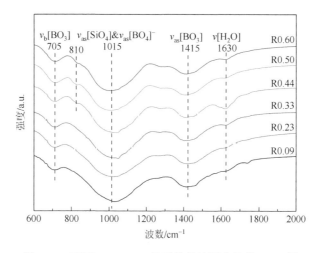

图 2-49　不同 Na_2O/CaO 物质的量比固化体的 FTIR 图

综上，可以看出 Mo 溶解度与玻璃结构的解聚区域有关，解聚区域的大小以及区域内离子的分布密度都会影响 Mo 的溶解度，可以通过调节玻璃组分中的基础阳离子（如 Na^+ 和 Ca^{2+}）含量控制这两个因素，进而提高 Mo 的溶解度。

5. 抗浸出性能

图 2-50 展示了不同 Na_2O/CaO 物质的量比固化体在 PCT 测试中分别浸泡 3 天、7 天、14 天和 28 天时 Na、Ca、Mo 元素的归一化浸出率（LR）。所有固化体的 LR_{Na}、LR_{Ca} 和 LR_{Mo} 在前 14 天急剧下降，且下降趋势逐渐减弱，14 天后变化不大，28 天后各元素的归一化浸出率均约在 10^{-3}g/($m^2 \cdot$d) 数量级，低于硼硅酸盐玻璃固化体的浸出标准。此外，R0.09～R0.50 样品的 LR_{Mo} 差别不大，表明 $CaMoO_4$ 晶相的生成对玻璃固化体的 Mo 浸出率影响不大，而 R0.60 样品的 LR_{Mo} 比其他所有样品的 LR_{Mo} 略大一些，这可能是由于 R0.60 样品中有少量水溶性 Na_2MoO_4 或 $Na_2MoO_4 \cdot 2H_2O$ 相存在。

2.3.4　Al_2O_3 对硼硅酸盐玻璃中 Mo 溶解度的影响

本节所用的基础玻璃组分摩尔分数介于 2.3.3 节中所制备的 R0.23～R0.33 样品，将

组分中的 MoO_3 摩尔分数提高至 4%作为基础样品，然后用 Al_2O_3 来替换 CaO，其替换的摩尔分数分别为 0%、5%、10%、15%和 20%，各样品的组分以及熔融后的质量损失率（WR）见表 2-17。

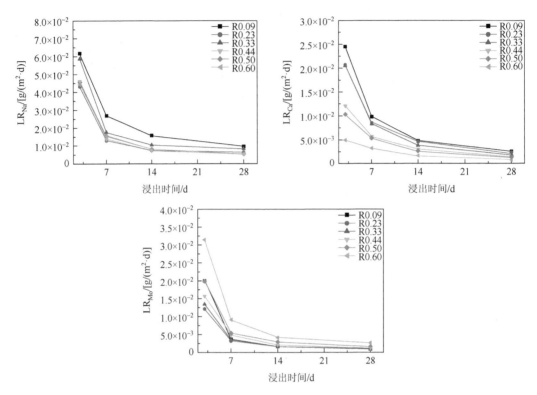

图 2-50　不同 Na_2O/CaO 物质的量比固化体浸泡不同时间后主要元素的归一化浸出率

表 2-17　不同 Al_2O_3 含量固化体的组分（摩尔分数，%）和熔融后的质量损失率（WR，%）

样品	SiO_2	B_2O_3	Na_2O	CaO	MoO_3	Al_2O_3	WR
A0	43.94	17.28	10.03	24.75	4	0	3.0
A5	43.94	17.28	10.03	19.75	4	5	3.4
A10	43.94	17.28	10.03	14.75	4	10	3.3
A15	43.94	17.28	10.03	9.75	4	15	3.8
A20	43.94	17.28	10.03	4.75	4	20	3.8

1. XRD 分析

图 2-51 为不同 Al_2O_3 含量固化体的实物图。A0、A5 和 A10 样品均呈乳白色不透明状，且 A10 样品表面有少量蓝灰色分相沉淀，因此将该样品分为不含表面分相（标记为 A10a）和含有表面分相（标记为 A10b）进行 XRD 和拉曼光谱测试，A15 和 A20 样品均为黄色透明状，并且 A15 和 A20 样品在倾倒成型时有拉丝现象，说明这两个样品在高温下黏度较大，这是由于组分中有较多的 Al_2O_3。

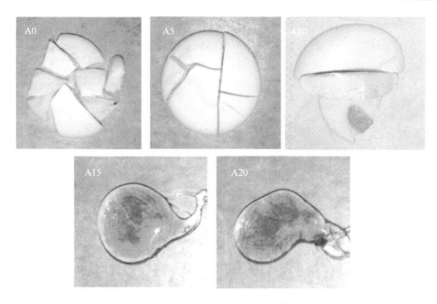

图 2-51 不同 Al_2O_3 含量固化体的实物图

图 2-52 为不同 Al_2O_3 含量固化体的 XRD 图。图中，A0、A5 样品以及不含沉淀的 A10a 样品仅含有 $CaMoO_4$ 晶相，而包含沉淀的 A10b 样品含有的杂质沉淀为 $Na_2Mo_2O_7$（PDF $No.$73-1797）相，A15 和 A20 样品具有无定形弥散峰，这与它们透明均匀的宏观外貌相一致，说明它们的 Mo 溶解度都达到甚至超过了 4%（摩尔分数）。此外，从 $CaMoO_4$ 结晶峰强度变化可以看出，当 Al_2O_3 的摩尔分数增加至 10% 时，Mo 的溶解度随 Al_2O_3 增加而减小，由于样品还出现了高温熔体不混溶现象，形成了钼酸盐沉淀分相，因此 A10 样品的 Mo 溶解度最小，但当 Al_2O_3 的摩尔分数继续增加到 15% 和 20% 时，Mo 的溶解度

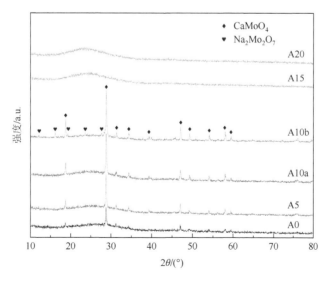

图 2-52 不同 Al_2O_3 含量固化体的 XRD 图

急剧增大，所有 Mo 均被固化在玻璃中，Mo 溶解度达到甚至超过 4%（摩尔分数）。由此可以看出，该玻璃组分中，低含量的 Al_2O_3 对 Mo 的溶解有抑制作用，而高含量的 Al_2O_3 对 Mo 溶解度有极大的提升作用。

2. 密度及摩尔体积

图 2-53 展示了不同 Al_2O_3 含量固化体的密度及摩尔体积。从图中可以看出，从 A0 样品到 A20 样品，密度大致呈线性减小趋势，而摩尔体积大致呈线性增加趋势，这是由于 Al^{3+} 作为网络中间体，Al—O 键的键能低于 Si—O 键和 B—O 键，随着 Al_2O_3 含量逐渐增多，进入玻璃网络的 $[AlO_4]^-$ 多面体逐渐增多，玻璃网络的平均键长增加，密度降低。

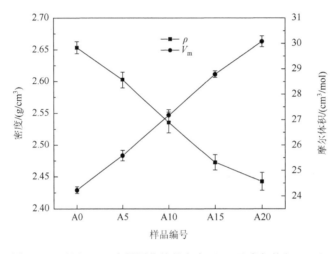

图 2-53　不同 Al_2O_3 含量固化体的密度（ρ）及摩尔体积（V_m）

3. 拉曼光谱分析

图 2-54 为不同 Al_2O_3 含量固化体的拉曼光谱图，图中的拉曼散射峰主要对应结构中不同环境下的 $[MoO_4]^{2-}$ 四面体。322cm^{-1}、391cm^{-1}、792cm^{-1}、846cm^{-1} 和 878cm^{-1} 处的尖锐峰为 $CaMoO_4$ 的 $[MoO_4]^{2-}$ 特征峰；以 914～974cm^{-1} 为中心的强弥散峰和以 322cm^{-1} 为中心的弱弥散峰分别对应玻璃结构中 $[MoO_4]^{2-}$ 的伸缩振动和弯曲振动；根据文献[12]，832～920cm^{-1} 处的宽肩峰可能对应无定形态的 $CaMoO_4$，也可能对应玻璃结构中 $[MoO_4]^{2-}$ 的另一种 Mo—O 键伸缩振动模式。图 2-54（a）中，5 个样品均存在以 914～974cm^{-1} 为中心的强弥散峰，说明所有或部分 Mo 以 $[MoO_4]^{2-}$ 形式存在于玻璃结构中。同时，结合文献[11]和文献[13]可知，玻璃结构中 $[MoO_4]^{2-}$ 的伸缩振动峰的波数随补偿电荷离子场强的增大而增大，从 A0 样品到 A20 样品，$[MoO_4]^{2-}$ 的伸缩振动峰从 914cm^{-1} 移至 974cm^{-1}，说明玻璃结构中补偿 $[MoO_4]^{2-}$ 电荷的阳离子的平均场强逐渐增强，即 $[MoO_4]^{2-}$ 周围环境发生了改变。在玻璃组分中，能够补偿电荷的阳离子有 Na^+、Ca^{2+} 以及部分作为网络修饰体的 Al^{3+}，因此可以推断出随着 Al_2O_3 逐渐取代 CaO，在 $[MoO_4]^{2-}$ 周围补偿其电荷的阳离子中，Na^+ 和 Ca^{2+} 逐渐减少，而高场强的 Al^{3+} 逐渐增多。对于 A15 和 A20 样品，弥

散峰分别位于 956cm^{-1} 和 974cm^{-1} 处，分别对比仅 Na$^+$ 或 Ca^{2+} 补偿电荷时弥散峰的峰位（仅 Na$^+$ 时为 902cm^{-1}，仅 Ca^{2+} 时为 922cm^{-1}）[13]可以得出，在 A15 和 A20 样品中，补偿[MoO$_4$]$^{2-}$电荷的主要是 Al^{3+}。另外，宽肩峰也向高波数方向偏移，从不含 Al$_2$O$_3$ 时的 878cm^{-1}（图 2-42 或图 2-48）移至含 Al$_2$O$_3$ 时的 900cm^{-1} 和 920cm^{-1} [图 2-54（b）]，也同样说明[MoO$_4$]$^{2-}$周围阳离子发生了变化。因此，本书倾向于认为宽肩峰对应玻璃结构中[MoO$_4$]$^{2-}$的另一种 Mo—O 键伸缩振动模式。

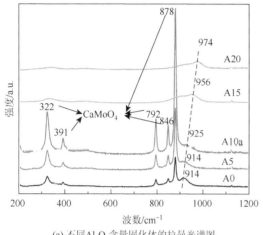

(a) 不同 Al$_2$O$_3$ 含量固化体的拉曼光谱图

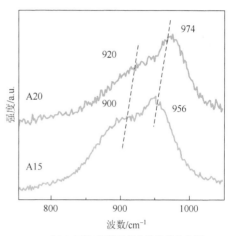

(b) A15 和 A20 样品的拉曼光谱放大图

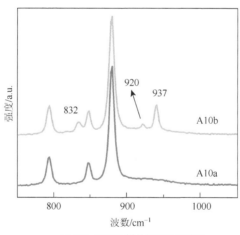

(c) A10a 和 A10b 样品的拉曼光谱图

图 2-54　不同 Al$_2$O$_3$ 含量固化体的拉曼光谱图

拉曼光谱还可以反映不同 Al$_2$O$_3$ 含量固化体样品的结晶变化情况。图 2-54 中，随着 Al$_2$O$_3$ 的摩尔分数从 0%增加到 10%，属于 CaMoO$_4$ 的拉曼特征峰逐渐增强，表明 CaMoO$_4$ 结晶量逐渐增多，当 Al$_2$O$_3$ 的摩尔分数继续增加到 15%和 20%时，CaMoO$_4$ 的拉曼特征峰消失，说明所有 Mo 都溶解于玻璃结构中。这些结晶变化表明，Mo 溶解度随着 Al$_2$O$_3$ 含量的增加呈先减后增的变化趋势，其在 A10 样品中最小。此外，A10b 样品在 832cm^{-1}、

920cm⁻¹和937cm⁻¹处出现了3个新的尖锐峰[图2-54（c）]，这三个拉曼峰对应于Na₂MoO₄晶相，此结果与XRD结果相一致。

4. NMR 光谱分析

图2-55为不同Al₂O₃含量固化体的NMR光谱图，图2-55（a）为^{11}B谱，图2-55（b）为^{27}Al谱。由于二阶四级作用的影响，B的NMR峰表现出不对称性，可从图2-55（a）中分辨出B的三配位（$^{[3]}$B）和四配位（$^{[4]}$B）所对应的共振信号峰，分别对应16ppm（10^{-6}）和0ppm左右。图2-55（b）展示了玻璃结构中^{27}Al的NMR图谱，所有样品的信号峰表现为一个位于53ppm左右处的较尖锐且不对称的峰，Al在玻璃结构中有四配位（$^{[4]}$Al）、五配位（$^{[5]}$Al）和六配位（$^{[6]}$Al）三种情况，对应的化学位移分别约为50ppm、30ppm和0ppm。分别对^{11}B和^{27}Al谱进行高斯拟合，可计算出不同配位数下B和Al的相对含量，所有样品的拟合结果列于表2-18中，图2-56展示了A15样品的^{11}B和^{27}Al谱高斯拟合结果。

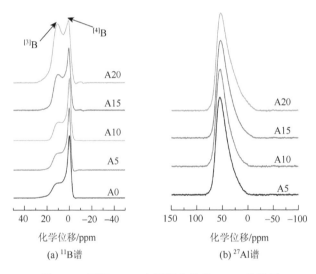

图 2-55　不同Al₂O₃含量固化体的NMR光谱图

(a) ^{11}B谱　　　(b) ^{27}Al谱

表 2-18　拟合得到的$^{[3]}$B、$^{[4]}$B、$^{[4]}$Al、$^{[5]}$Al和$^{[6]}$Al的相对含量（摩尔分数，%）和拟合误差（%）

样品	$^{[3]}$B	$^{[4]}$B	拟合误差	样品	$^{[4]}$Al	$^{[5]}$Al	$^{[6]}$Al	拟合误差
A0	39.6	60.4	4.8	A0	—	—	—	—
A5	40.1	59.9	4.2	A5	74.7	25.3	—	4.8
A10	39.4	60.6	4.9	A10	74.1	25.9	—	5.3
A15	52.4	47.6	5.3	A15	66.4	29.3	4.3	5.8
A20	59.5	40.5	5.5	A20	58.8	33.2	8.0	5.2

从图2-55和表2-18中可以看出，从A0样品到A10样品，随着Al₂O₃置换CaO的摩尔分数达到10%，^{11}B和^{27}Al谱的信号峰无明显变化，说明玻璃结构中$^{[3]}$B和$^{[4]}$B以及$^{[4]}$Al、

[5]Al 和[6]Al 各自的相对含量变化不大。拟合结果中，A0、A5 和 A10 三个样品的组分中摩尔分数约为 40% 的 B_2O_3 以[3]B 形式存在于玻璃结构中，约 60%（摩尔分数）以[4]B 形式存在，A5 和 A10 样品组分中约 74%（摩尔分数）的 Al_2O_3 以[4]Al 形式存在，约 26%（摩尔分数）为[5]Al，且[6]Al 不存在，这是由于当 Al_2O_3 替换 CaO 的摩尔分数达到 10% 时，玻璃组分中作为网络修饰体的 Na_2O 和 CaO 逐渐减少，且引入的 Al_2O_3 也会消耗阳离子氧化物提供的部分非桥氧来形成[4]Al，因而玻璃结构中的非桥氧逐渐减少。但拉曼光谱表明此时补偿$[MoO_4]^{2-}$电荷的 Al^{3+} 逐渐增多，说明部分[5]Al 作为网络修饰体提供了非桥氧，并且非桥氧使得引入的 Al_2O_3 大部分（约 74%，摩尔分数）转化成[4]Al，说明此时玻璃组分中有足够的阳离子氧化物来提供非桥氧，所以非桥氧数量的变化对[3]B 和[4]B 之间的转化没有影响。此外，对于 A15 和 A20 样品，图 2-55（a）的 ^{11}B 谱中 16ppm 处的共振峰逐渐增强，表明玻璃结构中[3]B 逐渐增多、[4]B 逐渐减少，而图 2-55（b）的 ^{27}Al 谱中信号峰主要向屏蔽场方向（向右）逐渐变宽，说明逐渐有高配位的 Al 形成。表 2-18 中的拟合结果表明，在 A15 和 A20 样品中，[3]B 的占比分别上升至约 52%（摩尔分数）和 60%（摩尔分数），[4]B 的占比分别下降至约 48%（摩尔分数）和 41%（摩尔分数）；而[4]Al 的相对含量分别下降至约 66%（摩尔分数）和约 59%（摩尔分数），[5]Al 的相对含量分别上升至约 29%（摩尔分数）和 33%（摩尔分数），且分别含有约 4%（摩尔分数）和 8%（摩尔分数）的[6]Al，这是由于当 Al_2O_3 替换 CaO 的摩尔分数达到 15% 或 20% 时，玻璃组分中的 Na_2O 和 CaO 已经相对较少，其所能提供的游离氧不足，导致[3]B 转化为[4]B 的比例减小，所以玻璃结构中[3]B 增多而[4]B 减少，并且由于非桥氧不足，从而迫使更多的 Al_2O_3 作为网络修饰体存在以提供游离氧，所以[4]Al 的相对含量下降，而[5]Al 和[6]Al 的相对含量上升。

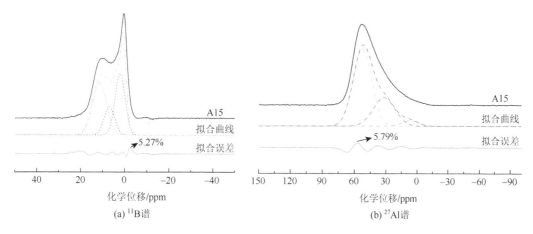

（a）^{11}B谱　　　　　　　　　　　　（b）^{27}Al谱

图 2-56　A15 样品 NMR 谱的高斯拟合图

XRD 结果和拉曼光谱都表明玻璃中 Mo 溶解度随 Al_2O_3 增多呈现先减后增的趋势，在 A10 样品中达到最低，结合玻璃结构同样也是从 A10 样品开始变化，且 2.3.2 节提出了 Mo 溶解度与玻璃结构中的解聚区域有相关性，因此，接下来继续根据拉曼光谱和 NMR 结果，从玻璃结构的角度来印证 Mo 溶解度与解聚区域的关系。

在玻璃结构中，[4]Al 和[4]B 的形成均需要非桥氧，MoO_3 也需要利用非桥氧形成 [MoO_4]^{2-}，而[5]Al 和[6]Al 都可作为网络修饰体提供非桥氧，由此，根据表 2-18 拟合得到的[3]B 和[4]B 以及[4]Al、[5]Al 和[6]Al 的相对含量，结合玻璃组分并通过式（2-8）计算玻璃的非桥氧数量（NBOs）。

$$NBOs = 2 \times \{[Na_2O]+[CaO]+(3[^{[5]}Al]+3[^{[6]}Al]-[^{[4]}Al]) \times [Al_2O_3]-[^{[4]}B] \times [B_2O_3]-[MoO_3]\}$$

$$(2\text{-}8)$$

式中，[ ]表示氧化物的物质的量。为进一步表征玻璃的解聚度，通过式（2-9）计算结构中每个多面体上非桥氧的平均数量（X）。

$$X = \frac{NBOs}{[[SiO_4]^{2-}]+2[^{[3]}B]+2[^{[4]}B]+2[^{[4]}Al]} \qquad (2\text{-}9)$$

计算得到的 NBOs 和 X 值见表 2-19。NBOs 和 X 都随 Al_2O_3 增加呈现先减后增的趋势，且在 A10 样品中最小，说明从 A0 样品到 A20 样品，玻璃结构的解聚度变化为先减小后增大，玻璃结构的解聚度与 Mo 的溶解度呈现相同的变化趋势，由此可以推断出玻璃的解聚度越高，解聚区域空间越大，玻璃对 Mo 的溶解能力越强。此外，解聚区域的 [MoO_4]^{2-} 需要阳离子补偿电价，而阳离子也需要占据解聚区域一定的空间，在玻璃结构中，一部分阳离子补偿[4]Al 和[4]B 的电荷，另一部分位于解聚区域，想要区分它们很困难，因此很难计算出解聚区域的阳离子分布。但拉曼光谱表明，在解聚区域[MoO_4]^{2-}周围，能补偿电荷的阳离子的场强随 Al_2O_3 含量的增多而逐渐增强，即由 Na^+ 和 Ca^{2+} 逐渐过渡到高场强的 Al^{3+}，高场强（高电价、低离子半径）的阳离子在补偿[MoO_4]^{2-}电价的同时，占据较小的解聚区域空间，使解聚区域可以有更多空间来容纳[MoO_4]^{2-}，因而提高了 Mo 溶解度。虽然解聚区域阳离子的具体分布难以确定，但可通过式（2-10）计算所有作为网络修饰体的阳离子的平均场强（F）。

$$F = \frac{\sum_i [i] \frac{Z_i}{R_i^2}}{\sum_i [i]} \qquad (2\text{-}10)$$

式中，[i]为组分中 i 元素的摩尔分数；Z_i 为 i 元素的阳离子价态；R_i 为 i 元素的阳离子的离子半径；i 元素包括 Na、Ca 以及五配位和六配位的 Al。计算得到的 F 值见表 2-19，可以看出随着 Al_2O_3 含量增多，阳离子的平均场强逐渐增大，这有利于提高 Mo 溶解度。

根据计算出的 NBOs、F 以及玻璃中 Mo 溶解度（S_{Mo}）的变化，得到图 2-57。图 2-57 中的 S_{Mo} 曲线并不代表具体数值，仅反映 S_{Mo} 从 A0 样品到 A20 样品的变化趋势，根据 XRD 结果估算每个样品的 Mo 溶解度得到，从图中可以看出 S_{Mo} 与玻璃结构中解聚区域以及阳离子场强的关系。从 A0 样品到 A10 样品，非桥氧数量以及玻璃的解聚度降低，使得能够容纳[MoO_4]^{2-}的解聚区域减小，进而导致 Mo 溶解度减小。虽然阳离子平均场强（F）逐渐增大，缩小了阳离子所占的解聚区域的空间，能促进 Mo 溶解，但此时解聚度减小占据主导地位，因此 Mo 溶解度逐渐减小。从 A10 样品到 A20 样品，由于大量 Al_2O_3 被引入，[5]Al 和[6]Al 逐渐增多，从而导致非桥氧数量和玻璃的解聚度提高，这对 Mo 溶解起到促进作用，同时[5]Al 和[6]Al 增多意味着解聚区域能补偿[MoO_4]^{2-}电价的高场强 Al^{3+}

增多，从而进一步提高了 Mo 的溶解度。因此，在这两个因素共同的作用下，Mo 溶解度急剧增大，当样品中 Al_2O_3 的摩尔分数为 20%时，Mo 的溶解度达到 5%（摩尔分数）以上。

表 2-19　非桥氧数量（NBOs）、多面体上非桥氧的平均数量（ X ）、阳离子的平均场强（ F ）

样品编号	NBOs	X	F
A0	40.673	0.518	1.183
A5	30.999	0.361	1.536
A10	21.338	0.229	1.951
A15	25.485	0.259	2.684
A20	33.536	0.329	3.559

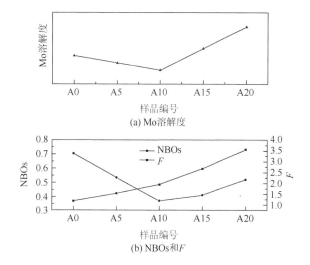

图 2-57　玻璃中 Mo 的溶解度、NBOs 和 F 随组分的变化趋势

　　综合以上分析，可以进一步证实 2.3.2 节提出的 Mo 溶解度与解聚区域相关性极大的结论，即玻璃结构解聚度以及位于解聚区域的阳离子的平均场强越高，玻璃的 Mo 溶解度越高。

参 考 文 献

[1]　蔺海艳. 硼硅酸盐玻璃固化体结构与性能研究[D]. 绵阳：西南科技大学，2014.

[2]　Gin S，Jollivet P，Tribet M，et al. Radionuclides containment in nuclear glasses: an overview[J]. Radiochimica Acta，2017，105（11）：927-959.

[3]　竹含真. 硼硅酸盐玻璃陶瓷固化体结构与化学稳定性的研究[D]. 绵阳：西南科技大学，2020.

[4]　Piepel G，Jones T，Eggett D，et al. Product consistency test round robin conducted by the Materials Characterization Center-Summary Report[R]. Pacific Northwest Lab.，Richland，WA（USA），1989.

[5]　Zhu H Z，Wang F，Liao Q L，et al. Structure features，crystallization kinetics and water resistance of borosilicate glasses doped with CeO_2[J]. Journal of Non-Crystalline Solids，2019，518：57-65.

[6]　El-Oyoun M A，Shurit G M，Gaber A，et al. Differential scanning calorimetric study of Ga_5Se_{95} glass[J]. Journal of Physics and Chemistry of Solids，2003，64（5）：821-826.

[7]　古雨鑫. 含 Mo 硼硅酸盐玻璃及玻璃陶瓷固化体的研究[D]. 绵阳：西南科技大学，2022.

[8]　周俊杰. 含 Mo 和 Nd 硼硅酸盐玻璃及玻璃陶瓷固化体的研究[D]. 绵阳：西南科技大学，2021.

[9]　Wang C F，Liu L J，Zhang S D. Research progress on chemical behavior of molybdenum in vitrification process[J]. Journal of Nuclear and Radiochemistry，2019，41（6）：509-515.

[10]　连启会. 含钼硼硅盐玻璃陶瓷固化体成分、结构及化学稳定性研究[D]. 绵阳：西南科技大学，2020.

[11]　Chouard N，Caurant D，Majérus O，et al. Effect of neodymium oxide on the solubility of MoO_3 in an aluminoborosilicate glass[J]. Journal of Non-Crystalline Solids，2011，357（14）：2752-2762.

[12]　Patil D S，Konale M，Gabel M，et al. Impact of rare earth ion size on the phase evolution of MoO_3-containing aluminoborosilicate glass-ceramics[J]. Journal of Nuclear Materials，2018，510：539-550.

[13]　Caurant D，Majérus O，Fadel E，et al. Structural investigations of borosilicate glasses containing MoO_3 by MAS NMR and Raman spectroscopies[J]. Journal of Nuclear Materials，2010，396（1）：94-101.

第3章 磷酸盐玻璃固化材料

3.1 铁磷酸盐玻璃固化基材

3.1.1 铁磷酸盐玻璃的组分、结构、热稳定性和性能

1. 试样配方及玻璃形成范围

用传统的熔融-冷却法制备摩尔组成为 $x\text{Na}_2\text{O}$-(100–x)(10B_2O_3-54P_2O_5-36Fe_2O_3)、$x\text{Na}_2\text{O}$-(100–x)(10B_2O_3-60P_2O_5-30Fe_2O_3)、$x\text{Na}_2\text{O}$-(100–x)(10B_2O_3-50P_2O_5-40Fe_2O_3)（其中 x = 0、10、20、30）的系列玻璃，所有玻璃的具体组成见表 3-1。按上述化学计量比准确称量，将可熔制 50g 玻璃熔体的配合料放入黏土坩埚中，用马弗炉在 1150℃空气中保温 2.5～3h 后，浇铸到已预热至 800℃左右的钢模具中，然后转移到已升温至 450℃的退火炉中保温 1h，再以 1℃/min 的速率冷却到室温。

表 3-1 玻璃配合料氧化物摩尔分数（%）

氧化物	10B[①]				10BF				10BP			
	0[②]	10	20	30	0	10	20	30	0	10	20	30
P_2O_5	54	48.6	43.2	37.8	60	54	48	42	50	45	40	35
Fe_2O_3	36	32.4	28.8	25.2	30	27	24	21	40	36	32	28
B_2O_3	10	9	8	7	10	9	8	7	10	9	8	7

注：①10B 表示在摩尔组成为 40Fe_2O_3-60P_2O_5 的玻璃中直接加入摩尔分数为 10%的 B_2O_3 的系列样品；10BF 表示以摩尔分数为 10%的 B_2O_3 取代 Fe_2O_3 的系列样品；10BP 表示以摩尔分数为 10%的 B_2O_3 取代 P_2O_5 的系列样品。②此行数字表示样品中 Na_2O 的摩尔分数，如 10 表示样品中 Na_2O 摩尔分数为 10%。

在熔制过程中，黏土坩埚无明显侵蚀痕迹。从玻璃的颜色看，随着 Na_2O 的加入，蓝黑色逐渐向浅蓝色转变，不透明；从熔融情况看，在 1150℃的温度下所有配合料都很容易熔化，熔体的流动性随 Na_2O 加入量的增加变好，熔体表面无悬浮物，且能非常快地得到均化。用退火处理后的玻璃做粉末 XRD 测试分析，鉴别其可能存在的晶相，检测结果显示所有配合料所形成的玻璃皆未检测到晶相存在，表明所有配合料在 1150℃下保温 2.5～3h 都能很好地形成玻璃，部分试样的 XRD 测试结果如图 3-1 所示。另外，有实验研究表明当 Na_2O 的摩尔分数超过 30%时，所形成的玻璃化学稳定性较差，当 Na_2O 的摩尔分数达到 50%时，在所选熔制工艺下配合料不能形成玻璃，但这两种情况本书都不予讨论。

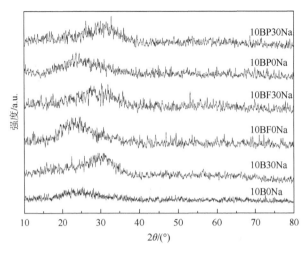

图 3-1　部分试样的 XRD 图

注：10BF30Na 表示用摩尔分数为 10%的 B_2O_3 取代 Fe_2O_3 且 Na_2O 摩尔分数为 30%的样品，其余以此类推。

2. 密度及摩尔体积

如图 3-2（a）所示，玻璃试样的密度在 2.874～3.163g/cm³ 范围内变化。由图可见，加入的 Na_2O 摩尔分数小于等于 10%时，B_2O_3-P_2O_5-Fe_2O_3 玻璃的结构仍最大限度地呈三维架状，且 Na^+ 填充于玻璃网络空隙中，使结构更加紧凑，密度增大。对于 10B 和 10BP 系列玻璃，当加入的 Na_2O 摩尔分数大于 10%时，由于 Na_2O 相对分子量（相对于基础玻璃平均分子量较小）对密度的影响大于上述作用，密度有所降低。随着 Na_2O 摩尔分数的继续增大（≥20%），玻璃网络结构趋于疏松，玻璃的密度降低得较快。在 10BF 系列玻璃中，由于玻璃网络中间体 Fe_2O_3 大量被玻璃网络形成体 B_2O_3 替代，基础玻璃可以容纳更多的非玻璃网络形成体氧化物，所以该系列试样的密度在 Na_2O 摩尔分数大于 20%时还有所增大。

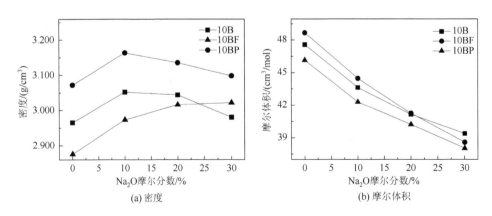

图 3-2　玻璃试样的密度和摩尔体积随 Na_2O 摩尔分数的变化

B_2O_3 加入方式不同，所制备出的试样密度差异比较大。当 B_2O_3 用于取代玻璃中的

P_2O_5 时，10BP 系列玻璃有最大的密度，这可能是因为磷元素在玻璃中至少存在 P=O 键，而硼元素在玻璃中大多以硼氧四面体形式存在，玻璃结构更加紧密。另外，在这三个系列的玻璃试样中，10BP 系列的 Fe_2O_3 相对含量较大，由于 Fe_2O_3 相对分子量较大，且在玻璃中起着玻璃网络中间体的作用，因此其对试样的密度贡献比较大。试样的摩尔体积为 38.05～48.69cm³/mol，随着 Na_2O 含量的增多，摩尔体积递减，如图 3-2（b）所示。

3. 化学稳定性分析

表 3-2 给出了玻璃试样在 90℃去离子水中浸泡 7 天后，用原子吸收光谱法（atomic absorption spectrometry，AAS）测出的从玻璃体中浸出并溶解在浸泡液中的部分离子的质量浓度。化学稳定性越好的试样，浸出液中被检测出的离子浓度越低。

表 3-2　玻璃样品用 90℃去离子水浸泡 7 天后浸出液中部分元素的质量浓度

元素质量浓度	10B				10BF				10BP			
	0	10	20	30	0	10	20	30	0	10	20	30
C_{Na}/(mg/L)	0	1.3	14	198	0	2.5	14	233	0	4.7	25	247
C_{Fe}/(10^2mg/L)	5.8	3.6	2.2	68.6	17.3	0.9	3.6	634	2.4	1.7	13.5	123

根据表 3-2 中的数据，计算出元素归一化浸出量 r_j（g/m²），如图 3-3 所示。从图 3-3 中可以看出，不论以什么方式在 Fe_2O_3-P_2O_5 体系玻璃中加入 10%（摩尔分数）的 B_2O_3，都可以很好地容纳 20%（摩尔分数）左右的 Na_2O，Na 元素也能牢固地结合于玻璃网络结构中。该系列玻璃的 Na_2O 摩尔分数小于等于 20% 时，Na 元素的归一化浸出量比较小（小于 0.2g/m²）。但当 Na_2O 的摩尔分数大于 20% 时，Na 元素的归一化浸出量迅速升高。Fe 元素归一化浸出量相对于 Na 元素小 3 个数量级，为 10^{-4} 数量级，适量加入 Na_2O，玻璃中 Fe 元素归一化浸出量相对于基础玻璃略有减小，表明适量加入 Na_2O 可为玻璃提供游离氧形成桥氧，使玻璃网络结构增强，基础玻璃的耐水侵蚀能力得到改善。但当 Na_2O

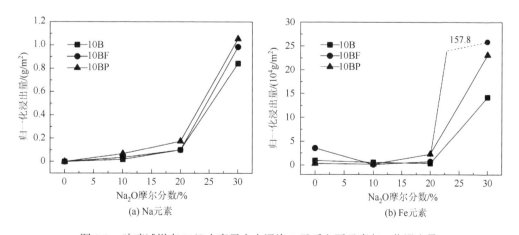

图 3-3　玻璃试样在 90℃去离子水中浸泡 7 天后主要元素归一化浸出量

摩尔分数超过 20%后，Na$_2$O 会起相反的作用，降低基础玻璃的化学稳定性。对比三个系列玻璃试样的化学稳定性测试结果可知，10B 系列玻璃试样的元素（Na, Fe）归一化浸出量小于其他两个系列的玻璃试样，因此总体上 10B 系列试样具有最好的化学稳定性。

4. DTA 分析

一般玻璃的 DTA（differential thermal analysis，差热分析）曲线至少有一个吸热峰，在吸热峰对应温度以上会至少出现一个放热峰。吸热归因于玻璃在该温度下发生了结构松弛现象，开始吸热的温度对应于玻璃试样的玻璃化转变温度 T_g，低于该温度时玻璃结构是完整的。放热归因于玻璃试样析晶，开始放热的温度对应于玻璃的开始析晶温度 T_r。通常，T_g 增大表明玻璃网络结构增强，玻璃网络结构变得更不易调整，T_g 减小表明加入离子削弱了玻璃的网络结构。在 DTA 分析中，Hrubý（赫鲁比）理论可以用来定性地表征玻璃的形成性和热稳定性。根据该理论，(T_r–T_g)值越大，玻璃的形成性和热稳定性越好。

化学稳定性更好的 10B 系列试样的 DTA 测试结果如图 3-4 所示。基础玻璃样品玻璃化转变温度 T_g 为(523±2)℃，加入 Na$_2$O 后，由于 Na$_2$O 提供的游离氧在玻璃网络中形成桥氧，玻璃网络结构增强，玻璃化转变温度有所增高，Na$_2$O 的摩尔分数为 10%和 20%时，玻璃化转变温度分别为(529±2)℃和(530±2)℃，这也说明原玻璃化转变温度相对较低的原因是玻璃中非桥氧数量增加，具有通过掺入其他高价金属阳离子改善玻璃性能的潜能。当 Na$_2$O 摩尔分数为 30%时，该系列试样的 DTA 曲线中吸热峰的温度与第一个放热峰的温度很接近，即 (T_r–T_g)值很小，根据 Hrubý 理论可知，该系列试样的热稳定性相对较差[1]。

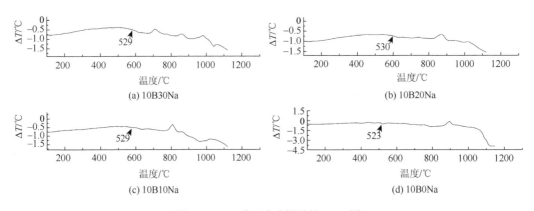

图 3-4　10B 系列玻璃样品的 DTA 图

5. FTIR 光谱分析[1]

10B 系列玻璃样品的 FTIR 图如图 3-5 所示，图中 1640cm^{-1} 左右处的宽吸收带由制样过程中样品吸水，水中 O—H 键的弯曲振动引起；1383～1420cm^{-1} 处的宽吸收带可能是由玻璃中受到其他元素影响而扭曲了的 P=O 键引起；一般在磷酸盐玻璃中形成的主要网络结构基团是(PO$_3$)$^-$、(PO$_4$)$^{3-}$ 和(P$_2$O$_7$)$^{4-}$ 基团，(PO$_3$)$^-$ 基团的吸收峰在 1285cm^{-1} 左右处，(PO$_4$)$^{3-}$ 和(P$_2$O$_7$)$^{4-}$ 基团的红外吸收峰分别在 1005cm^{-1} 和 1105cm^{-1} 左右处；图谱低波数端的弱吸收峰主要是 Fe—O、B—O—R 键和低桥氧数（Q 值）的磷酸盐基团共同作用的结果。

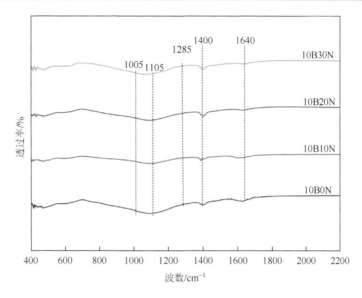

图 3-5 10B 系列玻璃样品的 FTIR 图

总体来说，Na_2O 的加入对玻璃主体网络结构影响较小。由图 3-5 可知，磷酸盐主要以焦磷酸盐基团$(P_2O_7)^{4-}$的短链形式存在于玻璃网络结构中，几乎不存在$(PO_3)^-$基团的长链结构。在玻璃结构中，焦磷酸盐基团$(P_2O_7)^{4-}$占主导地位，$(P_2O_7)^{4-}$键极不易水化，这是 10B 系列玻璃具有较佳化学稳定性的原因。由图 3-5 也可以看出孤岛状的$(PO_4)^{3-}$阴离子磷酸盐基团也存在于玻璃主体网络结构中，理论上这会使玻璃网络结构形成许多"孔洞"（或网络中未被占据的位置），这些"孔洞"更适合金属阳离子来占据，从而使该系列玻璃能够容纳某些金属阳离子。这些阳离子在玻璃中可形成 O—Me—O—P 键（Me 为金属阳离子），由于形成的 O—Me—O—P 键具有较好的稳定性，容纳在磷酸盐玻璃"孔洞"中的金属阳离子能改善玻璃的化学稳定性。化学稳定性测试结果也证明了这一点，即适量加入碱金属氧化物，玻璃粉末样品中铁离子的归一化浸出量相对于基础玻璃有所减小。

3.1.2 钠/钾铁磷酸盐玻璃的结构、热稳定性和性能[2, 3]

1. 试样配方及制备方法

用传统的熔融-冷却法制备摩尔组成为 yK_2O-$(20-y)Na_2O$-$(28.8Fe_2O_3$-$8B_2O_3$-$43.2P_2O_5)$（其中 y = 0、5、10、15、20）的玻璃，所有玻璃的具体组成见表 3-3。按上述化学计量比准确称量，将可熔制 50g 玻璃熔体的配合料放入黏土坩埚中，用马弗炉在 1150℃空气中保温 2.5～3h 后，浇铸到已预热至 800℃左右的钢模具中，然后转移到已升温至 450℃的退火炉中保温 1h，再以 1℃/min 的速率冷却到室温。在熔制过程中，黏土坩埚无明显侵蚀痕迹。从熔融情况看，在 1150℃的温度下所有配合料都很容易熔化，随着 K_2O 逐渐替代 Na_2O，熔体的流动性减小。

表 3-3 玻璃配合料氧化物摩尔分数（%）

氧化物	0K20Na[①]	5K15Na	10K10Na	15K5Na	20K0Na
P_2O_5	43.2	43.2	43.2	43.2	43.2
Fe_2O_3	28.8	28.8	28.8	28.8	28.8
B_2O_3	8	8	8	8	8
Na_2O	20	15	10	5	0
K_2O	0	5	10	15	20

注：①该系列玻璃试样是在 $36Fe_2O_3$-$10B_2O_3$-$54P_2O_5$ 中直接加入摩尔分数为20%的碱金属氧化物（Na_2O 和 K_2O）。

2. 密度及摩尔体积

图 3-6 为玻璃试样的密度和摩尔体积变化图。玻璃试样的密度在 3.011～3.078g/cm³ 范围内变化，随着 K_2O 替代量的增多，玻璃密度增大，但替代量超过一定的范围时，玻璃密度又呈减小的趋势。当替代的摩尔分数约为 50%时，密度达到最大。试样的摩尔体积随着 K_2O 替代量的增多在 41.16～43.75cm³/mol 范围内逐渐增加。按理来说，K 元素的相对原子质量比 Na 元素的大，加入相同的量，K 元素多的试样密度应该更大，但密度测试结果显示样品编号为15K5Na 和 20K0Na 的玻璃试样密度均小于样品编号为5K15Na 和 0K20Na 的玻璃试样，说明当 K 元素含量超过 Na 元素含量时，K 元素原子半径的影响在玻璃试样中占据主导地位。这从玻璃摩尔体积的变化可以看出，随着 K 元素含量增加，玻璃的摩尔体积一直增加，且增加的速率逐渐增大。

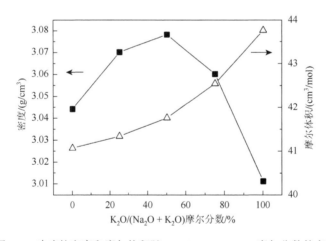

图 3-6 玻璃的密度和摩尔体积随 K_2O/(Na_2O + K_2O)摩尔分数的变化

3. 化学稳定性分析

表 3-4 给出了玻璃试样用 90℃去离子水浸泡 7 天后，浸出液中部分元素的质量浓度。根据玻璃试样浸出液中元素质量浓度计算部分元素的归一化浸出量，如图 3-7 所示。所有试样的归一化浸出量都较小，Na 元素归一化浸出量小于 0.236g/m²，K 元素归一化浸出量小于 0.118g/m²，Fe 元素归一化浸出量小于 0.88×10⁻⁴g/m²。测试结果表明在只含 Na 元素的玻璃试样中用 K 元素来替换部分 Na 元素时，玻璃中的 Na 元素归一化浸出量有所增

加，当替代的摩尔分数超过 50%时，Na 元素归一化浸出量增加得比较快。反之，在只含 K 元素的玻璃试样中用 Na 元素来替换部分 K 元素时，也出现类似的情况。当上述替代发生时，基础玻璃（铁硼磷玻璃）中 Fe 元素归一化浸出量有所上升，在替代的摩尔分数为 50%左右时，Fe 元素归一化浸出量达到最大。该系列玻璃试样的元素归一化浸出量都在可以接受的范围内，具有优良的化学稳定性。

表 3-4　玻璃试样用 90℃去离子水浸泡 7 天后部分元素质量浓度　　　　（单位：mg/L）

元素的质量浓度	0K20Na	5K15Na	10K10Na	15K5Na	20K0Na
C_{Na}	14.784	11.976	8.971	8.332	—
C_K	—	7.220	8.766	11.398	12.978
C_{Fe}	0.022	0.028	0.044	0.020	0.017

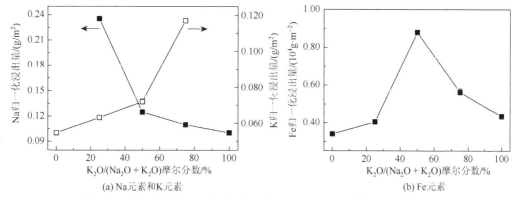

图 3-7　玻璃试样用 90℃去离子水浸泡 7 天后部分元素的归一化浸出量

4. DTA 分析

玻璃试样的 DTA 测试结果如图 3-8 所示，测试结果表明随着 K 元素逐渐替代 Na 元素，该系列玻璃试样的玻璃化转变温度（T_g）增高。虽然随着 K_2O 相对含量的增加，玻璃试样的密度先增大后减小，但 T_g 始终逐渐增大。这可能是由于 K^+ 半径比 Na^+ 半径大，K^+ 的增多并没有使非桥氧增加，反而削弱了玻璃网络结构，并且半径较大的 K^+ 填充玻璃

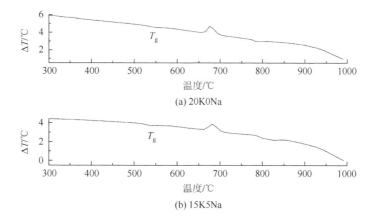

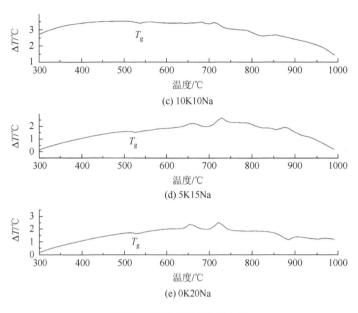

图 3-8　玻璃样品的 DTA 图

网络结构的间隙使得玻璃网络结构的调整变得更加困难。当试样中的 Na_2O 全部被 K_2O 取代时，差热曲线中没有出现明显的吸热峰，表明试样在所选测试条件下其玻璃网络结构的调整对温度变化已经比较"迟钝"。曲线中 650～750℃范围内的放热峰所对应的温度是与玻璃晶化有关的特征温度。

　　所有试样的（$T_r - T_g$）值大于等于 119℃（图 3-9），（$T_r - T_g$）值随 $K_2O/(Na_2O + K_2O)$ 摩尔分数的增加呈先增大后减小的趋势，且在 K 元素相对含量与 Na 元素相对含量相等的情况下，含 K 元素多的试样有较高的（$T_r - T_g$）值。当 $K_2O/(Na_2O + K_2O)$ 的摩尔分数约为 55%时，（$T_r - T_g$）值最大，试样的热稳定性和玻璃形成性最佳。

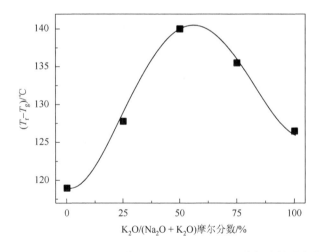

图 3-9　试样的（$T_r - T_g$）值随 $K_2O/(Na_2O + K_2O)$ 摩尔分数的变化

3.1.3　铁钛磷酸盐玻璃的物相、结构、热稳定性[4]

TiO$_2$ 最早用于生物磷酸盐玻璃及玻璃陶瓷，具有很好的生物活性和生物相容性，特别适合用在人造骨组织材料中，作为一种中间体氧化物，TiO$_2$ 在玻璃网络中一般以[TiO$_4$]和[TiO$_6$]形式存在，含量较低时一般作为网络形成体，以[TiO$_4$]形式进入玻璃网络中，含量较高时部分 TiO$_2$ 作为网络修饰体，以[TiO$_6$]形式存在于玻璃间隙中。近年来相关研究表明，在钙磷酸盐玻璃中加入适量 TiO$_2$，可以使玻璃结构更致密，磷酸盐网络交联聚合得更紧密，显著提高玻璃的密度和玻璃化转变温度，促进熔融过程，控制玻璃的溶解性，降低玻璃网络解聚程度。随着 TiO$_2$ 含量的增大，Q^1 基团含量增大，磷酸盐长链的强度提高，由此可以抑制析晶和长链的水化与溶解，TiO$_2$ 含量高的钙钛磷酸盐玻璃中含有大量扭曲的[TiO$_6$]，这些基团通过 P—O—Ti 键与焦磷酸盐主链相连接，Ti^{4+} 作为一种高场强阳离子，在磷酸盐玻璃网络长链中起交联作用，阻止链水解断裂，从而提高玻璃析晶活化能，增强玻璃机械性能，提高玻璃密度和玻璃化转变温度，增强磷酸盐网络内聚力，降低浸出率，提高玻璃的化学稳定性。

基于上述研究结果，本节研究掺杂 TiO$_2$ 的铁钛磷酸盐玻璃的结构与热性能，探究其作为高放废物固化基质材料的可行性。

1. 试样配方及玻璃形成范围

将分析纯的原料（质量分数大于 99%的 Fe$_2$O$_3$、NH$_4$H$_2$PO$_4$、CaF$_2$、TiO$_2$）按设计的玻璃配方 xTiO$_2$·(90−x)(60P$_2$O$_5$-40Fe$_2$O$_3$)·10CaF$_2$（x = 0、5、10、15、20、25）进行配料，混匀后分别标记为 T0、T5、T10、T15、T20 和 T25，样品置于陶瓷坩埚中，然后将陶瓷坩埚放在高温炉中先升温至 450℃并保温 1h，再以 5℃/min 的速率升温至 1200℃并保温熔融 2～3h 后将玻璃液水淬、磨细、烘干，过 200 目筛备用。

图 3-10 为掺杂 TiO$_2$ 的铁磷酸盐玻璃样品的 XRD 图，随着 TiO$_2$ 摩尔分数增加到 25%，铁钛磷酸盐玻璃一直呈均匀的玻璃相，没有任何晶相析出。

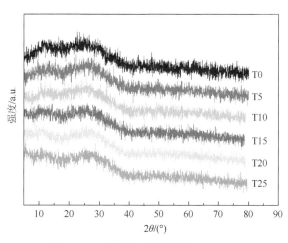

图 3-10　铁钛磷酸盐玻璃的 XRD 图

2. FTIR 光谱分析

图 3-11 为铁钛磷酸盐玻璃样品在 $400\sim2000\mathrm{cm}^{-1}$ 范围内的 FTIR 光谱，FTIR 光谱包含玻璃微结构的重要变化信息，由于所有玻璃样品的 FTIR 光谱十分相似，而且各个基团吸收峰交叠得比较严重，为了更深入了解 TiO_2 对铁磷酸盐玻璃结构的影响，采用高斯拟合法对图谱进行拟合处理，所得结果如图 3-12 所示。

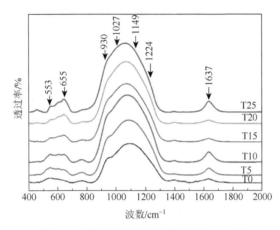

图 3-11　铁钛磷酸盐玻璃样品的 FTIR 图

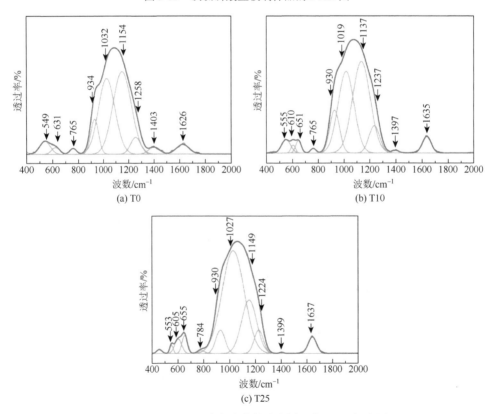

图 3-12　不同 TiO_2 摩尔分数的玻璃样品的 FTIR 拟合图

以不含 TiO_2 的玻璃样品的 FTIR 光谱为例，位于 $549cm^{-1}$ 左右处的吸收峰归因于 Q^1 基团中 O—P—O 键的弯曲振动，而位于约 $631cm^{-1}$、$765cm^{-1}$ 和 $934cm^{-1}$ 处的吸收峰则分别归因于 Ln—O—P（Ln = Fe, Ti）键的伸缩振动，以及 Q^1 基团中 P—O—P 键的对称和不对称伸缩振动，约 $1032cm^{-1}$ 处的吸收峰对应于 Q^0 基团中$(PO_4)^{3-}$离子键的对称伸缩振动，另一个位于约 $1154cm^{-1}$ 处的吸收峰对应于 Q^1 基团中$(PO_3)^{2-}$的不对称伸缩振动，其他三个位于约 $1258cm^{-1}$、$1403cm^{-1}$ 和 $1626cm^{-1}$ 处的吸收峰则分别归因于 Q^2 基团中$(PO_2)^-$的不对称伸缩振动、P=O 双键的对称伸缩振动以及制样过程中吸附的游离水中 H—O—H 键的弯曲振动，该玻璃体系的相关吸收峰归属见表 3-5。

表 3-5 铁钛磷酸盐玻璃样品 FTIR 光谱吸收峰的归属[5]

波数/cm^{-1}	吸收峰归属
549~555	Q^1 基团中 O—P—O 键的弯曲振动峰
605~631	Ln—O—P（Ln = Fe, Ti）键的伸缩振动峰
651~655	$[TiO_6]$单元中 Ti—O 键的伸缩振动峰
765~784	Q^1 基团中 P—O—P 键的对称伸缩振动峰
929~934	Q^1 基团中 P—O—P 键的不对称伸缩振动峰
1019~1033	Q^0 基团中$(PO_4)^{3-}$的对称伸缩振动峰
1137~1154	Q^1 基团中$(PO_3)^{2-}$的不对称伸缩振动峰
1224~1258	Q^2 基团中$(PO_2)^-$的不对称伸缩振动峰
1396~1403	P=O 双键的对称伸缩振动峰
1626~1637	H—O—H 键的弯曲振动峰

掺杂 TiO_2 的玻璃的 FTIR 光谱发生了变化，TiO_2 摩尔分数为 5%的玻璃样品的 FTIR 光谱在 $651cm^{-1}$ 处出现一个新的基团的吸收峰。这个峰应该归因于钛氧八面体$[TiO_6]$中 Ti—O 键的伸缩振动，而且这个基团的强度随着 TiO_2 含量的增大而增强，同时吸收峰的位置从 $653cm^{-1}$ 处偏移至 $655cm^{-1}$ 处，这是由于加入的网络修饰体导致玻璃网络中主链的 P—O—P 键的键角发生变化。此外，P=O 键对称伸缩振动、Q^1 基团中 O—P—O 键弯曲振动及 P—O—P 键对称伸缩振动对应的吸收峰强度均随着 TiO_2 含量的增大而减弱，P=O 键的相对面积减小说明磷酸盐玻璃网络发生了解聚，这可能是由于加入 TiO_2 导致 P=O 双键断裂和 P—O—Ti 键形成。部分磷氧四面体$[PO_4]$通过 Ti—O 键相互连接，P—O—P 键的对称伸缩振动峰和 O—P—O 键的弯曲振动峰向高频方向偏移，说明作为一种高场强阳离子，Ti^{4+}的引入增强了磷酸盐长链的强度，玻璃网络结构连接增强。

通常来说，$605~631cm^{-1}$ 范围内的吸收峰归属于 Ln—O—P（Ln = Fe, Ti）键。图 3-13 所示为 Ln—O—P 键对于吸收峰的相对面积随 TiO_2 含量的变化规律，Ln—O—P 键的强度随着 TiO_2 掺量的增大而增强，而且向低波数方向偏移（从 $631cm^{-1}$ 偏移至 $605cm^{-1}$），相对面积增加说明对应基团含量增大，因此，随着 TiO_2 含量的增大，Ln—O—P 键含量增大。而 Ln—O—P 键向低波数方向偏移是由于 Ti^{4+}的离子半径较大，离子场强也较大，导致 Ln—O—P 键的键角减小。相对面积减小和吸收峰位置向低波数方向偏移说明随着 TiO_2 的掺入，Ti—O—P 键取代了部分 Fe—O—P 键，铁磷酸盐玻璃具有良好的化学稳定性就是由于抗水化性能良好的 Fe（Ti）—O—P 键取代了容易水化的 P—O—P 键。

图 3-13～图 3-15 为随着 TiO_2 含量的变化，与 Q^0、Q^1 和 Q^2 相关的基团其相对面积的变化规律，可以发现不同 Q^n 四面体的相对面积明显发生变化。TiO_2 含量增大，Q^1 和 Q^2 基团的吸收峰的相对面积明显减小，而孤立的岛状 Q^0 基团的对称伸缩振动吸收峰增强，磷酸盐玻璃基质的离子性随着 TiO_2 含量的增大而增强。这是由于共价的磷酸盐网络断裂形成离子基团，TiO_2 含量越高，磷酸盐基团的离子键键长越短，因此随着网络修饰体离子含量的增大，磷酸盐网络链长减小，从而导致 Q^0 基团含量增大。此外，O/P 物质的量比的增大也促进了玻璃网络中部分 Q^1 转变成 Q^0。

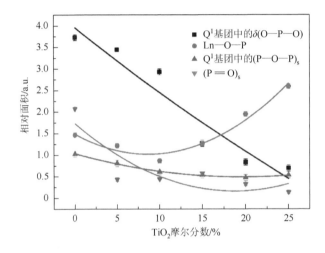

图 3-13　不同基团振动模式的强度随 TiO_2 摩尔分数的变化规律

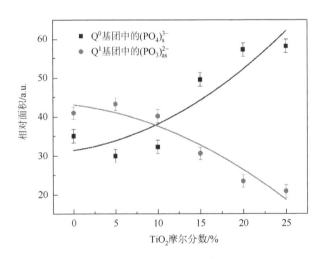

图 3-14　Q^0 基团中 $(PO_4)^{3-}$ 的对称伸缩振动峰和 Q^1 基团中 $(PO_3)^{2-}$ 的不对称伸缩振动峰的相对面积随 TiO_2 摩尔分数的变化规律

P—O 键与 Q^1 基团中末端原子的种类有关。P—O 键相对面积减小说明 P—O—Ti 键取代 Q^1 单元中末端氧原子进入焦磷酸盐玻璃网络中，Q^1 链终止剂含量减少说明随着 TiO_2

含量的增大，玻璃网络的交叉连接更加紧密，从而使玻璃网络的内应力和稳定性增强。同时由于该玻璃体系的 O/P 物质的量比大于等于 3.5，结构中应该只存在 Q^1 和 Q^0 基团，然而玻璃网络中存在一小部分偏磷酸盐基团（Q^2）。这可能是由于随着网络修饰体的引入，玻璃熔体中的焦磷酸盐基团发生 $2Q^1 \rightleftharpoons Q^0 + Q^2$ 歧化反应，导致产生偏磷酸盐基团。

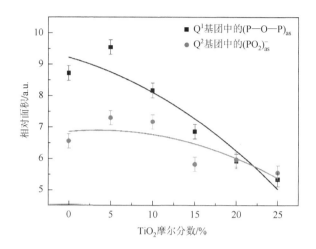

图 3-15　Q^1 单元中 P—O—P 键和 Q^2 单元中 $(PO_2)^-$ 的不对称伸缩振动峰的相对面积随 TiO_2 摩尔分数的变化规律

3. DTA 分析

图 3-16 为铁钛磷酸盐玻璃的 DTA 曲线，根据 DTA 曲线可以得到样品的玻璃化转变温度（T_g）、开始析晶温度（T_r）、液相线的末端温度（T_{liq}），玻璃化转变温度取决于共价键交叉连接的密度和金属离子与氧原子之间交叉连接的强度和数量，对了解玻璃的物理性质起着至关重要的作用。T_g 增大反映出玻璃网络结构增强。TiO_2 的摩尔分数增大至

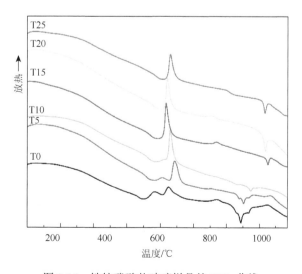

图 3-16　铁钛磷酸盐玻璃样品的 DTA 曲线

25%，T_g 从 546℃提高至 610℃（表 3-6），说明该玻璃体系的热稳定性增强，因为 TiO₂ 会增强磷酸盐链之间的交叉连接，而结构连接更加紧密导致 T_g 增大，此外 P＝O 双键的断裂和 Ti—O—P 键的形成也导致 T_g 增大。

表 3-6　铁钛磷酸盐玻璃 DTA 曲线中的相关温度　　　　　　（单位：℃）

特征值	T0	T5	T10	T15	T20	T25
$T_g \pm 2$℃	546	575	585	596	602	610
$T_r \pm 2$℃	642	652	640	626	628	637
$T_r - T_g$℃	96	77	55	30	26	27

一般来说，ΔT（$\Delta T = T_r - T_g$）是衡量玻璃热稳定性的常用指标，在热分析曲线中，晶化峰的温度和高度与样品中的晶核数目有关，当晶核数量增加时，会出现晶化峰温度降低和晶化峰高度增大。ΔT 也是用于衡量玻璃析晶性能的一个指标，ΔT 越小，说明玻璃的析晶倾向越强，由于 Ti⁴⁺的离子半径较大、化合价较高，是一种高场强离子，在玻璃网络中很容易产生局部积聚作用，因此会促进玻璃析晶。该玻璃体系的 ΔT 随着 TiO₂ 含量的增大而减小，说明 TiO₂ 会促进玻璃析晶。

3.2　铁磷酸盐玻璃固化模拟核素

3.2.1　铈铁磷酸盐玻璃固化体的结构、热稳定性和性能[1, 6, 7]

1. 试样制备及玻璃形成范围

按照摩尔组成为 xCeO₂-(100−x)(36Fe₂O₃-10B₂O₃-54P₂O₅)的物质的量比称取共计可制得 50g 玻璃液的原料，其中 x 取 0、3、6、9、12、15、18。原料经彻底混合后，置于刚玉坩埚中，然后在高温炉（BF1400，中国南京南大仪器有限公司）中用 1200℃保温 3h 后，将熔化的玻璃液倒在预先加热好的不锈钢板上。然后，淬火玻璃在退火时用 450℃保温 1h，再冷却 600min 至室温。所制备的试样以 CeO₂ 的摩尔分数作为标记，例如，Ce3 表示 CeO₂ 摩尔分数为 3%的 36Fe₂O₃-10B₂O₃-54P₂O₅ 试样。

获得的所有试样的实物照片如图 3-17 所示。从图 3-17 中可以看出，CeO₂ 摩尔分数不超过 15%的试样具有玻璃光泽且表面光滑。然而，当掺杂的 CeO₂ 摩尔分数超过 15%（Ce18）后，所形成的化合物表面出现不相溶的固体。

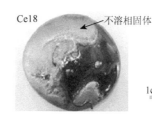

图 3-17　样品的实物照片

图 3-18 为试样的 XRD 图，JCPDS 标准卡［PDF *No.*32-0199（$CePO_4$）和 PDF *No.*29-0715（$FePO_4$）］也在图中被标注了出来。测试结果显示，退火所得的 CeO_2 摩尔分数小于 9%的试样完全无定形。与 JCPDS 标准卡相比，当 CeO_2 的摩尔分数大于或等于 9%时，独居石 $CePO_4$ 晶相出现在所研究的玻璃结构中。此外，随着 CeO_2 掺量的增加，衍射峰增强，表明 $CePO_4$ 晶体的含量增加，这可能是由于 Ce^{3+} 根据自己所需的配位数有序支配周围原子或离子的能力强。当掺杂的 CeO_2 摩尔分数达到 18%时，检测到 $FePO_4$ 晶相存在于试样中。这是因为，一方面，为满足 Ce 元素对高配位数的需求，CeO_2 会增强玻璃的无序结构，从而降低 IBP 玻璃结构的稳定性；另一方面，$CePO_4$ 晶体的出现导致 $FePO_4$ 更容易从基础玻璃中析出。

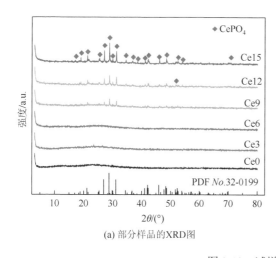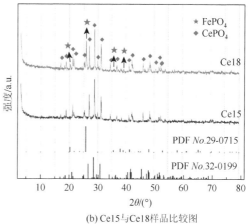

(a) 部分样品的XRD图　　　　　　(b) Ce15与Ce18样品比较图

图 3-18　试样的 XRD 图

图 3-19 为试样的 SEM 图和 EDS 图。进一步的分析表明，Ce18 试样的表面不仅出现不相溶固体，并且出现严重的相分离现象。当 CeO_2 的摩尔分数为 9%～15%（Ce9、Ce12 和 Ce15 试样）时，玻璃也出现相分离（晶体出现），但它们仍然有非常紧凑的结构，因此，它们有光滑的表面。EDS 分析表明，所出现的晶体组成元素为 Ce、P 和 O，Ce：P：O（物质的量比）为 1.03：1：3.65，接近 1：1：4。结合 XRD 分析结果，确定相分离出的晶体为独居石 $CePO_4$ 晶相。综上，可以得出结论：所研究的磷酸盐玻璃至少可以固化 15%（以摩尔分数表示）的 CeO_2，只不过当 $CePO_4$ 的摩尔分数为 9%～15%时，独居石 $CePO_4$ 晶相会在该磷酸盐玻璃中形成。不同 CeO_2 含量的玻璃在 1200℃下的玻璃形成范围如图 3-20 所示。

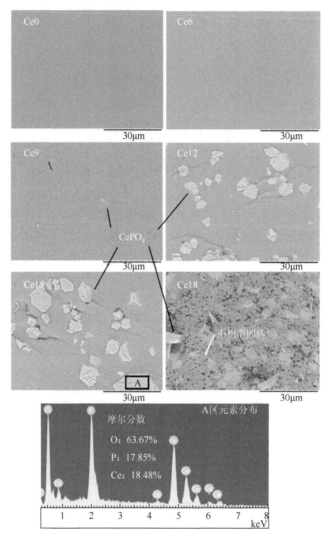

图 3-19　试样的 SEM 图和试样 SEM 图中晶相的 EDS 图

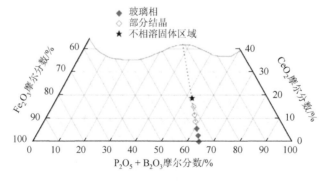

图 3-20　简化的铈铁磷酸盐玻璃形成范围

2. 结构分析

为了研究玻璃的结构、网络形成体的配位数和掺杂 CeO_2 引起的键变化，测试试样的 FTIR 光谱。图 3-21 为掺杂 CeO_2 的铁硼磷酸盐玻璃在 $400\sim2000cm^{-1}$ 范围内的 FTIR 图。虽然有些吸收峰的位置因掺杂的 CeO_2 含量不同而发生了偏移，但总体来说，所研究的掺杂 CeO_2 的磷酸盐玻璃试样其 FTIR 光谱之间无显著差异。

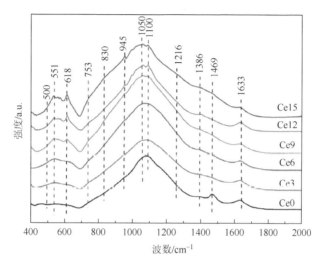

图 3-21　试样的 FTIR 图

由于 FTIR 光谱的吸收带大部分较宽，所以对其峰进行峰拟合。采用反褶积程序并使用高斯函数，可以更好地研究 FTIR 图中吸收峰的具体变化情况。图 3-22 为典型试样 FTIR 光谱分峰拟合图。在 FTIR 图[7]中，$459\sim514cm^{-1}$ 处的吸收峰由磷酸盐玻璃中网络结构 O—P—O 和 P—O—P 键的弯曲振动产生；$543\sim574cm^{-1}$ 处的吸收峰主要对应于 $Q^1(P_2O_7)^{4-}$ 基团中 O—P—O 键的弯曲振动模式；$617\sim657cm^{-1}$ 处的吸收峰由 Fe—O—P 键的振动产生；$760cm^{-1}$ 处的吸收峰由 $[BO_4]^-$ 基团的弯曲振动和 B—O—B 键产生，表明该掺杂 CeO_2 的磷酸盐玻璃结构中存在两个硼氧结构单元共用一个氧原子的情况；$838cm^{-1}$ 处的吸收峰由 $(P_2O_7)^{4-}$ 基团中 P—O—P 键的振动产生。此外，当 B 存在于磷酸盐玻璃结构中时，P—O—B 键的吸收峰可能会存在于 $819\sim838cm^{-1}$ 范围内（由于 $[BO_4]^-$ 单元中 B—O 键伸缩振动）。因此，在该磷酸盐玻璃中，由 $[PO_4]$ 单元和 $[BO_4]^-$ 单元以共享一个负离子氧的方式组成的 $[BPO_4]$ 基团也存在于结构中。$963cm^{-1}$ 处的吸收峰由 $[BO_4]^-$ 单元中 B—O 键的伸缩振动产生。$1050cm^{-1}$ 左右处的吸收带由 $(PO_4)^{3-}$ 基团（Q^0）的不对称伸缩振动产生。同时，位于 $1075\sim1117cm^{-1}$ 处的吸收峰由 PO_4^{3-} 四面体（PO^- 离子基团）的对称伸缩振动产生。$1152\sim1194cm^{-1}$ 处的特征峰可以认为是由 $(PO_3)^{2-}$ 基团（Q^1）的不对称伸缩振动产生。$1248\sim1300cm^{-1}$ 处的小吸收峰归因于 Q^2 单元中 $(PO_2)^-$ 基团的不对称伸缩振动。虽然硼氧三角体的振动（$[BO_3]$ 与 BO_2O^-）位于 $1318\sim1469cm^{-1}$ 范围内，但在本书的研究中，$1318\sim1469cm^{-1}$ 处的吸收峰一部分由 P＝O 键的对称伸缩振动产生。这是因为试样的 B_2O_3 含量较少，且玻璃中 O/(B + P)物质的量比较高。出现在 1637cm⁻¹ 处的吸收带归属于 H—O—H 键、POH 和 BOH。值得注意的是，没有任何与 Ce 相关的吸收峰被检测到，因为[CeO₄]单元的振动出现在波数低于 450cm⁻¹ 的位置。[CeO₈]的吸收带相比[CeO₄]振动强度较弱，并且没有出现在测试范围内，可能会出现在波数低于 400cm⁻¹ 的位置。

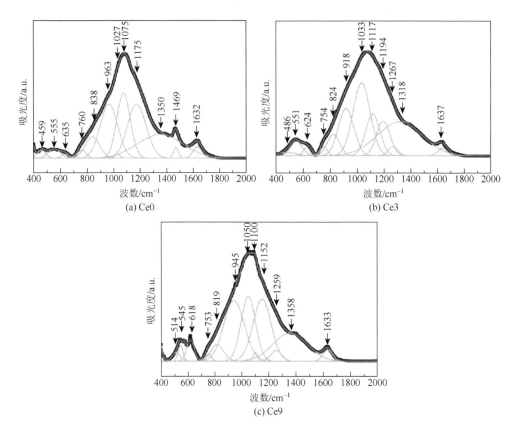

图 3-22　典型试样 FTIR 光谱分峰拟合图

在 FTIR 光谱研究中，通过拟合发现每个峰的相对面积与这个峰对应的基团或键的含量成正比，基于此，获得的试样中各基团或键的含量随 CeO₂ 含量的变化如图 3-23 所示。在纯 36Fe₂O₃-10B₂O₃-54P₂O₅ 玻璃结构中，主要为焦磷酸盐（Q^1）基团。随着 CeO₂ 含量的增加，所研究的玻璃会由于 CeO₂ 的作用而开始解聚，从而导致 Q^0 基团增加，Q^1 基团减少。PO_4^{3-} 四面体的对称伸缩振动对应的吸收峰带（1027～1117cm⁻¹）随 CeO₂ 含量的增加而增大，当 CePO₄ 晶体出现时，Q^1 基团开始略增加。这是因为，一方面，CePO₄ 可吸收游离氧，从而降低玻璃相的 O/P 物质的量比；另一方面，制备过程中发生的 $2Q^1 \rightleftharpoons Q^0 + Q^2$ 歧化反应使 Q^0 基团增加。因此，Q^2 基团减少，Q^1 基团略有增加。同时，无 CePO₄ 晶体的少量 CeO₂ 的掺杂对大量[BO₄]⁻基团的影响较小。但一旦 CePO₄ 结晶，与[BO₄]⁻相关的振动模式的数量就会略下降。617～657cm⁻¹ 处为 Fe—O—P 键振动峰带，其面积略有增加，可能是由于 CeO₂ 含量的增加使形成的 Fe（Ce）—O—P 键增加。

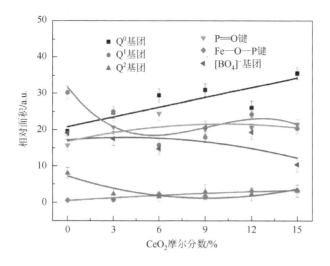

图 3-23　各基团或键的含量随 CeO_2 摩尔分数的变化

从图 3-23 中可以看出，在 $CePO_4$ 晶相形成之前，由于 CeO_2 解聚，1318～1469cm^{-1} 对应的 P=O 键对称伸缩振动峰带增大。当 $CePO_4$ 晶相出现后，CeO_2 的解聚作用减弱，并且更多 P—O—M（M = Ce、Fe）键的形成破坏了 P=O 键，导致 P=O 键对称伸缩振动略减弱。此外，该磷酸盐玻璃结构还包含少量的偏磷酸盐（Q^2）基团，这是由焦磷酸盐及其歧化反应 $2Q^1 \rightleftharpoons Q^0 + Q^2$ 引起的。然而，FTIR 光谱表明，所研究的玻璃网络结构未发生根本性变化，主要由正磷酸盐（Q^0）基团、焦磷酸盐（Q^1）基团和[BO_4]$^-$ 基团组成。

3. DTA 分析

典型试样的 DTA 曲线如图 3-24 所示。可以看出所有样品的 DTA 曲线都相似，且有一个吸热峰。这个吸热峰代表试样具有玻璃化转变现象，吸热峰起始温度对应玻璃化转变

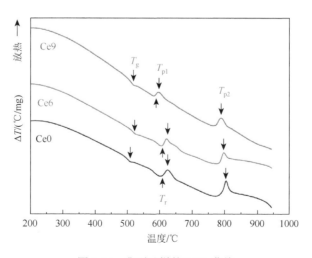

图 3-24　典型试样的 DTA 曲线

温度（T_g）。随着 CeO_2 含量的增加，试样的玻璃化转变温度升高，表明玻璃的结构随 CeO_2 含量的增加而增强（表 3-7）。T_g 增大是由于玻璃结构中存在的 Ce^{3+}/Ce^{4+} 比 Fe^{2+}/Fe^{3+} 的离子半径大，从而导致结构难以变化。另外，M—O—P（M = Fe, Ce）键置换 P—O—P 键也有助于 T_g 增大。然而，从 Ce6 样品到 Ce9 样品，随着 CeO_2 含量增加，T_g 的值反而降低，这是因为 Ce9 试样中出现 $CePO_4$ 晶相。DTA 曲线也表明，掺杂 CeO_2 降低了试样的开始析晶温度（T_r），详见图 3-24 中第一个放热峰相应的起始温度和晶化峰值温度（T_p）（表 3-7）。这是因为 CeO_2 提供的游离氧在玻璃中起解聚作用，磷酸盐玻璃更容易结晶。加上 $CePO_4$ 结晶相的诱导，T_r 及 T_p 降低得更明显（Ce9）。此外，T_r 和 T_g 之间差值越大，玻璃越稳定，即（T_r-T_g）值增大表示玻璃的热稳定性增加。但表 3-7 表明，（T_r-T_g）值随 CeO_2 含量增加而减小，表明掺杂 CeO_2 降低了磷酸盐玻璃的热稳定性。

表 3-7　典型样品的 DTA 参数　　　　　　　　（单位：℃）

特征值	Ce0	Ce6	Ce9
$T_g \pm 1$℃	510.7	525.6	520.2
$T_r \pm 1$℃	606.0	608.8	583.7
$T_{p1} \pm 1$℃	625.4	621.1	596.4
$T_{p2} \pm 1$℃	805.5	798.2	789.9
（T_r-T_g）± 1℃	95.3	83.2	63.5

3.2.2　钆铁磷酸盐玻璃固化体的结构、热稳定性和性能[8]

1. 试样制备及玻璃形成范围

按摩尔组成为 xGd_2O_3-$(100-x)(36Fe_2O_3$-$10B_2O_3$-$54P_2O_5)$ 和 xGd_2O_3-$(36-x)(Fe_2O_3$-$10B_2O_3$-$54P_2O_5)(x = 0、2、4、6、9)$ 的化学成分设计称量原料并使其混合均匀，形成配合料。称量时确保配合料能制备 60g 玻璃熔体。根据前期的研究和调研，Fe_2O_3 和 Gd_2O_3 的挥发损失可忽略不计，H_3BO_3 和 $NH_4H_2PO_4$ 在称量时需分别超过所需物质的量的 10% 和 2% 以补偿 B_2O_3 和 P_2O_5 在熔制过程中的挥发损失。将配合料置于高温炉中，在空气中用 1200℃ 熔融约 3h，然后将获得的玻璃熔体倒在已预热好的不锈钢板上，再将浇铸好的样品在 450℃ 下退火 1h，并在 600min 内冷却至室温。所制备的试样以 Gd_2O_3 掺杂方式和 Gd_2O_3 摩尔分数命名。例如，在系列 I 中，Gd4 试样代表 Gd_2O_3 摩尔分数为 4% 的 IBP 玻璃；在系列 II 中，GF4 试样代表在 IBP 玻璃的组成中用摩尔分数为 4% 的 Gd_2O_3 代替 Fe_2O_3。所有试样的化学成分见表 3-8。

表 3-8　掺杂 Gd_2O_3 的磷酸盐玻璃/玻璃陶瓷的化学成分（%）

样品编号	Fe_2O_3	B_2O_3	P_2O_5	Gd_2O_3
IBP 玻璃	36.03	10.04	53.93	0
Gd2	35.22	9.81	52.93	2.04

续表

样品编号	Fe$_2$O$_3$	B$_2$O$_3$	P$_2$O$_5$	Gd$_2$O$_3$
Gd4	34.55	9.65	51.78	4.02
Gd6	33.85	9.42	50.67	6.06
Gd9	32.77	9.13	49.16	8.94
GF2	33.97	10.09	53.91	2.03
GF4	31.98	10.05	53.96	4.01
GF6	30.07	10.12	53.82	5.99
GF9	27.12	9.96	53.94	8.98

注：表中数据指摩尔分数。

图 3-25 为试样的 XRD 图，图中独居石 GdPO$_4$ 晶体的 JCPDS 标准卡（PDF No.32-0386）用于辅助分析。该图显示，系列 I 和系列 II 试样中 Gd$_2$O$_3$ 的摩尔分数小于 4%时，试样是完全非晶态的。当试样中 Gd$_2$O$_3$ 的摩尔分数大于等于 6%时，在试样结构中检测到独居石 GdPO$_4$ 晶体（PDF No.32-0386，空间群：单斜晶系，$P2_1/n$）。这说明，Gd$_2$O$_3$ 在 IBP 玻璃中的溶解度约为 4%（以摩尔分数表示）。然而，从外观上看，这些浇注后退火的试样为玻璃状。两个系列试样的 XRD 图也表明，独居石 GdPO$_4$ 微晶相的形成与 Gd$_2$O$_3$ 的掺入方式无关。此外，代表独居石 GdPO$_4$ 微晶相的衍射峰的强度随着 Gd$_2$O$_3$ 含量的增加而增强，表明 Gd^{3+} 的加入促进了 IBP 玻璃的析晶。这是因为 Gd^{3+} 的半径（0.94Å）大于 Fe^{2+}（0.61Å）/Fe^{3+}（0.49Å）的半径，由此，Gd^{3+} 的阳离子场强（Z/r^2）小于 Fe^{2+}/Fe^{3+} 的阳离子场强，使得 Gd^{3+} 相对更容易提供阳离子，使玻璃网络结构解聚，玻璃的析晶趋势增强，表明 Gd$_2$O$_3$ 的玻璃形成能力较弱。图 3-25 也表明，系列 I 试样中独居石 GdPO$_4$ 微晶相的特征峰比系列 II 试样中 GdPO$_4$ 微晶相的特征峰的强度低很多，这是由于 Gd$_2$O$_3$ 的玻璃形成能力较弱和 Gd$_2$O$_3$ 的掺入促使 IBP 玻璃析晶。在试样的 Gd$_2$O$_3$ 含量相同时，系列 II 试样中 Gd$_2$O$_3$ 的含量比 Fe$_2$O$_3$ 多。

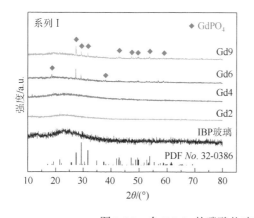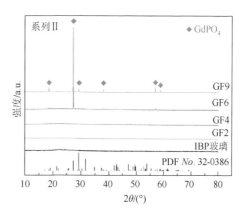

图 3-25　含 Gd$_2$O$_3$ 的磷酸盐玻璃/玻璃陶瓷固化体的 XRD 图

图 3-26 为具有代表性试样的 SEM 图和形成的微晶相的 EDS 图。从图 3-26 中可以看出，Gd$_2$O$_3$ 摩尔分数为 4%的试样的断面具有玻璃质。这进一步表明，将此配合料在 1200℃下熔融约 3h 能够形成均质的玻璃，这与 XRD 分析结果一致。当 Gd$_2$O$_3$ 的摩尔分数大于等于 6%

时，产生了分相（微晶相），且微晶相的含量随 Gd_2O_3 的增加而增多，但其结构仍然非常致密。微晶相的 EDS 图表明其主要成分包括 Gd、P 和 O 元素，且 Gd∶P∶O 的平均物质的量比为 17.46∶15.62∶57.63（约为 1∶1∶4），进一步证明析出的微晶相为独居石 $GdPO_4$ 晶相。

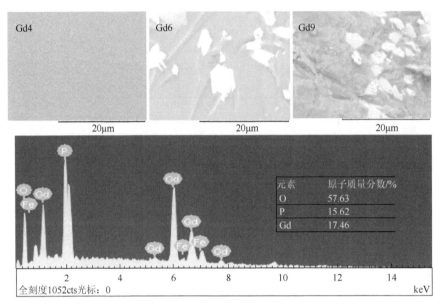

图 3-26　试样的 SEM 图和形成的微晶相的 EDS 图

　　Gd9 试样的元素分布如图 3-27 所示。该图展示了包括 Gd 元素在内的试样主要组成元素的分布情况。由图可知，O、P、Fe 和 B 元素均匀地分布在试样的玻璃相中。相比之下，Gd 元素主要集中分布在形成的微晶相中。由此可知，当 Gd_2O_3 的含量超过其在玻璃中的溶解度时，Gd 元素主要存在于形成的独居石 $GdPO_4$ 微晶相中。

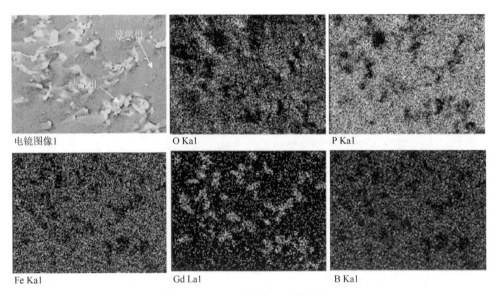

图 3-27　Gd9 试样的元素分布图

2. DTA 分析

系列 I 不同 Gd_2O_3 含量的 IBP 玻璃/玻璃陶瓷固化体试样的 DTA 曲线如图 3-28 所示。由图可知，Gd2、Gd4 和 Gd6 试样的 DTA 曲线相似，有一个吸热特征峰和两个放热特征峰（P1 和 P2）。吸热特征峰代表在对应温度下产生了玻璃化转变现象，吸热峰相应的起始温度为试样的玻璃化转变温度（T_g），T_g 随玻璃网络结构的增强而增大。放热峰对应的温度为析晶温度（T_p）。各试样的特征温度见表 3-9，该表显示，当 Gd_2O_3 的摩尔分数≤4%时，T_g 随掺杂量增加而增大，表明加入 Gd_2O_3 增强了 IBP 玻璃的网络结构。虽然掺杂 Gd_2O_3 使基础玻璃解聚，但在玻璃中，Gd_2O_3 的掺杂使 P—O—P 键被 Fe—O—P 键取代，$(PO_3)^-$基团转化为$(P_2O_7)^{4-}$ 基团，有助于 T_g 增大，这也解释了 Gd_2O_3 的掺杂为何升高了开始析晶温度（T_r）和析晶峰出现的温度（T_p）。然而，进一步增加 Gd_2O_3 的摩尔分数到 6%时，由于独居石 $GdPO_4$ 微晶相形成和 Gd_2O_3 相对较弱的玻璃形成能力使 IBP 玻璃易析晶，T_g 开始减小。此外，独居石 $GdPO_4$ 微晶相的形成会消耗玻璃中的网络形成体 P_2O_5，这进一步削弱玻璃的网络结构，导致 T_g 减小。由于独居石 $GdPO_4$ 微晶相形成的影响，Gd6 试样的 T_r 和 T_p 急剧下降（低于基础玻璃）。

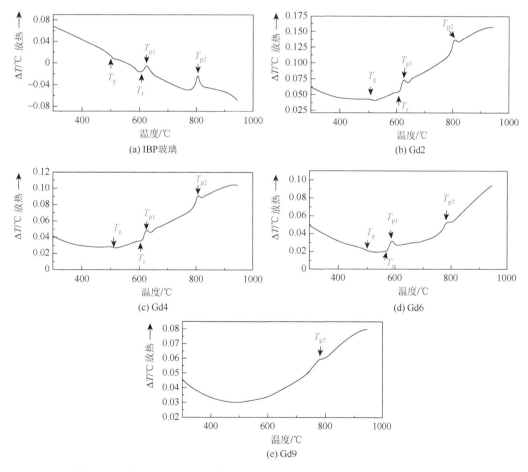

图 3-28　系列 I 不同 Gd_2O_3 含量的 IBP 玻璃/玻璃陶瓷固化体试样的 DTA 图

表 3-9　系列 Ⅰ 不同 Gd$_2$O$_3$ 含量的 IBP 玻璃/玻璃陶瓷固化体试样的 DTA 特征值（单位：℃）

特征值	IBP 玻璃	Gd2	Gd4	Gd6	Gd9
$T_g \pm 1℃$	510.7	516.2	521.9	508.6	—
$T_r \pm 1℃$	606.0	606.9	607.3	564.4	—
$T_{p1} \pm 1℃$	625.4	626.4	627.4	588.5	—
$T_{p2} \pm 1℃$	805.5	806.9	808.6	786.3	787.1
$(T_r - T_g) \pm 1℃$	95.3	90.4	83.4	55.8	—

根据 Hrubý 法，T_r 和 T_g 之间的差值越大，玻璃热稳定性越好，即 $(T_r - T_g)$ 值越大，玻璃热稳定性越好。表 3-9 表明试样的 $(T_r - T_g)$ 值随着 Gd$_2$O$_3$ 含量的增加有所降低，表明 Gd$_2$O$_3$ 的掺入在一定程度上降低了玻璃的热稳定性。特别是当独居石 GdPO$_4$ 微晶相形成后，$(T_r - T_g)$ 值降低得更明显。DTA 分析表明，尽管玻璃陶瓷的热稳定性可能能够满足固化体要求，但若要开发玻璃陶瓷固化体，则应优化和调整固化体的组成，在优化和调整时需考虑微晶相的形成会消耗玻璃网络形成体氧化物。值得注意的是，由于 Gd9 试样中存在较高含量的 GdPO$_4$，玻璃相含量较低，因此 Gd9 试样 DTA 曲线中的吸收特征峰不是很明显。

3. 结构分析

不同 Gd$_2$O$_3$ 含量的 IBP 玻璃/玻璃陶瓷固化体的 FTIR 光谱如图 3-29 所示。由图可知，试样的 FTIR 曲线分别在 545cm^{-1} 和 628cm^{-1} 附近有两个吸收峰、在 737cm^{-1} 附近有一个弱吸收峰、在 856cm^{-1} 附近有一个非常弱的吸收峰以及在 900～1350cm^{-1} 范围内有一个宽吸收带。对于玻璃陶瓷试样，在 975cm^{-1} 处还存在一个弱强度的肩峰。随着 Gd$_2$O$_3$

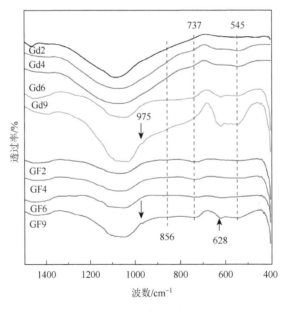

图 3-29　不同 Gd$_2$O$_3$ 含量的 IBP 玻璃/玻璃陶瓷固化体的 FTIR 图

含量的增加，FTIR 曲线发生变化。第一个明显的变化发生在 $545cm^{-1}$ 和 $628cm^{-1}$ 处的吸收峰，这两个峰的强度随 Gd_2O_3 含量的增加而增强。当独居石 $GdPO_4$ 形成时，强度增加得更明显。第二个变化是当 Gd_2O_3 的摩尔分数大于等于 6%时，在 $975cm^{-1}$ 处出现肩峰。此外，在 $900\sim1350cm^{-1}$ 范围内宽吸收带的强度也随 Gd_2O_3 含量的增加而增大。两个系列试样的 FTIR 曲线随 Gd_2O_3 含量的增加存在相同的变化规律。

图中 $545cm^{-1}$ 处的吸收峰归因于$(P_2O_7)^{4-}$焦磷酸盐基团（Q^1基团）中 P—O—P 键的弯曲振动；$628cm^{-1}$ 处的吸收峰由$(PO_4)^{3-}$基团（Q^0基团）的不对称弯曲振动产生；$737cm^{-1}$ 处的吸收峰由$[BO_4]^-$基团中 B—O—B 键的弯曲振动产生；$856cm^{-1}$ 处的吸收峰与 Q^1 基团中 P—O—P 键的伸缩振动和 P—O—B 链有关。研究表明，当玻璃形成体氧化物 B_2O_3 与 P_2O_5 同时存在于玻璃中时，磷酸盐基团和硼酸盐基团在 $900\sim1350cm^{-1}$ 范围内存在一个宽吸收带，具体的峰归属见表 3-10。此外，此吸收带的强度随 Gd_2O_3 含量的增加而增大，且由于晶体结构中原子的排列有序性较强、键能较大，其具有较尖锐的吸收峰。因此，当独居石 $GdPO_4$ 形成时吸收峰强度增大得更显著，峰形也更尖锐。

表 3-10　玻璃/玻璃陶瓷固化体的 FTIR 图中各峰的主要归属[8]

波数/cm^{-1}	吸收峰的归属
545	Q^1基团中 P—O—P 键的弯曲振动
628	$(PO_4)^{3-}$基团的不对称弯曲振动
737	$[BO_4]^-$基团中 B—O—B 键的弯曲振动
856	Q^1基团中 P—O—P 键的伸缩振动 P—O—B 链
$900\sim1350$	$[BO_4]^-$基团中 B—O 键的伸缩振动 Q^0基团的伸缩振动 Q^1基团中$(PO_3)^-$的不对称伸缩振动
975	磷氧四面体单元的对称伸缩振动

在两个系列试样的 FTIR 光谱中，$545cm^{-1}$ 附近的吸收峰强度随 Gd_2O_3 含量的增加而增强，表明 Gd_2O_3（玻璃网络中间体氧化物）的掺入引起偏磷酸基团（Q^2基团）向 Q^1 基团转化。此外，当 Gd_2O_3 的摩尔分数大于等于 6%时，FTIR 光谱中在 $975cm^{-1}$ 附近出现一个肩峰，且这个肩峰的强度随 Gd_2O_3 含量的继续增加而增强。XRD 分析结果表明，出现肩峰的试样中存在独居石 $GdPO_4$ 微晶相，且形成的 $GdPO_4$ 微晶相的含量也随 Gd_2O_3 含量的继续增加而增大。因此，可以推断此肩峰与 $GdPO_4$ 微晶相的形成有关。最近对含 Hf 和 La 的铁硼磷玻璃的研究也表明，在 $975cm^{-1}$ 附近，存在与形成的 HfP_2O_7 微晶相和 $GdPO_4$ 微晶相有关的吸收峰。根据对 $GdPO_4$ 晶体的 FTIR 分析，$975cm^{-1}$ 附近的肩峰由形成的 $GdPO_4$ 微晶相中磷氧四面体单元的对称伸缩振动形成。同时，$GdPO_4$ 微晶相的形成使 $628cm^{-1}$ 附近的吸收峰强度增强。

系列 I 不同 Gd_2O_3 含量的 IBP 玻璃/玻璃陶瓷固化体的拉曼光谱（$400\sim1500cm^{-1}$）如图 3-30 所示。采用拉曼光谱进一步分析 Gd_2O_3 含量和 $GdPO_4$ 微晶相的形成对玻璃/玻璃陶瓷结构的影响。不同 Gd_2O_3 含量的 IBP 玻璃/玻璃陶瓷固化体的拉曼光谱有较大的变化。

主要的拉曼吸收峰位于 447cm^{-1}、550～650cm^{-1}（约为 602cm^{-1}）、972cm^{-1}、1002～1033cm^{-1} 和 1215cm^{-1} 处，在 1135cm^{-1} 处还有一个较弱的吸收峰。对硼磷酸盐玻璃的研究表明，硼酸盐基团的拉曼吸收比磷酸盐基团低很多，且所研究的 IBP 玻璃/玻璃陶瓷中 B/P 物质的量比非常低，因此所获得的拉曼光谱中没有出现明显的关于硼酸盐的振动吸收峰。基于此，图 3-30 中 447cm^{-1} 处的吸收峰归因于$(PO_4)^{3-}$基团（Q^0 基团）的 O—P—O 键弯曲振动，550～650cm^{-1} 处的吸收峰由铁氧多面体和$(P_2O_7)^{4-}$基团（Q^1 基团）的振动形成，972cm^{-1} 处的弱吸收峰由 Q^0 基团的不对称伸缩振动形成，在 1002～1033cm^{-1} 处出现的最强吸收峰由 Q^1 基团的对称伸缩振动形成。此外，1135cm^{-1} 和 1215cm^{-1} 处的弱吸收峰分别是由与 Q^2 基团有关的对称和不对称伸缩振动形成。

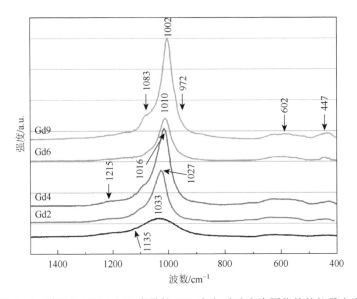

图 3-30　系列Ⅰ不同 Gd_2O_3 含量的 IBP 玻璃/玻璃陶瓷固化体的拉曼光谱

从图 3-30 中也可以看出拉曼光谱的特征峰会随组成的变化而变化。随着 Gd_2O_3 含量的增加，447cm^{-1}、550～650cm^{-1} 和 972cm^{-1} 处的吸收峰强度增加，1033cm^{-1} 处的吸收峰和 1079～1106cm^{-1} 处的肩峰都向低波数方向偏移（从 1033cm^{-1} 偏移到 1002cm^{-1}），强度发生变化；1215cm^{-1} 处的吸收峰也向低波数方向偏移，且强度降低。此外，以 750～1300cm^{-1} 为中心的宽吸收带由几个吸收峰重叠形成。这些重叠的吸收峰随着 Gd_2O_3 含量的变化引起了这个宽吸收带的变化，该宽吸收带的形状由 Q^2、Q^1 和 Q^0 磷酸盐基团的分布共同决定。为了精确获得 Q^2、Q^1 和 Q^0 磷酸盐基团的分布情况，用高斯-洛伦兹函数对该宽吸收带进行分峰处理，典型试样的高斯-洛伦兹函数分峰处理图（分峰中心和分峰相对面积）如图 3-31 所示，分峰具体归属和峰面积数据见表 3-11。每个基团的相对面积与其在试样中的含量成正比。

一般情况下，吸收峰的位置向低波数方向偏移表明磷酸盐玻璃网络结构发生了解聚。因此，Gd_2O_3 的掺入引起了 IBP 玻璃网络结构的解聚，这与 FTIR 光谱分析结果一致。随着 Gd_2O_3 含量的增加，447cm^{-1}、550～650cm^{-1} 和 972cm^{-1} 处的吸收峰强度增加，1033cm^{-1}

和 1215cm^{-1} 处的吸收峰向低波数方向偏移是由 Q^2 基团向 Q^1 基团转化引起的。同时，这也导致 1033cm^{-1} 处的吸收峰和 1079～1106cm^{-1} 处与 Q^1 基团相关的肩峰强度增加，1215cm^{-1} 处的吸收峰强度降低，最后在含有大量 GdPO$_4$ 微晶相的 Gd9 试样中该峰消失。值得注意的是，1010cm^{-1} 处的吸收峰强度不呈规律性变化。这是因为，起初掺入的玻璃网络中间体 Gd$_2$O$_3$ 引起 Q^2 基团向 Q^1 基团转化，该峰的强度随 Gd$_2$O$_3$ 含量的增加而增大。但继续增加 Gd$_2$O$_3$ 含量时，GdPO$_4$ 微晶相的出现使该峰强度降低。进一步增加 Gd$_2$O$_3$ 含量时，独居石 GdPO$_4$ 微晶相含量急剧增大，引起玻璃相中非桥氧被消耗，从而使玻璃相中 Q^1 基团增加，该峰的强度又开始增大。由于同样的原因，550～650cm^{-1} 和 1002～1033cm^{-1} 处与 Q^1 基团有关的吸收峰强度的变化规律与 1010cm^{-1} 左右处吸收峰强度的变化规律一致。此外，Gd$_2$O$_3$ 的掺入引起形成独居石 GdPO$_4$ 微晶相，部分 Q^2 基团也向 Q^0 基团转化，使得 447cm^{-1} 和 972cm^{-1} 处的吸收峰强度随 Gd$_2$O$_3$ 含量的增加而增大。

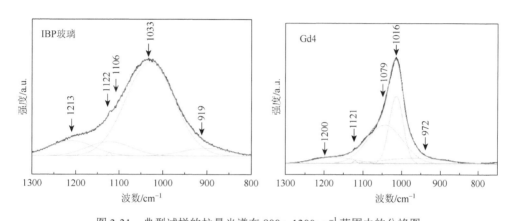

图 3-31　典型试样的拉曼光谱在 800～1300cm^{-1} 范围内的分峰图

表 3-11　分峰的峰位置（C）、相对面积（A）和归属

IBP 玻璃		Gd2		Gd4		Gd6		Gd9		归属
C/cm^{-1}	A/%	C/cm^{-1}	A/%	C/cm^{-1}	A/%	C/cm^{-1}	A/%	C/cm^{-1}	A/%	
919	5.56	955	6.56	972	11.15	947	24.41	955	26.47	Q^0 不对称伸缩振动
1033	72.93	1027	61.81	1016	39.53	1010	27.19	1002	45.62	Q^1 对称伸缩振动
1106	10.03	1083	21.16	1079	39.44	1088	43.43	1086	27.46	Q^1 中 ν_s（PO$_3$）
1122	0.68	1124	0.43	1121	0.52	1120	0.63	1123	0.45	Q^2 对称伸缩振动
1213	10.80	1204	10.04	1200	9.36	1188	4.34	—	—	Q^2 不对称伸缩振动

4. 抗浸出性能

根据在 90℃的去离子水中浸泡 3 天、7 天、14 天、21 天、28 天和 56 天后块体试样的失重情况计算出的归一化浸出率（R_L）如图 3-32（a）所示。由图可知，试样的 R_L 约为 10^{-2}g/(m^2·d) 数量级，小于在相同条件下测得的普通窗玻璃的 R_L0.13g/(m^2·d)［图 3-32（a）中的虚线表示窗玻璃的 R_L］。此外，由于在 90℃的去离子水中浸泡后形成钝化层，

R_L 随浸泡时间的延长而减小。图 3-32（b）为试样在 90℃的去离子水中浸泡 14 天后的 R_L 比较图。该图表明，在 90℃的去离子水中浸泡 14 天后，不同 Gd_2O_3 含量的试样的 R_L 为 $1.79 \times 10^{-2} \sim 6.49 \times 10^{-2} g/(m^2 \cdot d)$。在图 3-32（b）中，CVS-IS 是由美国西北太平洋国家重点实验室制备的标准硼硅酸盐玻璃固化体。该玻璃固化体的质量组成为 $10.5\% B_2O_3$、$53.3\% SiO_2$、$11.3\% Na_2O$、$7.0\% Fe_2O_3$、$3.7\% Li_2O$、$3.9\% ZrO_2$、$1.3\% Nd_2O_3$、$2.4\% Al_2O_3$ 和 6.6% 其他。图 3-32（b）中在两条虚线之间黑色正方形的位置是在相同条件下测得的普通钠钙玻璃的 R_L。从图中可以看出，所研究的 IBP 玻璃/玻璃陶瓷固化体的 R_L 比标准硼硅酸盐玻璃固化体和普通钠钙玻璃低。而化学稳定性是评价核废料玻璃固化体性能的重要指标之一，低 R_L 意味着高化学稳定性。所获得的 R_L 表明，掺杂 Gd_2O_3 的 IBP 玻璃/玻璃陶瓷固化体具有较高的化学稳定性，且与广泛使用的硼硅酸盐玻璃固化体和相同条件下制得的铁磷酸盐玻璃固化体的化学稳定性相当。化学稳定性

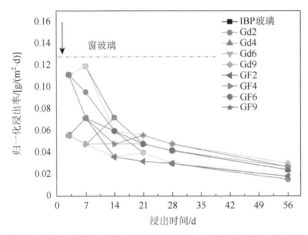

(a) 试样在90℃的去离子水中浸泡3天、7天、14天、21天、28天和56天后的归一化浸出率（R_L）

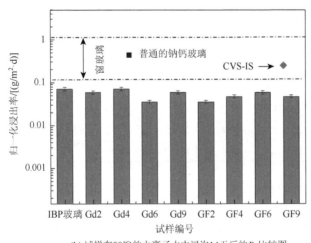

(b) 试样在90℃的去离子水中浸泡14天后的R_L比较图

图 3-32　试样的化学稳定性

高（R_L 低）的原因是在 IBP 玻璃/玻璃陶瓷固化体中，耐水性高的 Fe—O—P 键替代了部分耐水性较低的 P—O—P 键、结构中含量较大且耐水性高的 Q^1 基团和形成的稳定性极好的独居石 $GdPO_4$ 微晶相。

一般来说，不期望均质玻璃中存在任何微晶相，因为相分离可能会降低玻璃的化学稳定性。然而，在本书的研究中，Gd_2O_3 摩尔分数大于等于 6%的试样存在独居石 $GdPO_4$ 微晶相。图 3-32 表明，本书研究中所有试样（含和不含独居石 $GdPO_4$ 微晶相的试样）的化学稳定性都较好，表明形成的独居石 $GdPO_4$ 微晶相对 IBP 基础玻璃的 R_L 影响较小，这是因为形成的独居石 $GdPO_4$ 微晶相本身具有极优异的耐水性和良好的结构稳定性。由于 Gd 在本书中是用来模拟核素 Pu^{3+}，所以本书的研究结果可以为固化含 Pu^{3+} 的废物做参考。同样，独居石 $PuPO_4$ 晶体也具有优异的耐水性和良好的结构稳定性，即使是在高辐照强度条件下。此外，$PuPO_4$ 本身也是一种潜在的陶瓷固化基材。因此，当 $PuPO_4$ 微晶相在放射性核废物固化体中形成时，可以推断，所形成的 $PuPO_4$ 对基础玻璃以及固化体化学稳定性的影响也较小。其他研究者的类似报道也表明，当某些元素的溶解度超过基础玻璃的溶解度时，如果形成的微晶相自身具有较好的化学稳定性和结构稳定性，那么基础玻璃和固化体的稳定性受形成的微晶相的影响就较小。这些研究都表明，在进行成分设计和工艺调整后，所制成的优化的玻璃陶瓷材料可以用于固化放射性核废物，且相对于纯的玻璃固化体，其废物包容量获得较大程度的提高。

3.2.3 铈钆铁磷酸盐玻璃固化体的结构和热稳定性[9]

1. 试样制备和玻璃形成范围

铈（Ce）和钆（Gd）分别由 CeO_2 和 Gd_2O_3 引入。尽管核废料中 Gd 的浓度低于 Ce，但 Gd 具有高热中子俘获截面，因而通常被纳入最终的玻璃废物中，以最大限度地减小储存期间的临界可能性。因此，这里将 Ce 和 Gd 的物质的量比恒定设为 1∶1，以表示最大限度地模拟真正的核废料固化。

采用传统的熔融-冷却法合成摩尔组成为 $x(Ce + Gd)$-$(100–x)(36Fe_2O_3\text{-}10B_2O_3\text{-}54P_2O_5)$ 的玻璃，其中 $x = 0$、2、4、6、8、10。按设计混合成分，制备可生产 50g 玻璃熔体的配合料，在制备过程中，Fe_2O_3、CeO_2 和 Gd_2O_3 的挥发损失忽略不计，配合料中 H_3BO_3 和 $(NH_4)_2H_2PO_3$ 的使用量分别为所需摩尔分数的 1.10 倍和 1.02 倍，以分别补偿 B_2O_3 和 P_2O_5 的挥发损失。将均匀混合的配合料在高温炉中熔化 2～3h，随后将融化的玻璃液浇注到预热过的不锈钢板上，最后转移至 450℃的退火炉中退火 1h，在 500min 内冷却至室温以消除内应力。样品的编号用 x 值表示，例如，将(Ce + Gd)摩尔分数为 2%的 $36Fe_2O_3\text{-}10B_2O_3\text{-}54P_2O_5$ 试样标记为 "$x = 2$"。

试样的 XRD 图如图 3-33 所示。从图 3-33 中可以看出，浇注和退火后(Ce + Gd)摩尔分数不超过 8%的磷酸盐试样完全呈非晶态。对于(Ce + Gd)摩尔分数为 10%的试样，在 XRD 图中可观察到几个代表独居石晶相的弱峰［PDF *No.*32-0199，空间群：单斜，$P2_1/n(14)$］，表明(Ce + Gd)在 IBP 玻璃中的极限溶解度约为 8%（以摩尔分数表示）。当(Ce + Gd)摩尔分数达到 10%时，玻璃结构中有独居石晶相形成。

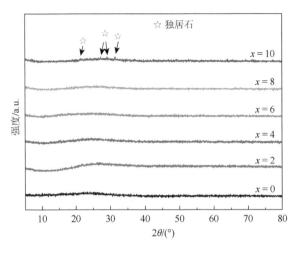

图 3-33　试样的 XRD 图

2. 结构分析

为了更好地理解 Ce 和 Gd 对结构的影响，对样品进行 FTIR 光谱和拉曼光谱测试。图 3-34 为不同(Ce + Gd)含量的玻璃的 FTIR 图。其特征峰主要有 $547cm^{-1}$ 和 $640cm^{-1}$ 附近的两个峰、$760cm^{-1}$ 和 $1407cm^{-1}$ 处的两个较弱的峰、$850cm^{-1}$ 处的一个弱峰、$890 \sim 1370cm^{-1}$ 范围内的一个较宽的重叠吸收带以及 $1635cm^{-1}$ 处的一个明显的峰。对 FTIR 光谱的解释见表 3-12。$547cm^{-1}$ 附近的吸收峰归属于 Q^1 基团和 $(P_2O_7)^{4-}$ 中 O—P—O 键的弯曲振动模式，$640cm^{-1}$ 处的峰主要归因于 Fe（Ce, Gd）—O—P 键的伸缩振动，$760cm^{-1}$ 处的吸收带由 $[BO_4]^-$ 单元中 B—O—B 键的弯曲振动引起，$850cm^{-1}$ 处的弱峰代表 Q^1 基团中 P—O—P 键的伸缩振动模式的特征。此外，$800 \sim 890cm^{-1}$ 处的宽吸收带表明在硼磷酸盐玻璃结构

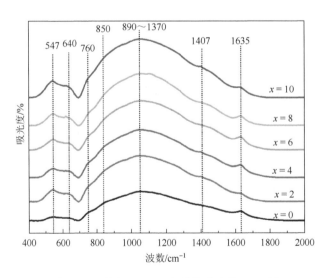

图 3-34　不同(Ce + Gd)含量的玻璃的 FTIR 图

中存在 P—O—B 键。当玻璃形成体氧化物 P_2O_5 与 B_2O_3 在组成中同时存在时，磷酸盐基团和硼酸盐基团会在 890～1370cm^{-1} 范围内出现一个较宽的重叠吸收带，对重叠峰进行分峰拟合，其中 $x = 2$、6、10 试样的拟合图如图 3-35 所示，其峰归属见表 3-13。1407cm^{-1} 处的弱吸收带由 Q^2 基团和[PO_3]中(PO_2)$^+$的不对称拉伸振动所致。1635cm^{-1} 处的吸收峰是因测试过程中受潮引入水，水中 H—O 键的振动峰。

表 3-12　FTIR 光谱中各吸收峰的归属[9]

序号	波数/cm^{-1}	归属
1	547	Q^1 基团中 O—P—O 键的弯曲振动
2	640	Fe（Ce, Gd）—O—P 键的伸缩振动
3	760	[BO_4]$^-$基团中 B—O—B 键的弯曲振动
4	800～890	Q^1 基团中 P—O—P 键的伸缩振动和 P—O—B 键
5	890～1370	[BO_4]$^-$基团中 B—O 键的伸缩振动 [PO_4]、Q^0 基团的伸缩振动 Q^1 基团中(PO_3)$^-$的不对称伸缩振动
6	1407	[PO_3]、Q^2 基团中(PO_2)$^+$的不对称伸缩振动
7	1635	H—O 键

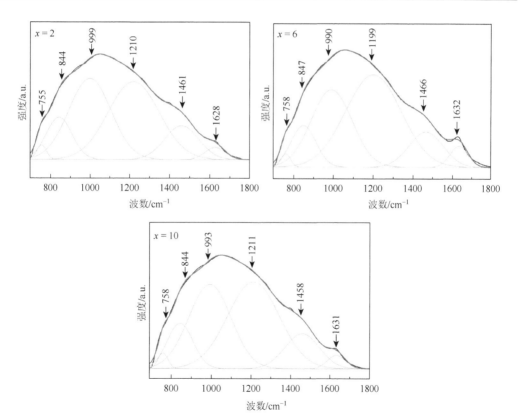

图 3-35　不同(Ce + Gd)摩尔分数试样的 FTIR 光谱在 700～1800cm^{-1} 范围内的分峰图

表 3-13　$700 \sim 1800 cm^{-1}$ 范围内 FTIR 光谱分峰后的峰位置（C，$\pm 1 cm^{-1}$）、相对面积（A）和峰的归属

$x = 0$		$x = 2$		$x = 4$		$x = 6$		$x = 8$		$x = 10$		归属
C/cm^{-1}	A	C/cm^{-1}	A	C/cm^{-1}	A	C/cm^{-1}	A	C/cm^{-1}	A	C/cm^{-1}	A	
752	1.11	755	1.38	753	1.36	758	1.12	760	0.78	758	1.40	$[BO_4]^-$ 中 B—O—B 键
843	8.57	844	10.81	843	9.95	847	9.39	853	10.26	844	10.66	Q^1 中 P—O—P 键 P—O—B 键
986	23.74	999	26.38	994	27.73	990	28.99	992	29.71	993	32.63	$[BO_4]^-$ 中 B—O 键 Q^0 基团
1195	38.92	1210	45.66	1196	46.60	1199	46.83	1188	47.44	1211	41.83	Q^1 中 $(PO_3)^-$
1455	26.08	1461	14.36	1465	10.35	1466	10.02	1456	9.65	1458	11.28	Q^2 中 $(PO_2)^+$
1630	1.58	1628	2.42	1630	4.23	1632	3.54	1633	2.16	1631	2.20	H—O 键

　　在 FTIR 图中可以观察到随着(Ce + Gd)含量的增加，FTIR 光谱发生了一些变化。第一个明显的变化发生在 $547 cm^{-1}$ 和 $640 cm^{-1}$ 处，这两处的峰强度随(Ce + Gd)含量的增加而增加。$547 cm^{-1}$ 处峰强度的增加表明，玻璃中 CeO_2 和 Gd_2O_3 的增多导致其他磷酸基团（通常是偏磷酸 Q^2 基团）转化为 Q^1 基团。此外，在铁磷酸盐玻璃中有 Fe—O—P 键形成且取代部分 P—O—P 键。因此，当 CeO_2 和 Gd_2O_3 加入玻璃中时，形成的 Fe（Ce，Gd）—O—P 键也会导致 $640 cm^{-1}$ 附近的峰强度增加，特别是形成的结构中含有 Ce（Gd）—O—P 键的独居石结晶相会使峰强度显著增加。FTIR 光谱中另一个有趣的特征是，随着(Ce + Gd)含量的增加，$890 \sim 1370 cm^{-1}$ 范围内的宽重叠吸收带强度增加。由于 CeO_2 和 Gd_2O_3 是玻璃网络修饰体氧化物，随着(Ce + Gd)浓度的增加，玻璃样品网络解聚，导致其他磷酸盐基团转化为 Q^0 和 Q^1 基团，所以这两个磷酸盐基团的数量占比增加（表 3-13）。样品（$x = 10$）中形成了含有正磷酸盐基团的独居石晶相，正磷酸盐 Q^0 基团的数量大幅增加。此外，CeO_2 和 Gd_2O_3 的加入使玻璃相中的 O/P 物质的量比增加，这也导致其他磷酸盐基团向 Q^0 和 Q^1 基团转化。本书认为，在 $890 \sim 1370 cm^{-1}$ 范围内，较宽重叠吸收带的强度增加是以上原因造成的。值得注意的是，FTIR 光谱表明，当加入 CeO_2 和 Gd_2O_3 时，所研究的玻璃网络的基础结构不会产生变化，该网络主要由 Q^0 基团、Q^1 基团、$[BO_4]^-$ 单元和少量 Q^2 基团组成。

　　图 3-36 为 $400 \sim 1500 cm^{-1}$ 波数范围内样品的拉曼光谱。主要的峰位于 $441 cm^{-1}$、$650 cm^{-1}$ 和 $756 cm^{-1}$（低频波数）处，以及 $800 \sim 1400 cm^{-1}$（高频波数）范围内。根据以往的文献，在硼磷酸盐玻璃中，硼酸盐基团的拉曼散射效率远低于磷酸盐基团。并且在本书的研究中，B/P 物质的量比很低，因此，得到的拉曼光谱中没有明显的与硼酸盐基团有关的振动峰。$441 cm^{-1}$ 处的拉曼峰由 Q^0 基团中 O—P—O 键的弯曲振动模式诱导；$650 cm^{-1}$ 处的拉曼峰是铁氧多面体和 Q^1 基团重叠振动的特征峰；$756 cm^{-1}$ 处的拉曼峰由 Q^1 基团中 P—O—P 桥氧键的对称伸缩振动引起；在高频范围内，以 $800 cm^{-1}$ 为中心的宽拉曼吸收峰包含多种重叠的基团。一般来说，这一宽频带形状的形成原因与 Q^0、Q^1 和 Q^2 磷酸盐基团的分布有关。

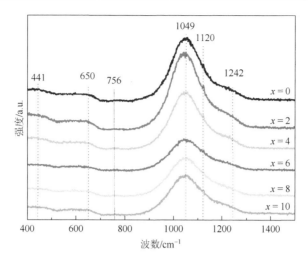

图 3-36 试样的拉曼光谱图

为了精确地得到 Q^0、Q^1 和 Q^2 磷酸盐基团的分布，采用高斯-洛伦兹函数对宽吸收峰进行分峰拟合。图 3-37 为 $x=2$、$x=6$ 和 $x=10$ 样品的拟合图，表 3-14 列出了峰的归属及拟合结果。962cm^{-1} 处的弱拉曼峰由 Q^0 正磷酸盐基团的伸缩振动引起；在 1038～1191cm^{-1} 处主要的拉曼峰与 Q^1 焦磷酸盐基团的振动有关；1223cm^{-1} 处的拉曼峰和 Q^2 基团中 P—O—P 非桥氧键的不对称伸缩振动有关；Q^1 基团中伸缩振动模式的位置取决于玻璃网络中桥氧/非桥氧的数量。在 1040cm^{-1} 周围最显著的拉曼峰由 Q^1 基团末端振动和 P—O—P 键的非桥氧对称伸缩振动引起；1101～1191cm^{-1} 范围内的强拉曼峰也可能是由 P—O—P 键中非桥氧的不对称伸缩振动以及 Q^2 基团中的(PO$_2$)$^+$对称伸缩振动引起的。总的来说，CeO$_2$ 和 Gd$_2$O$_3$ 的加入增加了玻璃中 Q^1 基团的比例，减小了中间基团(PO$_3$)$^-$的比例，即 CeO$_2$ 和 Gd$_2$O$_3$ 的增加对玻璃网络有解聚作用，这与 FTIR 数据一致。这是因为 CeO$_2$ 和 Gd$_2$O$_3$ 均是玻璃网络修饰体氧化物，CeO$_2$ 和 Gd$_2$O$_3$ 含量增多会首先导致 Q^2 基团转化为 Q^1 基团，这可以通过 FTIR 分析推断出来。因此，当样品中(Ce + Gd)摩尔分数达到 4%时，在 1233cm^{-1} 处 Q^2 基团的峰强度降低，并且最终消失。此外，值得注意的是，当(Ce + Gd)摩尔分数为 10%时，由于独居石结晶相形成，在 962cm^{-1} 处归属于 Q^0 基团的峰强度显著

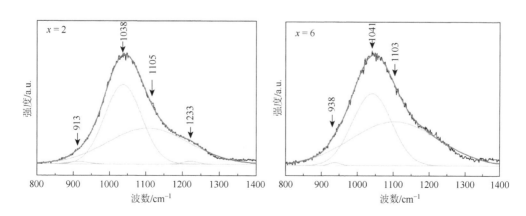

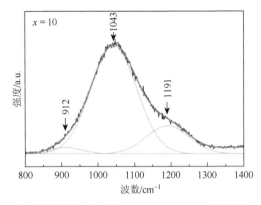

图 3-37　典型试样的拉曼光谱在 800～1400 cm^{-1} 范围内的分峰图

增加。综上所述，从 FTIR 和拉曼光谱数据可以看出，Ce 和 Gd 含量较低时掺杂的离子作为网络修饰体离子位于该玻璃网络的空隙中，而 Ce 和 Gd 含量较高时则解聚磷酸盐玻璃网络并形成聚合阴离子团。

表 3-14　800～1400cm^{-1} 范围内拉曼光谱分峰后的峰位置（C，±1cm^{-1}）、相对面积（A）和峰的归属

$x = 0$		$x = 2$		$x = 4$		$x = 6$		$x = 8$		$x = 10$		磷酸盐基团
C/cm^{-1}	A	C/cm^{-1}	A	C/cm^{-1}	A	C/cm^{-1}	A	C/cm^{-1}	A	C/cm^{-1}	A	
905	5.63	913	1.95	936	1.96	938	1.47	940.8	1.49	912	8.64	Q^0 基团
1040	66.45	1038	49.82	1039	44.89	1041	42.55	1038	39.86	1043	73.50	Q^1 基团
1121	18.97	1105	47.46	1101	53.15	1103	55.98	1097	58.65	1191	17.86	Q^1 基团 Q^2 基团
1216	8.95	1233	0.76	—	—	—	—	—	—	—	—	Q^2 基团

3. DSC 分析

为了研究(Ce + Gd)含量对 IBP 玻璃热稳定性的影响，对样品进行测试，得到样品的 DSC 曲线（图 3-38）。一般情况下，DSC 曲线有一个吸热峰和一个放热峰。吸热峰代表玻璃结构弛豫引起的热吸收，也代表玻璃化转变现象，吸热峰的起始温度对应玻璃化转变温度（T_g）。放热峰代表玻璃结构中的结晶现象发生在峰值温度（T_p）下，放热峰对应的起始温度为开始析晶度（T_r）。可以从曲线中观察到，T_g 的大致变化为从 IBP 基础玻璃的 T_g（大约为 498℃）增大到(Ce + Gd)摩尔分数为 8%的玻璃样品的 T_g（530℃）（表 3-15）。T_g 是对玻璃网络结构弛豫程度的表征，因此强烈取决于结构单元。T_g 增大的原因是 Ce^{4+} 和 Gd^{4+} 的离子半径明显大于 Fe^{2+} 和 Fe^{3+}。由于玻璃结构中存在离子半径较大的 Ce^{4+} 和 Gd^{4+}，玻璃结构更加难以改变。另外，P—O—P 键被 M—O—P 键（M = Fe、Ce、Gd）取代也是其原因之一。DSC 曲线还表明，Ce 和 Gd 的加入降低了 IBP 玻璃的 T_r 和 T_p。这是因为 CeO$_2$ 和 Gd$_2$O$_2$ 作为玻璃网络修饰体氧化物，在玻璃结构中具有较高的配位数，能提供游离氧和解聚功能，使该玻璃更容易析晶。但随着(Ce + Gd)浓度的增加，形成 M—O—P 键（M = Fe、Ce、Gd），T_r 和 T_p 均略增大。但当(Ce + Gd)摩尔分数达到 8%（极限溶解度）时，由于 Ce 和 Gd 处于玻璃网络形成体的间隙处且可能超过溶解度，T_r 和 T_p 开始降低。对于 $x = 10$ 的样品，由于形成

了独居石晶相，T_r 和 T_p 的下降更明显。另外，(Ce + Gd)的摩尔分数为 10%的样品没有明显的吸热峰，说明其在测量条件下对结构受影响过程的响应是呈惰性的。

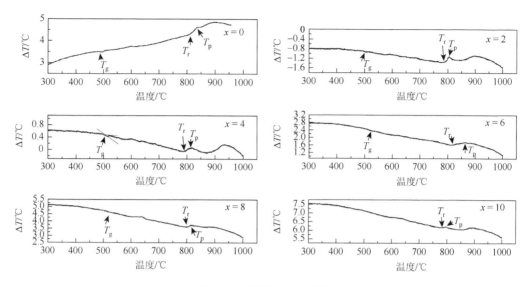

图 3-38　试样的 DSC 曲线

表 3-15　试样的 DSC 参数

特征值	$x = 0$	$x = 2$	$x = 4$	$x = 6$	$x = 8$	$x = 10$
$T_g \pm 1℃$	498	503	511	527	530	—
$T_r \pm 1℃$	835	772	784	811	795	774
T_p	867	804	815	863	817	796
$(T_r - T_g) \pm 1℃$	337	269	273	284	265	—

根据 Hrubý 的理论，T_g 和 T_r 的差值越大，玻璃越稳定。因此，$(T_r - T_g)$ 值的增加表明玻璃热稳定性提高。如图 3-39 所示，样品的 $(T_r - T_g)$ 值与测量条件下(Ce + Gd)

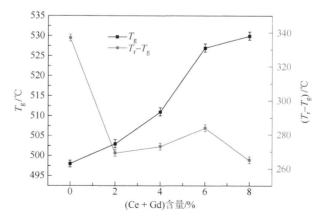

图 3-39　试样的 T_g 和 $T_r - T_g$ 随(Ce + Gd)含量的变化趋势图

含量有关。测试结果表明，Ce 和 Gd 的掺杂降低了 IBP 玻璃的热稳定性。但随着(Ce + Gd)含量的继续增加，Ce 和 Gd 的掺杂使 IBP 玻璃的热稳定性变好，直到(Ce + Gd)含量接近极限溶解度。

3.3 铁磷酸盐玻璃固化钼

3.3.1 钼对铁磷和铁硼磷玻璃结构和热稳定性的影响[10]

1. 含 MoO_3 的铁磷酸盐和铁硼磷酸盐固化体的制备

制备摩尔组成为系列Ⅰ [$xMoO_3$-(100−x)(40Fe_2O_3-60P_2O_5)，x = 0、5、10、15、20、25、30]和系列Ⅱ [$yMoO_3$-(100−y)(36Fe_2O_3-10B_2O_3-54P_2O_5)，y = 0、10、20、30、40、50]的含钼（Mo）玻璃。根据玻璃的组成，将可制备 25g 玻璃熔体的分析纯试剂 $NH_4H_2PO_4$、H_3BO_3、Fe_2O_3 和 MoO_3 充分混合均匀，然后将获得的配合料放入刚玉坩埚中，再在高温箱式炉中将坩埚从室温升至 450℃并保温 1.5h，以除去水和氨气，随后升温至 1100℃并保温约 1.5h，最后将玻璃熔体浇注到已预先加热的石墨板上。为减小样品内应力，将试样转移至低于玻璃化转变温度 50℃的退火炉中保温 1.5h，然后随炉自然冷却至室温，得到最终的样品。制备的样品用基础玻璃和 Mo 含量进行标记，见表 3-16。

表 3-16 含 MoO_3 的铁磷酸盐和铁硼磷酸盐玻璃的化学组成

	样品	摩尔分数/%				质量分数/%			
		Fe_2O_3	P_2O_5	B_2O_3	MoO_3	Fe_2O_3	P_2O_5	B_2O_3	MoO_3
系列Ⅰ	IP0	40	60	—	—	42.86	57.14	—	—
	IP5	38	57	—	5	40.78	54.38	—	4.84
	IP10	36	54	—	10	38.70	51.61	—	9.69
	IP15	34	51	—	15	36.62	48.82	—	14.56
	IP20	32	48	—	20	34.52	46.03	—	19.45
	IP25	30	45	—	25	32.42	43.23	—	24.35
	IP30	28	42	—	30	30.31	40.42	—	29.27
系列Ⅱ	IBP0	36	54	10	—	40.74	54.33	4.93	—
	IBP10	32.4	48.6	9	10	36.60	48.79	4.43	10.18
	IBP20	28.8	43.2	8	20	32.46	43.29	3.93	20.32
	IBP30	25.2	37.8	7	30	28.35	37.80	3.43	30.42
	IBP40	21.6	32.4	6	40	24.25	32.33	2.94	40.48
	IBP50	18	27	5	50	20.17	26.89	2.44	50.50

2. MoO_3 对固化体玻璃形成能力、密度和摩尔体积的影响

图 3-40 为两个系列组成的固化体样品的 XRD 图。XRD 结果表明，所有样品均未被

检测出任何衍射峰，即均无具晶态特征的尖峰，表明用基于系列 I 和系列 II 组分的配合料通过熔融、浇注和退火制得的试样均为非晶态样品。经浇注和退火后，样品表面均呈玻璃态，具有良好的玻璃光泽。而当系列 I 组分中 MoO_3 的摩尔分数大于 30%和系列 II 组分中 MoO_3 的摩尔分数大于 50%时，在熔融过程中观察到有悬浮物质漂浮在玻璃熔体表面，且在采用的熔体条件下得到的样品无密实结构，这可能是由于 MoO_3 含量过高导致熔体形成不混溶的两相。因此，本书的研究将系列 I 和系列 II 组分中 MoO_3 的摩尔分数分别控制在 30%和 50%以下。

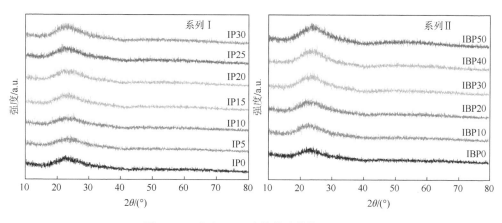

图 3-40　不同 MoO_3 含量的试样的 XRD 图

图 3-41 为两个系列固化体玻璃样品的密度（ρ）和摩尔体积（V_m）随 MoO_3 含量的变化规律。研究结果表明，两个系列玻璃样品的密度均随 MoO_3 含量的增加而增加，而 V_m 则呈现相反的变化规律。由图可知，系列 I 玻璃样品的密度由 IP0 样品的 $2.925g/cm^3$ 增大到 IP30 样品的 $3.147g/cm^3$，相应地，V_m 由 $50.98cm^3/mol$ 减小到 $46.87cm^3/mol$；对于系列 II 样品，密度几乎呈线性增长趋势，随着 MoO_3 含量的增加，密度从 IBP0 样品的 $2.856g/cm^3$ 增大到 IBP50 样品的 $3.326g/cm^3$，V_m 从 $49.4cm^3/mol$ 下降到 $42.9cm^3/mol$。密度增加主要是由于玻璃中 Mo（95.94g/mol）的原子量大于 Fe（55.85g/mol）、B（10.81g/mol）和 P（30.97g/mol）等其他组分的原子量。从密度来看，与硼硅酸盐玻璃（$2.5g/cm^3$）相比，含 Mo 磷酸盐固化体的密度更大，这对缩小固化体的体积有显著优势。而 V_m 减小反映出玻璃的网络结构更加紧密，表明玻璃结构内部的自由空间减小，这也在一定程度上增加了玻璃的密度。实验结果表明，在 1100℃的熔融条件下，MoO_3 可以很好地被固化在铁磷酸盐基玻璃中，而硼的掺入可以提高铁磷酸盐玻璃中 MoO_3 的包容量（摩尔分数高达 50%）。值得注意的是，硼对密度和摩尔体积有显著影响。具体来说，增加相同的 MoO_3 引入量时，含硼的玻璃样品有更大的密度变化，且两个系列的样品在含有相同含量 MoO_3 的情况下，含硼玻璃样品的 V_m 降低得更明显。此外，在系列 I 玻璃样品中，当 MoO_3 的摩尔分数超过 10%时，ρ 和 V_m 的变化速率明显降低。除 Mo 的原子量较大外，玻璃结构致密性的增强、玻璃网络结构的改变和原子配位的变化也会导致 ρ 增大和 V_m 减小。这一结果简要说明了掺硼铁磷酸盐玻璃可以容纳更多的 Mo 元素。

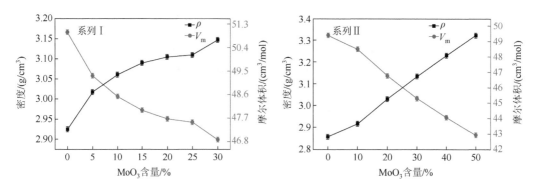

图 3-41　固化体玻璃样品密度（ρ）和摩尔体积（V_m）的变化趋势

3. MoO$_3$ 和 B$_2$O$_3$ 对固化体热稳定性和玻璃形成能力的影响

图 3-42 展示了制备的固化体玻璃样品的 DSC 曲线。根据 DSC 曲线，可确定样品的玻璃化转变温度（T_g）、开始析晶温度（T_x）以及液相出现的起始温度（T_L），具体确定方式：玻璃化转变温度为玻璃化转变吸热峰的起始温度，开始析晶温度为析晶时放热峰的起始温度，液相出现的起始温度为熔化时吸热峰的起始温度，均采用切线法确定，如图 3-42 中的内插图所示。当观察到几个结晶峰时，选择最低开始析晶温度（T_x）来评价玻璃的热稳定性和形成能力，具体结果见表 3-17。在测量条件下，IP0 样品的 T_g、T_x 和 T_L 分别约为 508℃、590℃ 和 915℃，IBP0 样品的 T_g、T_x 和 T_L 分别约为 506℃、587℃ 和 907℃。随着 MoO$_3$ 含量的增加，这两个系列玻璃样品的 T_g、T_x 和 T_L 均向低温方向偏移。在系列 II 玻璃样品中，当 MoO$_3$ 摩尔分数大于等于 30% 时，T_L 显著降低。根据 Hrubý 方法，玻璃形成能力与玻璃的热稳定性成正比，可用 $K_H = (T_x - T_g)/(T_L - T_x)$ 来评估玻璃的热稳定性。K_H 值越高，玻璃形成能力越强，玻璃的热稳定性也越好[11]。表 3-17 的结果表明，制备的玻璃样品的热稳定性与传统的硅酸盐玻璃相当（K_H 为 0.14～1.3）。系列 I 玻璃样品的 K_H 值随 MoO$_3$ 含量的变化没有发生明显变化；在系列 II 玻璃样品中，当 MoO$_3$ 的摩尔分数小于 30% 时，K_H 值的变化不明显，但当 MoO$_3$ 的摩尔分数大于 30% 后，K_H 值随

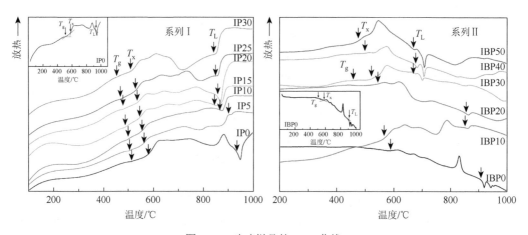

图 3-42　玻璃样品的 DSC 曲线

MoO_3 含量的增加而减小。总体而言，系列 II 玻璃样品的热稳定性优于系列 I 玻璃样品的热稳定性，这是由于在磷酸盐玻璃中形成了单键强度更强的 B—O 键。

表 3-17　不同 MoO_3 含量的固化体玻璃样品的 T_g、T_x、T_L、K_H、ΔT_{xg} 和 α

	样品	T_g/℃	T_x/℃	T_L/℃	K_H	ΔT_{xg}	α
	IP0	508	590	915	0.25	82	0.65
	IP5	500	562	906	0.18	62	0.62
	IP10	493	550	870	0.18	57	0.63
系列 I	IP15	480	546	850	0.22	66	0.64
	IP20	474	538	854	0.20	64	0.63
	IP25	463	529	843	0.21	66	0.63
	IP30	455	513	830	0.18	58	0.62
	IBP0	506	587	907	0.25	81	0.65
	IBP10	478	560	860	0.27	82	0.65
系列 II	IBP20	464	545	849	0.27	81	0.64
	IBP30	438	528	669	0.64	90	0.78
	IBP40	427	503	668	0.46	76	0.75
	IBP50	410	483	670	0.36	73	0.72

研究表明，MoO_3 会导致磷酸盐玻璃网络结构解聚，并在结构中形成 Mo—O—P 键，增加网络的交联程度。一般而言，T_g 的变化与键能、网络结构交联程度以及结构的紧密性有关。随着 MoO_3 含量的增加，P—O—P 和 P—O—B 键能被 P—O—Mo 和 B—O—Mo 键所取代，并形成 Mo—O—Mo 键，导致 T_g 降低。这与键能的比较结果一致：Mo—O 键的键能比 B—O 键和 P—O 键的键能低很多。在系列 I 玻璃样品中，Mo 与非桥氧的连接程度较低，导致网络结构较弱，进而导致热稳定性和玻璃形成能力与系列 II 玻璃样品相比较低。对系列 II 玻璃样品的 DSC 结果分析，随着 MoO_3 含量的增加，掺硼铁磷酸盐玻璃的热稳定性和玻璃形成能力先增强后减弱，IBP30 样品在该系列玻璃样品中具有最好的热稳定性和玻璃形成能力。这主要是由于玻璃结构中 $[MoO_4]$ 单元倾向于与 $[BO_4]^-$、$[BO_3]$ 和 $[PO_4]$ 等单元连接，增加了玻璃网络结构的交联程度。因此，起初随着 MoO_3 含量的增加，玻璃试样的热稳定性增加；而在 MoO_3 摩尔分数大于 30% 的样品中，有更多的 Mo—O 键，导致热稳定性和玻璃形成能力有所降低。

此外，玻璃形成能力可以代表在冷却过程中玻璃熔体的抗结晶能力，可以使用参数 $\Delta T_{xg} = T_x - T_g$ 和 $\alpha = T_x/T_L$ 来分析玻璃形成能力。在系列 I 玻璃样品中 ΔT_{xg} 的值在 57~82 范围内变化，系列 II 玻璃样品中该值的变化范围为 73~90，从这一结果来看，系列 II 玻璃样品具有更好的玻璃形成能力，表明系列 II 玻璃样品熔体在冷却过程中具有更好的抗结晶能力。另一个用于表征玻璃形成能力的参数是 α，当 $\alpha \geq 0.6$ 时，认为对应的玻璃组分具有很好的玻璃形成能力。由表 3-17 可知，系列 I 和系列 II 玻璃样品的 α 值分别在 0.62~0.65 和 0.64~0.78 范围内变化，进一步证实所研究的玻璃组分具有良好的玻璃形成能力，该结果与 ΔT_{xg} 分析结果一致。值得注意的是，玻璃的热稳定性与玻璃形成能力是相互关联且又相互独立的。从研究结果看，用 K_H、α 和 ΔT_{xg} 三个参数来分析热稳定性和玻璃形成能力的结果彼此吻合。

也有研究表明，玻璃网络结构所涉及的基团或元素种类越多，玻璃熔体在冷却过程中结晶的可能性越低，因为破坏复杂的玻璃网络结构需要更多的能量，从而增加了玻璃的稳定性。从 DSC 曲线中可以观察到，MoO_3 含量较高的玻璃样品的放热峰个数减少，表明样品结晶行为发生了变化。由于 MoO_3 的熔点较低和结晶行为改变，T_L 随 MoO_3 含量的增加而降低，导致 T_L-T_x 降低，这也在一定程度上提高了玻璃的稳定性。当 MoO_3 的摩尔分数超过 30% 时，磷酸盐玻璃网络结构进一步解聚，形成大量的 $[MoO_4]$ 和 Q^0 单元，此时弱 Mo—O 键和孤立的 Q^0 单元占主导地位，玻璃的结构稳定性有所下降。B_2O_3 作为一种玻璃网络形成体，能提高玻璃网络结构的连接程度，使系列 II 玻璃样品具有更好的热稳定性和玻璃形成能力。此外，由结构分析可知，掺硼铁磷酸盐玻璃中 MoO_3 的高溶解度可以归因于 B_2O_3 破坏了钼在玻璃中的团簇结构，形成 Mo—O—B 键，这也提高了铁磷酸盐玻璃的热稳定性和玻璃形成能力。

4. 结构分析[12]

图 3-43 为两种系列固化体玻璃样品的 FTIR 图。在系列 I 固化体玻璃样品的 FTIR 图 [图 3-43（a）] 中，524cm^{-1} 处的吸收峰归因于正磷酸盐 PO_4^{3-} 基团（Q^0 基团）的形变振动；617～629cm^{-1} 范围内的吸收峰归因于 Fe—O—P 键的伸缩振动；753cm^{-1} 和 943cm^{-1} 处的吸收带分别由 P—O—P 键的伸缩振动和 P—O—P 键的不对称伸缩振动引起；882cm^{-1} 处的吸收峰与 $[MoO_4]$ 基团的形成有关；1043～1130cm^{-1} 范围内的强振动吸收峰由正磷酸盐基团（Q^0 基团）的不对称伸缩振动和焦磷酸盐基团（Q^1 基团）中 $(PO_3)^-$ 单元的不对称伸缩振动引起；1268cm^{-1} 左右处的红外吸收峰归因于偏磷酸盐（Q^2）基团中 $(PO_2)^-$ 的不对称伸缩振动；1380～1403cm^{-1} 和 1630～1637cm^{-1} 处的振动吸收峰分别归因于 P=O 键的对称伸缩振动以及 P—OH、B—OH 和 H—OH 键的振动。除此之外，在系列 II 固化体玻璃样品的 FTIR 图中，还检测到一些新的红外吸收峰，如图 3-43（b）所

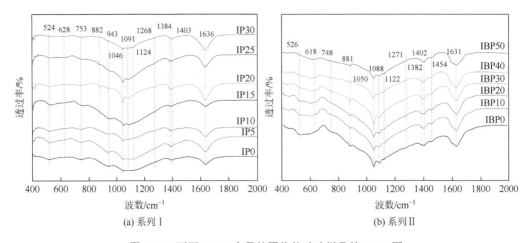

(a) 系列 I　　　　　　　　　　　(b) 系列 II

图 3-43　不同 MoO_3 含量的固化体玻璃样品的 FTIR 图

示。具体而言，当 B_2O_3 和 P_2O_5 共存时，在 748cm^{-1} 左右处出现了与$[BO_4]^-$单元有关的弯曲振动吸收峰。此外，系列 II 样品的 FTIR 图中在 881cm^{-1} 附近出现了明显的红外吸收峰，这不仅与$[MoO_4]$基团的形成有关，还与 P—O—B 键的振动有关，而 1454cm^{-1} 处的振动吸收峰与$[BO_3]$基团的振动模式有关。

MoO_3 的引入引起固化体玻璃样品结构出现一些明显的变化。首先，MoO_3 使 P=O 键中的 π 键断裂，且 P—O—Mo 键可取代 P—O—P 键，这一结果可以通过 FTIR 图中在约 753cm^{-1}、943cm^{-1} 和 1380~1403cm^{-1} 处的振动吸收峰强度随 MoO_3 含量的增加而降低得到解释，如图 3-43（a）所示。其他相关研究结果也表明，在磷酸盐体系中 P—O—Mo 键可以取代 P—O—P 键，提高磷酸盐基团和链之间的交联程度。此外，Mo 作为一种过渡金属元素，其原子的 d 亚壳层没有被完全填满，根据 Mo 在玻璃网络中的含量，Mo 既可以作为玻璃组分，也可以作为改性剂。系列 I 样品在 MoO_3 摩尔分数小于 10%的情况下主要发挥改性剂作用，可以很容易地给予游离氧来修饰磷酸盐玻璃网络结构。当 MoO_3 在玻璃中的摩尔分数超过 10%时，FTIR 图中在 882cm^{-1} 左右处出现了与$[MoO_4]$基团有关的振动吸收峰，表明 Mo 在含量较高时可参与磷酸盐玻璃网络的形成。随着 MoO_3 含量的增加，在 1261~1276cm^{-1} 附近吸收峰强度降低，在 1043~1130cm^{-1} 附近处振动吸收峰强度增加，表明磷酸盐网络基团链进一步解聚，由长链（Q^2 基团）转化为短链（Q^1 和/或 Q^0 基团）。在系列 II 固化体玻璃样品的 FTIR 图 [图 3-43（b）] 中，随着 MoO_3 含量的增加，振动吸收峰的变化规律相对于系列 I 样品的变化规律出现了新的变化。在系列 II 固化体玻璃样品中，MoO_3 给出了形成$[BO_4]^-$所需的部分游离氧，有助于$[BO_3]$基团转化为$[BO_4]^-$基团。研究表明，$[BO_4]^-$基团主要存在于富磷酸盐区域，而在富硼酸盐区域中，$[BO_3]$基团占主导地位。因此，随着 MoO_3 含量的增加，$[BO_3]$转化为$[BO_4]^-$，有助于形成 P—O—B 键，代替固化体玻璃中的部分 B—O—B 和 P—O—P 键，使玻璃结构更均一，网络结构更稳定。相关研究也表明，$[MoO_4]$基团更倾向于与玻璃结构中其他类型的基团连接。因此，在玻璃网络中可能会形成 Mo—O—P 和 Mo—O—B 键。

两个系列固化体玻璃样品的拉曼光谱如图 3-44 所示。在图 3-44（a）中，在低波数（200~600cm^{-1}）范围内拉曼峰与 Q^0 磷酸盐基团的弯曲振动有关，在 257cm^{-1} 处拉曼峰由磷酸盐多面体的弯曲振动产生；在 384cm^{-1} 处拉曼峰由 O—P—O 键和 Mo—O—P 键的弯曲振动产生；位于 626cm^{-1} 附近的拉曼峰由 Q^2 基团中桥氧键 P—O—P 的对称伸缩振动和钼酸盐离子中 Mo—O—Mo 键的不对称振动产生；870cm^{-1} 处的拉曼峰与孤立的$[MoO_4]$基团的伸缩振动模式有关；760cm^{-1} 和 1073cm^{-1} 处的吸收峰分别对应 Q^1 基团中桥氧键和非桥氧键的对称伸缩振动模式；952cm^{-1} 附近的吸收峰与 Q^0 基团的振动有关；1238cm^{-1} 附近的拉曼吸收峰与 Q^2 基团中非桥氧键的对称伸缩振动有关。随着 MoO_3 含量的增加，在 257cm^{-1}、384cm^{-1}、626cm^{-1} 和 870cm^{-1} 附近拉曼吸收峰的强度逐渐增大，在 1073cm^{-1} 左右处吸收峰的强度逐渐减小。另外，在 1073cm^{-1} 和 1238cm^{-1} 附近拉曼吸收峰的位置随 MoO_3 含量的增加向较低波数方向偏移。由图 3-44（b）可知由于 B_2O_3 的掺入，系列 II 固化体玻璃样品的拉曼光谱与系列 I 固化体玻璃样品的比较有少许变化。在 1210cm^{-1} 附近吸收峰强度随 MoO_3 含量的增加逐渐减小，并向低波数方向偏移。当 MoO_3 的摩尔分数达到 50%时，该拉曼吸收峰消失，且 861cm^{-1} 附近的拉曼吸收峰比 981cm^{-1} 附近的拉曼吸收峰的强度强。另外，1043cm⁻¹附近的拉曼吸收峰的位置由1043cm⁻¹向约981cm⁻¹处偏移。

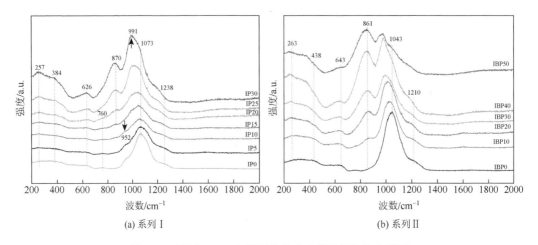

(a) 系列 I　　　　　　　　　　　　　　　(b) 系列 II

图 3-44　不同 MoO_3 含量固化体玻璃样品的拉曼光谱图

　　总体上，由 MoO_3 含量变化引起的拉曼光谱主要吸收峰的变化与 FTIR 光谱中的一致，但拉曼光谱中的变化更为明显，主要有：MoO_3 含量的增加引起与 Q^2 基团相关的拉曼吸收峰（1238cm⁻¹ 和 1210cm⁻¹）和与 Q^1 基团相关的吸收峰（760cm⁻¹ 和 1073cm⁻¹）的强度下降，与此同时，与 Q^0 基团相关的吸收峰（950～1020cm⁻¹）的强度增加。对于高 MoO_3 含量的固化体玻璃样品，与 Q^0 基团相关的吸收峰是拉曼光谱的主要吸收峰。在已得到研究的 $NaPO_3$-MoO_3 玻璃体系中也观察到了同样的结果。此外，在低波数（200～600cm⁻¹）范围内与 Q^0 基团和 Mo—O—P 键有关的拉曼吸收峰随 MoO_3 含量的增加而增强。这些都引起 980～1238cm⁻¹ 范围内的拉曼峰位置向低波数方向偏移。另外，这种偏移也可能与磷酸盐链长度的减小影响了桥氧键的键长和 O—P—O 与 P—O—P 键的键角有关。此外，即使在含有少量 MoO_3 的情况下，与 $[MoO_4]$ 基团有关的拉曼吸收峰（870cm⁻¹ 附近）也较明显，这是因为玻璃中与 Mo 有关的基团对拉曼散射信号较敏感。随着 MoO_3 含量的增加，该拉曼峰强度显著增加。值得注意的是，系列 I 样品中 MoO_3 的摩尔分数大于 15% 时，与 Mo—O—Mo 键相关的吸收峰（约为 626cm⁻¹）强度增加。这一结果表明，这些玻璃样品中可能形成了含 Mo 的团簇结构，可能是由 MoO_3 在铁磷酸玻璃中没有完全分解引起的。

　　在系列 II 固化体玻璃样品的拉曼光谱中，由于 Mo 多面体对拉曼散射比较敏感，而与 B 有关的基团不易产生拉曼吸收峰，因而在拉曼光谱中没有观察到与 B 有关的吸收峰。当 MoO_3 的摩尔分数超过 30% 时，可以观察到在 861cm⁻¹ 处吸收峰强度进一步增强，并且强度超过约 981cm⁻¹ 处的吸收峰，表明在 Mo 含量较高的玻璃中，Mo 主要以 $[MoO_4]$ 基团形式存在。Santagnelli 等[13]也指出，在磷酸盐玻璃中大部分 Mo 以四配位形式存在。此外，在高 MoO_3 含量情况下，1210cm⁻¹ 处的吸收峰强度降低得更为显著，并且该拉曼吸收峰最终在 IBP50 样品中消失。这与在系列 I 样品中观察到的结果相似，该峰强度降低是因为高含量的 MoO_3 导致磷酸盐结构解聚。值得注意的是，643cm⁻¹ 处的拉曼吸收峰的强度

随着 MoO_3 含量的增加几乎没有发生变化，表明在铁硼磷酸盐玻璃中，B 可能破坏了 Mo 的簇状结构，抑制了它的形成，从而有利于 Mo 元素在磷酸盐玻璃中溶解，进而使铁硼磷酸盐玻璃具有更高的 Mo 包容量。

综上所述，所选组分的配合料在该温度下能获得具完全非晶特性的固化体玻璃样品。在两个系列组分的玻璃形成范围内，随着 MoO_3 含量的增加，固化体玻璃的密度呈现增大的趋势，而 V_m 减小。MoO_3 可使磷酸盐玻璃网络结构解聚，形成 Mo—O—P 键，导致玻璃网络基团交联程度增强，引起偏磷酸盐长链转化为短链的焦磷酸盐和/或正磷酸盐网络基团结构。在系列 I 固化体玻璃样品中，随着 MoO_3 含量的增加，P—O—P 和 P—O—B 键可被 P—O—Mo 和 B—O—Mo 键取代，形成 Mo—O—Mo 键，因而玻璃化转变温度（T_g）、热稳定性（K_H）和玻璃形成能力（ΔT_{xg} 和 α）降低。在系列 II 中，由于 B_2O_3 的加入，玻璃网络的交联程度增强，热稳定性以及玻璃形成能力随 MoO_3 含量的增加呈现出先增强后减弱的趋势。此外，B 元素破坏了磷酸盐固化体玻璃中的含 Mo 团簇结构，从而增加了 MoO_3 在铁磷酸盐玻璃中的包容量，反过来 MoO_3 的增加有利于 $[BO_3]$ 基团向 $[BO_4]^-$ 基团转变，相应地，提高了含 Mo 铁磷酸盐玻璃的热稳定性和玻璃形成能力。

3.3.2 钼钕铁硼磷玻璃的物相、结构和热稳定性[10]

1. 钼钕铁硼磷玻璃的制备和物相分析

我国核电站部分动力堆高放废物的典型特点是钼和稀土元素 [RE，如钕（Nd）] 含量较高。前面单独研究了 MoO_3 或 Nd_2O_3 对铁（硼）磷酸盐基础玻璃结构、性能和析晶行为的影响，在此基础上，本节以 Nd 作为高放废物中三价核素的模拟元素，制备同时含有 MoO_3 和 Nd_2O_3 的铁硼磷酸盐玻璃/玻璃陶瓷固化体，研究 MoO_3 和 Nd_2O_3 含量对铁硼磷酸盐基固化体物相、结构和热稳定性的影响，以期为该类高放废物的固化处理提供参考。

制备系列 I [$5MoO_3$-$(95-x)$($36Fe_2O_3$-$10B_2O_3$-$54P_2O_5$)-xNd_2O_3]、系列 II [$10MoO_3$-$(90-x)$($36Fe_2O_3$-$10B_2O_3$-$54P_2O_5$)-xNd_2O_3] 和系列 III [$15MoO_3$-$(85-x)$($36Fe_2O_3$-$10B_2O_3$-$54P_2O_5$)-xNd_2O_3] 固化体，其中 x = 0、2、3、4、6、8 具体组成见表 3-18。以分析纯试剂 Nd_2O_3、MoO_3、Fe_2O_3、H_3BO_3 和 $NH_4H_2PO_4$ 为原料，按表 3-18 的化学计量比称取原料，均匀混合后放入刚玉坩埚中，于高温炉中用 450℃的温度将坩埚预热 1.5h 以排除原料中的结晶水和氨气，随后将温度升至 1200℃并保温 1.5h，获得固化体熔体/低黏度混合物，然后将获得的熔体/低黏度混合物迅速浇注到已预热好的石墨板上，获得同时含有 MoO_3 和 Nd_2O_3 的铁硼磷酸盐玻璃/玻璃陶瓷固化体，最后将制备的固化体于 450℃退火炉中退火处理 1h 以消除固化体中潜在的内应力，获得铁硼磷酸盐玻璃/玻璃陶瓷固化体样品。样品使用 Mo 和 Nd 含量进行标记，具体见表 3-18。

从外观看，经浇注和退火后，尽管 XRD 和 SEM 结果表明部分固化体样品中存在晶相，但获得的 Nd_2O_3 摩尔分数为 0~6%的铁硼磷酸盐玻璃/玻璃陶瓷固化体样品的外观具有玻璃光泽。对于 Nd_2O_3 摩尔分数为 8%的固化体样品，浇注后观察到部分样品表面缺乏光泽，并且玻璃熔体黏度高，不易浇注。因此，本书将 Nd_2O_3 的摩尔分数限制为 8%。图 3-45 为系列 II 样品的 XRD 图。如图 3-45 所示，当 Nd_2O_3 的摩尔分数小于 3%时，在 XRD 图中没有出现衍射峰，表明样品是完全非晶态的。对于 Nd_2O_3 的摩尔分数为 4%、6% 和 8% 的样品，独居石 $NdPO_4$ 晶相［PDF $No.$83-0654，空间群：单斜晶，$P2_1/n(14)$］的 XRD 衍射峰被检测到，表明获得的固化体中存在独居石 $NdPO_4$ 晶相。此外，随着 Nd_2O_3 含量增加，检测到衍射峰强度逐渐增加，表明样品中独居石 $NdPO_4$ 晶相含量不断增加。系列 I 和系列III铁硼磷酸盐固化体样品的 XRD 图随 Nd_2O_3 含量的增加呈现出相似的变化。

表 3-18　含 MoO_3 和 Nd_2O_3 的铁硼磷酸盐玻璃/玻璃陶瓷固化体的配方（%）

样品	B_2O_3	P_2O_5	Fe_2O_3	MoO_3	Nd_2O_3
M5N0	9.5	51.30	34.20	5	—
M5N2	9.3	50.22	33.48	5	2
M5N3	9.2	49.68	33.12	5	3
M5N4	9.1	49.14	32.76	5	4
M5N6	8.9	48.06	32.04	5	6
M5N8	8.7	46.98	31.32	5	8
M10N0	9.0	48.60	32.40	10	—
M10N2	8.8	47.52	31.68	10	2
M10N3	8.7	46.98	31.32	10	3
M10N4	8.6	46.44	30.96	10	4
M10N6	8.4	45.36	30.24	10	6
M10N8	8.2	44.28	29.52	10	8
M15N0	8.5	45.90	30.60	15	—
M15N2	8.3	44.82	29.88	15	2
M15N3	8.2	44.28	29.52	15	3
M15N4	8.1	43.74	29.16	15	4
M15N6	7.9	42.66	28.44	15	6
M15N8	7.7	41.58	27.72	15	8

注：表中数据指摩尔分数。

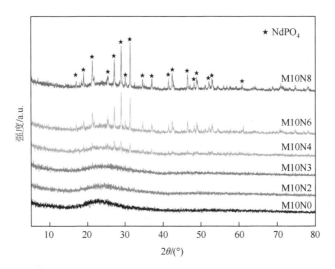

图 3-45　系列 II 铁硼磷酸盐玻璃/玻璃陶瓷固化体的 XRD 图

2. 密度和微观形貌

系列 II 试样的 SEM 图如图 3-46 所示。由图 3-46（a）可知，对于 Nd_2O_3 摩尔分数小于 2%的固化体样品，其断面呈现出玻璃光泽，说明样品中不存在任何结晶相，与 XRD 结果一致。在 Nd_2O_3 摩尔分数为 3%～8%的固化体样品中，观察到嵌在玻璃相中的微晶相，并且晶相含量随 Nd_2O_3 含量的增加而增加。系列 I 和系列III的变化也相同。XRD 结果显示，当 Nd_2O_3 的摩尔分数为 3%时，固化体没有被观察到任何晶相的 XRD 衍射峰，原因或许是晶相的浓度低于 XRD 衍射仪的检出限。基于 EDS 分析［图 3-46（b）］可知，这些观察到的晶相主要成分为 O、Nd 和 P，O：Nd：P = 68.41：16.09：15.50，约为 4：1：1。结合 XRD 分析结果，可进一步确定样品中形成的晶相为独居石 $NdPO_4$ 相。值得注意的是，在不含 MoO_3 的情况下，Nd_2O_3 在铁硼磷酸盐玻璃中的"溶解度"能够达到 4%（以摩尔分数表示），表明 Mo 有可能促进玻璃相的结晶。这主要归因于 Mo^{6+} 具有较高的电场强度，而形成$[MoO_4]$基团需要游离氧，导致磷酸盐聚合，使得结构变得致密，自由空间减小，进而导致 Nd 进入间隙位置的数量减少，引起 Nd_2O_3 在铁硼磷酸盐玻璃中的"溶解度"降低。

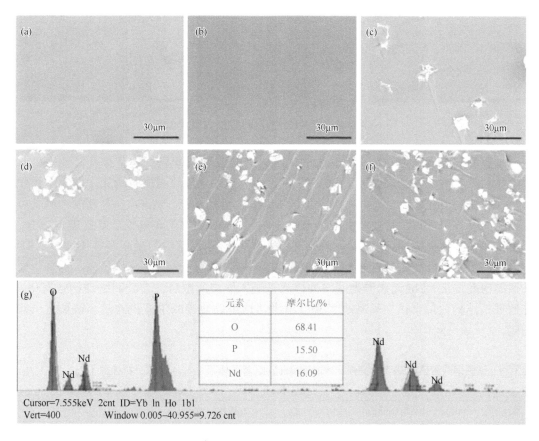

图 3-46　系列 II 固化体样品的 SEM 图和 EDS 图

M10N6 固化体样品的 EDS 元素分布图如图 3-47 所示,在玻璃陶瓷固化体样品中,O、Mo、Fe 和 P 元素主要均匀分布在玻璃相中,Nd 主要分布于 $NdPO_4$ 晶相中。另外,随着 Mo 含量的增加,样品的晶相密度和显微形貌均无明显变化。综合分析后可知,铁硼磷酸盐基础玻璃中 MoO_3 的摩尔分数可以达到 15%,然而在 MoO_3 存在的情况下,该基础玻璃对 Nd_2O_3 的"溶解度"为 3%(以摩尔分数表示),超过此"溶解度"后,Nd 元素会自发富集,形成独居石 $NdPO_4$ 晶相,将超过"溶解度"的 Nd 元素固化进晶相中,形成玻璃陶瓷固化体。

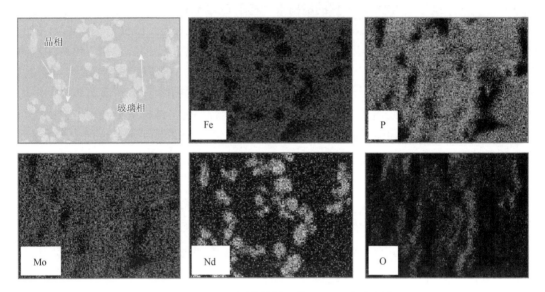

图 3-47 M10N6 固化体样品的 EDS 元素分布图

制备的同时含有 MoO_3 和 Nd_2O_3 的铁硼磷酸盐玻璃/玻璃陶瓷固化体样品的密度和摩尔体积见表 3-19。可以看出,样品的密度随 Nd_2O_3 含量的增加而增加,而摩尔体积则呈现相反的变化趋势。此外,对于不同 MoO_3 含量的样品,MoO_3 含量高的样品具有更高的密度。出现这种变化趋势主要是由于 Nd 和 Mo 的原子质量大于基础玻璃中 B、Fe 和 P 的原子质量。此外,Nd 和 Mo 的存在导致玻璃网络中的交联多样化,由 XRD 和 SEM-EDS 分析可知,高 Nd_2O_3 含量的样品中有独居石 $NdPO_4$ 晶相形成,这会导致样品的密度增加。Nd 元素作为网络外体离子进入网络间隙后,会使网络结构致密化,导致玻璃结构内部自由空间减小,密度增大,这可以通过摩尔体积的减小得到进一步证明。

表 3-19 铁硼磷酸盐玻璃/玻璃陶瓷固化体的密度(ρ)、摩尔体积(V_m)和热分析参数(T_g、T_{x1}、T_{x2}、T_L、K_H 和 α)

样品	$\rho \pm 0.001/(g/cm^3)$	$V_m/(cm^3/mol)$	$T_g \pm 1℃$	$T_{x1} \pm 1℃$	$T_{x2} \pm 1℃$	$T_L \pm 1℃$	$K_H = (T_x-T_g)/(T_L-T_x)$	$\alpha = T_x/T_L$
M5N0	2.926	48.27	498	585	796	1058	0.18	0.64
M5N2	3.057	47.82	506	586	781	1045	0.17	0.65

续表

样品	$\rho\pm0.001/(g/cm^3)$	$V_m/(cm^3/mol)$	$T_g\pm1℃$	$T_{x1}\pm1℃$	$T_{x2}\pm1℃$	$T_L\pm1℃$	$K_H=(T_x-T_g)/(T_L-T_x)$	$\alpha=T_x/T_L$
M5N3	3.109	47.31	503	581	777	1078	0.16	0.63
M5N4	3.160	47.17	499	565	772	1075	0.13	0.62
M5N6	3.273	46.73	506	568	776	1054	0.13	0.63
M5N8	3.372	46.52	485	537	716	1048	0.10	0.61
M10N0	2.916	48.48	486	581	755	888	0.31	0.74
M10N2	3.100	46.88	493	593	710	902	0.32	0.74
M10N3	3.156	46.66	497	593	738	903	0.31	0.74
M10N4	3.214	46.42	499	570	—	903	0.21	0.72
M10N6	3.316	46.17	494	545	731	893	0.15	0.70
M10N8	3.425	45.84	480	523	—	895	0.12	0.68
M15N0	3.012	46.99	484	589	—	897	0.34	0.74
M15N2	3.151	46.15	489	595	—	905	0.34	0.74
M15N3	3.211	45.90	494	593	—	906	0.32	0.73
M15N4	3.254	45.89	495	585	—	902	0.28	0.73
M15N6	3.357	45.65	478	543	693	905	0.18	0.69
M15N8	3.443	45.64	473	538	—	945	0.16	0.67

3. 结构分析[13]

三个系列试样的 FTIR 光谱变化趋势相同，这里以系列Ⅱ试样的 FTIR 光谱为例进行分析。系列Ⅱ样品的 FTIR 图如图 3-48 所示。研究结果表明，与 Nd_2O_3 相比，MoO_3 含量的增加对 FTIR 曲线中特征振动吸收峰的影响不大。因此，本书选择系列Ⅱ固化体样品的 FTIR 图进行详细分析。在样品的 FTIR 图中，主要的红外吸收峰在 $1630cm^{-1}$、$1456cm^{-1}$、$1380\sim1403cm^{-1}$、$1267cm^{-1}$、$1122cm^{-1}$、$1090cm^{-1}$、$1048cm^{-1}$、$997cm^{-1}$、$959cm^{-1}$、$881cm^{-1}$、$745cm^{-1}$、$620cm^{-1}$ 和 $541cm^{-1}$ 处。根据文献的研究结果进行合理分析，在 $1630cm^{-1}$ 处吸收峰由 P—OH、B—OH 和 H—OH 键的振动引起；$1456cm^{-1}$ 处的吸收峰可归因于[BO_3]和 BO_2O^- 基团的振动；在 $1380\sim1403cm^{-1}$ 处观察到的吸收峰对应于 P=O 键的对称伸缩振动；$1267cm^{-1}$ 附近的吸收峰由$(PO_2)^-$在偏磷酸盐基团（Q^2）中的不对称拉伸振动引起；$745cm^{-1}$ 处的吸收峰与[BO_4]$^-$基团中 B—O—B 键的弯曲振动有关；$1048\sim1130cm^{-1}$ 处的宽吸收带主要来自磷酸盐基团的振动吸收峰，具体分布情况为 $1048cm^{-1}$ 处的峰是正磷酸盐（Q^0）基团的不对称振动吸收峰，$1090cm^{-1}$ 处的峰由 Q^0 基团的对称伸缩振动和与 $NdPO_4$ 晶相有关的红外吸收引起，$1122cm^{-1}$ 处的吸收峰是焦磷酸盐（Q^1）基团的对称伸缩振动吸收峰；$997cm^{-1}$ 和 $959cm^{-1}$ 处的吸收峰为独居石 $NdPO_4$ 相中 Nd—O—P 键的振动吸收峰。此外，$620cm^{-1}$ 处的吸收峰由 Fe（Nd）—O—P 键的伸缩振动引起；$881cm^{-1}$ 处的吸收峰归因于[MoO_4]单元和 P—O—B 键的振动，而 $541cm^{-1}$ 处的吸收峰与 Q^1 基团中 O—P—O 键的弯曲振动模式有关。

随着 Nd_2O_3 含量的增加，$745cm^{-1}$ 处的吸收峰强度减小，$1456cm^{-1}$ 处的吸收峰强度增加，表明 Nd_2O_3 的加入使[BO_4]$^-$向[BO_3]转变，这是由于 Nd^{3+}作为一种网络修饰离子，进入网络的间隙位置，使得 B—O—B 键断裂。相关研究指出，[MoO_4]基团倾向于与其他基团连接，因此，在玻璃网络中可能形成了 Mo—O—P 和 Mo—O—B 键。

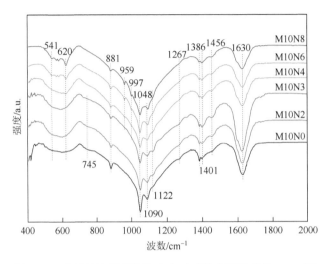

图 3-48　系列 II 铁硼磷酸盐玻璃/玻璃陶瓷固化体的 FTIR 图

所有样品在 $200\sim2000cm^{-1}$ 范围内的拉曼光谱如图 3-49 所示。研究结果表明，Nd_2O_3 摩尔分数不超过 6%的固化体样品的拉曼光谱具有相似的特征，可识别的拉曼峰位于 $1183cm^{-1}$、$1061cm^{-1}$、$1023cm^{-1}$、$856\sim878cm^{-1}$、$627cm^{-1}$、$460cm^{-1}$、$390cm^{-1}$ 和 $274cm^{-1}$ 处。根据文献可知，在 $1183cm^{-1}$ 和 $627cm^{-1}$ 处检测到的拉曼峰分别归因于 Q^2 基团中非桥氧和桥氧 P—O—P 键的对称伸缩振动；$1061cm^{-1}$ 处的吸收峰归因于 Q^1 基团中非桥氧原子的对称伸缩振动；$1023cm^{-1}$ 处的吸收峰归因于 Q^0 基团的对称伸缩振动；位于 $856\sim878cm^{-1}$ 处的吸收峰被认为归因于孤立的[MoO_4]基团的拉伸振动；$500cm^{-1}$ 以下的吸收峰归因于磷酸盐多面体（$274cm^{-1}$）的弯曲振动、Mo—O—P 键（$390cm^{-1}$）的弯曲振动和 O—P—O 键（$460cm^{-1}$）的弯曲振动。

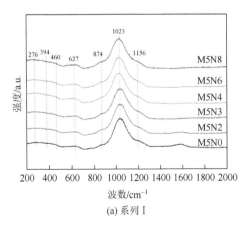

(a) 系列 I

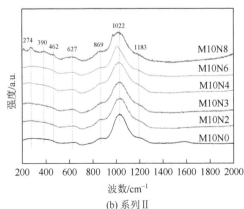

(b) 系列 II

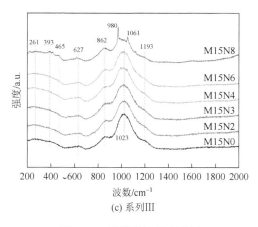

(c) 系列Ⅲ

图 3-49　试样的拉曼光谱图

值得注意的是，800～1400cm^{-1} 区域的宽拉曼峰是由[MoO$_4$]以及 Q^0、Q^1 和 Q^2 磷酸盐基团的拉曼吸收峰重叠引起的。为了量化这些基团，将每个宽峰做高斯-洛伦兹函数拟合，典型样品的拟合结果如图 3-50 所示。一个基团所对应的拟合峰的相对面积大小与该基团在结构中的含量成正比。拟合结果表明，随着 Nd$_2$O$_3$ 和 MoO$_3$ 含量的增加，[MoO$_4$]单元增加。系列Ⅰ铁硼磷酸盐玻璃/玻璃陶瓷固化体样品的磷酸盐基团随 Nd$_2$O$_3$ 含量的变化不明显，系列Ⅱ和系列Ⅲ固化体样品随着 Nd$_2$O$_3$ 含量的增加其 Q^0 基团减少，Q^1 和 Q^2 基团增加。此外，不同系列固化体样品中，随着 MoO$_3$ 含量的增加，Q^0 基团减少，但 Q^1 和 Q^2 基团的总量增加。由于 Nd^{3+}（0.983Å）的半径大于 Mo^{6+}（0.59Å），化合价低，因此，Nd^{3+}的阳离子场强 Z/r^2 较小，这使得 Nd^{3+}更容易给出游离氧作为网络修饰剂。从这方面来看，Nd$_2$O$_3$ 的增加也有利于[MoO$_4$]单元的形成。另外，Mo 和 Nd 能促进独居石 NdPO$_4$ 相的结晶，在玻璃相中以 1∶4 的物质的量比消耗 P 和 O，从而促进磷酸盐网络聚合，形成 Q^1 和 Q^2 磷酸盐基团。值得注意的是，对于系列Ⅱ和系列Ⅲ的固化体样品，理论上添加 Nd$_2$O$_3$ 会导致 O/P 物质的量比增加，使 Q^2 基团减少。而通过半定量分析发现，Q^2 基团略有增加。造成这一现象可能的原因是：①样品中 MoO$_3$ 的摩尔分数大于等于 10%时，与系列Ⅰ相比[MoO$_4$]基团的形成往往会消耗更多的 O 原子；②发生歧化反应形成 Q^2 基团，与此同时，所产生的游离氧诱导含铁基团优先转化以补偿[MoO$_4$]基团的正电荷，因此并不导致 Q^0 基团增加；③也有研究者将 1180cm^{-1} 附近的拉曼峰归为 Q^2 基团的对称伸缩振动与 Q^1 基团的不对称伸缩振动的重叠峰，这可能会导致反褶积结果产生不确定性。

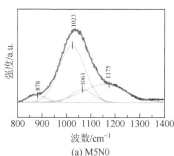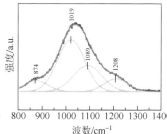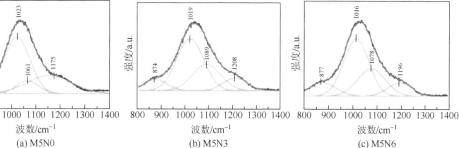

(a) M5N0　　　　　　　　　(b) M5N3　　　　　　　　　(c) M5N6

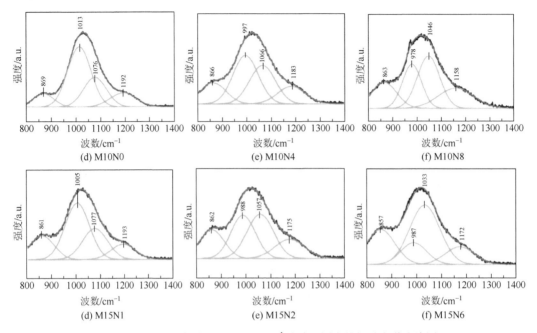

图 3-50　典型试样在 800～1400cm^{-1} 波数范围内的拉曼光谱分峰图

4. 热分析

获得的铁硼磷酸盐玻璃/玻璃陶瓷固化体样品的 DSC 曲线如图 3-51 所示。根据 DSC 曲线，T_g 和 T_x 分别选取为吸热和放热的起始点温度，T_L 为熔融温度［选取完全熔融点（结束点）］，获得的 T_g、T_{x1}、T_{x2}、T_L 见表 3-19。研究结果显示，在玻璃形成范围内，T_g 和 T_{x1} 随着 Nd$_2$O$_3$ 含量的增加而增大，而当 NdPO$_4$ 晶相不断形成时，固化体样品中玻璃相的 T_g 和 T_{x1} 略有降低。在形成大量 NdPO$_4$ 晶相的固化体样品中，玻璃相的 T_g 和 T_{x1} 甚至低于不含 Nd$_2$O$_3$ 的样品，例如，M10N8 样品的玻璃相的 T_g 和 T_{x1} 低于 M10N0 样品。这是因为大量 NdPO$_4$ 晶相的形成消耗了磷酸盐玻璃网络基团，导致玻璃相的结构稳定性下降。虽然在同一系列中 T_L 的变化不显著，但在 MoO$_3$ 摩尔分数为 10%和 15%的玻璃陶瓷固化体样品中含有 Nd$_2$O$_3$ 的玻璃相的 T_L 均高于不含 Nd$_2$O$_3$ 的玻璃相的 T_L，这可以归因于 MoO$_3$ 的加入增强了固化体样品的结晶趋势。由上述分析可知，高 MoO$_3$ 含量的固化体样品的 XRD 衍射峰略有增强，这证实了该结论。此外，从 DSC 分析结果可以看出，MoO$_3$ 的含量对 T_g 和 T_{x1} 的影响较小，但 T_L 随 MoO$_3$ 含量的增加显著降低，说明 MoO$_3$ 是玻璃组分中良好的助熔剂。值得注意的是，T_{x2} 和 T_{x1} 随组分变化呈现出不同的变化规律。对于同一系列的样品，T_{x2} 随着 Nd$_2$O$_3$ 含量的增加呈下降趋势。其原因可能是 Nd 作为成核剂，降低了结晶的活化能。对于不同系列的样品，随着 MoO$_3$ 含量的增加，T_{x2} 减小，系列Ⅲ大多数试样的 DSC 曲线中第二析晶峰几乎消失。这可能是由于 Mo 作为网络形成体，强化了网络结构，抑制了第二相的形成。

基于 Hrubý 的理论，可知玻璃的热稳定性与玻璃形成能力成正比，K_H 可用来评价玻璃相的热稳定性，其中 $K_H = (T_x - T_g)/(T_L - T_x)$。$K_H$ 越大，玻璃相热稳定性越高。根据获得的 DSC 数据计算出的 K_H 见表 3-19。由表 3-19 可知，对于含有相同含量 Nd$_2$O$_3$ 的固化体样品，MoO_3 含量越高，玻璃相的热稳定性越好。此外，在玻璃形成范围内，随着 Nd_2O_3 含量的增加，固化体样品的 K_H 略有增加。而当 Nd_2O_3 的摩尔分数高于 3% 时，样品的 K_H 降低，表明独居石 $NdPO_4$ 相的形成导致含钼磷酸盐玻璃相的热稳定性降低。独居石 $NdPO_4$ 相的形成导致 K_H 降低，表明玻璃相的抗析晶能力和在冷却过程中的玻璃形成能力有所降低。尽管如此，样品的 K_H 与传统的硼硅酸盐玻璃（K_H 为 0.14～1.3）相当，表明所有固化体样品中玻璃相的玻璃形成能力和残余玻璃相的热稳定性都较好。此外，$\alpha = T_x/T_L$ 是表征玻璃形成能力的另一个有用的参数。Mondal 和 Murty[15]提出 $\alpha \geqslant 0.6$ 的玻璃组分可以被认为是具有良好玻璃形成能力的组分。因此，由表 3-19 可知，所有固化体样品的 α 均大于 0.6，表明制备的固化体玻璃样品和玻璃陶瓷固化体样品中的玻璃相均具有良好的玻璃形成能力和热稳定性，这与 K_H 结果一致。此外，玻璃网络结构涉及的基团或元素越多，玻璃选择可行的晶体结构结晶的机会越小。在固化体结构中，Mo—O—P 键和[MoO_4]单元的形成使玻璃网络的交联更强且更加多样化，而越复杂的玻璃网络越需要更高的能量来破坏其结构，从而增强了玻璃相的热稳定性。

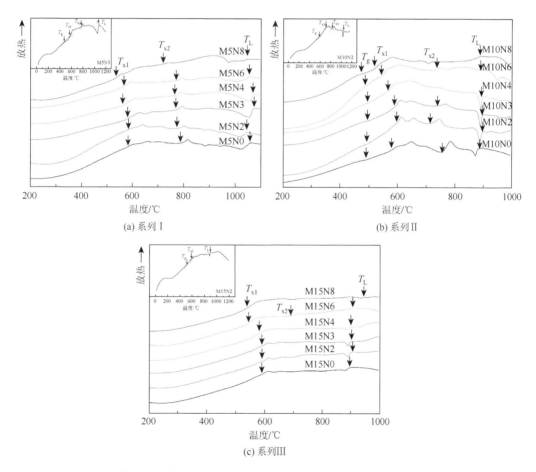

图 3-51　铁硼磷酸盐玻璃/玻璃陶瓷固化体样品的 DSC 曲线

5. 化学稳定性

采用 PCT 法测试制备的固化体样品。在 90℃去离子水中浸泡 1 天、3 天、7 天和 14 天后，固化体样品中 Mo 的归一化浸出率（LR_{Mo}）如图 3-52 所示。测试结果显示，LR_{Mo} 在前 3 天由于样品与浸出液之间发生离子交换而较大，但随着浸泡时间的延长，LR_{Mo} 迅速下降，而在浸泡 3～14 天时 LR_{Mo} 的下降速率减慢，这归因于固化体样品表面保护性凝胶层的形成。虽然在最初 3 天 M10N8 和 M15N8 样品的 LR_{Mo} 具有较高的值[10^{-2}g/(m^2·d)]，但总体上，LR_{Mo} 在 14 天的浸泡时间内保持为 3.6×10^{-4}～3.9×10^{-3}g/(m^2·d)。浸出液呈现弱酸性，这可能与固化体中的$(MoO_4)^{2-}$或与磷有关的元素浸出形成酸性离子有关，或许会导致浸出率增加。此外，所有固化体样品不同浸泡周期的浸出液中 Nd 的浓度均接近或低于 ICP-OES 的检出限（0.01mg/L）。

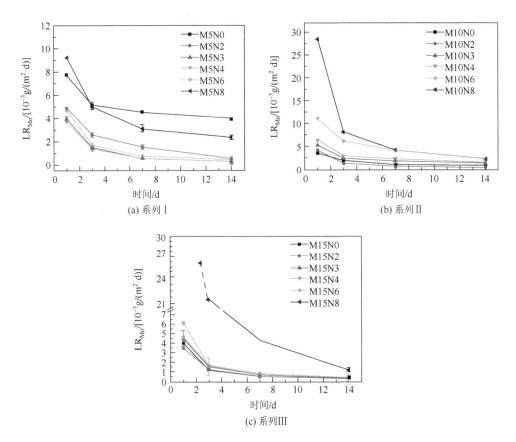

图 3-52 在 90℃去离子水中浸泡不同周期的固化体样品的 Mo 归一化浸出率

化学稳定性是高放废物固化体材料最重要的性能之一，可以通过元素归一化浸出率（LR）来评价。短期化学稳定性的测试结果表明，在 14 天左右，所有固化体样品的 LR_{Mo} 保持为 10^{-4}～10^{-3}g/(m^2·d)，可以与传统硼硅酸盐玻璃[10^{-4}～10^{-1}g/(m^2·d)]相媲美。此外，根据 ICP-OES 的检出限，所有固化体样品的 LR_{Nd} 小于 10^{-6}g/(m^2·d)，说明所制备的固化体样品均具有较高的化学稳定性，这主要是因为独居石[约为 10^{-8}g/(m^2·d)]具有较高的化学稳定性，且铁磷酸盐基玻璃也被证明具有优异的耐水性。研究结果表明，MoO_3 摩尔分数为 5%～15%和 Nd_2O_3 摩尔分数为 0%～8%的铁硼磷酸盐玻璃/玻璃陶瓷固化体具有良好的短期化学稳定性。

总的来说，当 Nd_2O_3 的摩尔分数为 5%～15%时，MoO_3 在该铁硼磷酸盐玻璃固化体中的"溶解度"约为 2%（以摩尔分数表示）。尽管经浇注和退火后，所有固化体样品的表面具有玻璃光泽，但当 Nd_2O_3 的摩尔分数大于等于 3%时，固化体样品中有独居石 $NdPO_4$ 晶相形成，且独居石 $NdPO_4$ 晶相的含量随着 Nd_2O_3 含量的增加而增加。另外，固化体样品的密度随 Nd_2O_3 和 MoO_3 含量的增加而增大。Nd_2O_3 和 MoO_3 的掺入促进了独居石 $NdPO_4$ 晶相的形成，导致 Q^0 磷酸盐基团减少，[MoO_4]、Q^1 和 Q^2 磷酸盐基团增加。MoO_3 含量的增加提高了固化体样品的热稳定性，但当独居石 $NdPO_4$ 形成后，固化体的热稳定性开始下降。化学稳定性测试结果表明，浸泡 14 天后，所有样品的 LR_{Mo} 保持在 10^{-4}～10^{-3}g/(m^2·d)范围内，LR_{Nd} 小于 10^{-6}g/(m^2·d)，表明所制备的含 MoO_3 和 Nd_2O_3 的铁硼磷酸盐玻璃/玻璃陶瓷固化体具有良好的化学稳定性。

参 考 文 献

[1] 王辅. 铁硼磷酸盐玻璃固化体结构与性能的研究[D]. 绵阳：西南科技大学，2010.

[2] 王辅，廖其龙，潘社奇，等. Na$_2$O 对铁硼磷酸盐玻璃结构和性能的影响[J]. 辐射防护，2010，30（4）：208-213.

[3] Wang F，Liao Q L，Xiang G H，et al. Thermal properties and FTIR spectra of K$_2$O/Na$_2$O iron borophosphate glasses[J]. Journal of Molecular Structure，2014，1060：176-181.

[4] 卢明韦. 铁磷酸盐玻璃陶瓷固化体结构与化学稳定性的研究[D]. 绵阳：西南科技大学，2015.

[5] Lu M W，Wang F，Liao Q L，et al. FTIR spectra and thermal properties of TiO$_2$-doped iron phosphate glasses[J]. Journal of Molecular Structure，2015，1081：187-192.

[6] 廖其龙，王辅，潘社奇，等. 掺铈铁硼磷酸盐玻璃的结构和化学稳定性[J]. 核化学与放射化学，2010，32（6）：336-341.

[7] Wang F，Liao Q L，Chen K R，et al. Glass formation and FTIR spectra of CeO$_2$-doped 36Fe$_2$O$_3$-10B$_2$O$_3$-54P$_2$O$_5$ glasses[J]. Journal of Non-Crystalline Solids，2015，409：76-82.

[8] Wang F，Liao Q L，Dai Y Y，et al. Immobilization of gadolinium in iron borophosphate glasses and iron borophosphate based glass-ceramics：implications for the immobilization of plutonium(III) [J]. Journal of Nuclear Materials，2016，477：50-58.

[9] Wang F，Fang Z W，Wang H，et al. Effects of Ce + Gd on the structural features and thermal stability of iron-boron-phosphate glasses[J]. Materials Chemistry and Physics，2017，201：170-179.

[10] 王元林. 钼钕在铁硼磷酸盐玻璃中的赋存形式及固化体稳定性研究[D]. 绵阳：西南科技大学，2021.

[11] Shelby J E. Introduction to glass science and technology[M]. 2nd Edition. Cambridge：Royal Society of Chemistry，2005.

[12] Wang Y L，Wang F，Zhou J J，et al. Effect of molybdenum on structural features and thermal properties of iron phosphate glasses and boron-doped iron phosphate glasses[J]. Journal of Alloys and Compounds，2020，826：154225.

[13] Santagneli S H，de Araujo C C，Strojek W，et al. Structural studies of NaPO$_3$-MoO$_3$ glasses by solid-state nuclear magnetic resonance and Raman spectroscopy[J]. The Journal of Physical Chemistry B，2007，111(34)：10109-10117.

[14] Wang F，Wang Y L，Zhang D Y，et al. Effects of MoO$_3$ and Nd$_2$O$_3$ on the structural features，thermal stability and properties of iron-boron-phosphate based glasses and composites[J]. Journal of Nuclear Materials，2022，560：153500.

[15] Mondal K，Murty B S. On the parameters to assess the glass forming ability of liquids[J]. Journal of Non-Crystalline Solids，2005，351（16-17）：1366-1371.

第4章 硼硅酸盐玻璃陶瓷固化材料

4.1 钙钛锆石-硼硅酸盐玻璃陶瓷固化材料

4.1.1 钙钛锆石-硼硅酸盐玻璃陶瓷的制备

1. 配方与制备工艺

在硼硅酸盐基础玻璃配方中加入总含量为 35%～50%的 CaO、ZrO_2 和 TiO_2，按照 $CaZrTi_2O_7$ 的化学式配比计算出 CaO、ZrO_2 和 TiO_2（简称 CZT）三者的物质的量比为 1：1：2，具体配方见表 4-1，编号中数字为理想状态下钙钛锆石相在玻璃陶瓷中的质量分数。按照表 4-1 中所列配比分别称量原料，将原料研磨搅拌均匀后放入刚玉坩埚中，再将坩埚放入高温炉于 1250℃下保温 3h，将获得的玻璃液倒在已预热好的模具上，接着在 500℃下退火 1h 以消除玻璃内应力，再用 670～720℃核化温度保温 2h，用 800～900℃晶化温度保温 2h，最后随炉冷却至室温。其中核化温度和晶化温度由 DSC 曲线确定，接下来进行具体讨论分析。

表 4-1 硼硅酸盐玻璃陶瓷固化体的组成配方（%）

样品	SiO_2	B_2O_3	Al_2O_3	Na_2O	CaO	ZrO_2	TiO_2
CZT-35	36.80	9.42	1.80	11.38	8.40	12.70	19.50
CZT-40	34.00	8.70	1.60	10.50	9.10	14.50	21.60
CZT-45	31.20	8.00	1.40	9.60	9.70	16.40	23.70
CZT-50	28.40	7.30	1.30	8.71	10.32	18.17	25.80

注：表中数据指质量分数。

不同 CZT 含量基础玻璃的 DSC 曲线如图 4-1 所示。由样品的 DSC 曲线可以看出，曲线中存在一个吸热峰和多个放热峰，630℃左右处的吸热峰对应玻璃化转变温度 T_g，而分别位于 750℃、800℃和 930℃附近的放热峰可能分别对应于不同种类晶体的析晶温度。研究表明玻璃陶瓷的核化温度 T_n 通常在高于 T_g 约 50℃附近，因此在 670～720℃范围内每隔 20℃选择一个点作为玻璃陶瓷的核化温度，在 800～900℃范围内每隔 50℃选择一个点作为玻璃陶瓷的晶化温度。经高温熔融后，快速取出成型的玻璃样品并放置于不同温度的高温炉中，再在核化温度和晶化温度下分别保温 2h，然后随炉冷却后取出研磨成粉状，通过 XRD 分析研究不同配方的玻璃陶瓷样品在不同热处理温度下内部的析晶情况，并得出最佳配方。

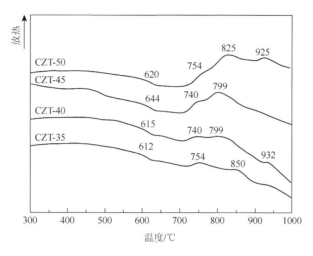

图 4-1　不同 CZT 含量基础玻璃的 DSC 曲线

图 4-2 为 CZT-35 样品在不同热处理温度下的 XRD 图,在晶化温度为 800℃以及核化温度为 670℃、晶化温度为 850℃时,样品只在 $2\theta = 27.4°$处有一个非常微弱的衍射峰,随着热处理温度的升高,衍射峰的强度逐渐增强,并且其余位置开始出现衍射峰,经分析,其晶相为四方晶系金红石型的 TiO_2 相(PDF *No*.78-1509)和楣石相 $CaTiSiO_5$(PDF *No*.85-0395)。对比分析后可知,核化温度为 720℃时的衍射峰强度小于核化温度为 670℃和 690℃时的衍射峰强度,当核化温度为 720℃、晶化温度为 900℃时,$CaTiSiO_5$ 相在 $2\theta = 39.2°$附近的(131)晶面衍射峰和在 $2\theta = 43.6°$处的(140)晶面衍射峰消失,而在所有热处理温度下,CZT-35 样品中均无钙钛锆石相产生,因此不采取 CZT-35 样品的配方。

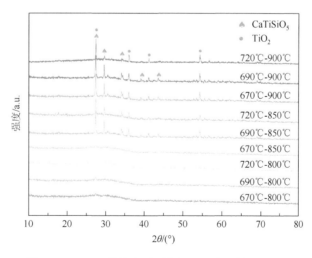

图 4-2　CZT-35 样品在不同热处理温度下的 XRD 图
注:670℃-800℃表示核化温度为 670℃、晶化温度为 800℃,后同。

图 4-3 为 CZT-40 样品在不同热处理温度下的 XRD 图,结果类似于 CZT-35 样品,在

晶化温度为 800℃时，样品只在 $2\theta = 27.4°$ 处有一个非常微弱的衍射峰，而随着晶化温度继续升高，出现了榍石相 CaTiSiO$_5$，当晶化温度为 900℃时，在 $2\theta = 30.4°$ 附近产生钙钛锆石相 CaZrTi$_2$O$_7$-2M（PDF *No.*84-0163）的(221)晶面衍射峰，并且随着核化温度的升高，该峰的强度逐渐增强。

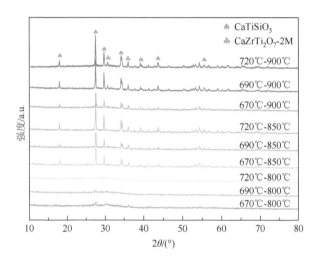

图 4-3　CZT-40 样品在不同热处理温度下的 XRD 图

　　图 4-4 为 CZT-45 样品在不同热处理温度下的 XRD 图，当样品的晶化温度为 800℃时，样品中析出锆钛矿正交晶相 ZrTiO$_4$（PDF *No.*74-1504）、TiO$_2$ 相（PDF *No.*78-1509）和六方晶系的 SiO$_2$ 相（PDF *No.*46-1045），随着晶化温度的升高，ZrTiO$_4$ 晶相消失，位于 $2\theta = 30.5°$ 附近的(111)晶面衍射峰分裂成两个峰，分别是榍石相 CaTiSiO$_5$ 在 $2\theta = 29.6°$ 处的(002)晶面衍射峰和 CaZrTi$_2$O$_7$-2M 在 $2\theta = 30.4°$ 处的(221)晶面衍射峰，SiO$_2$ 的衍射峰消失。CZT-45 样品相对于 CZT-40 样品来说，形成的杂相较多。

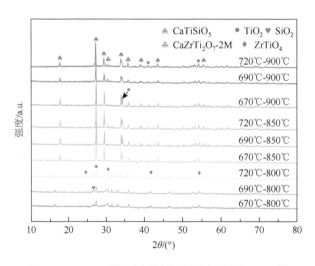

图 4-4　CZT-45 样品在不同热处理温度下的 XRD 图

图 4-5 为 CZT-50 样品在不同热处理温度下的 XRD 图，当晶化温度为 800℃时，不同核化温度的衍射峰峰形类似，产生的晶相有 TiO_2 相、ZrO_2 相（PDF *No.*80-0966）和少量的榍石相 $CaTiSiO_5$。随着核化温度的升高，$2\theta = 26.6°$ 处出现了 SiO_2 相的（101）晶面衍射峰。当晶化温度为 850℃时，SiO_2 相的衍射峰消失，$CaTiSiO_5$ 相的衍射峰强度增强，并出现了 $CaZrTi_2O_7$-2M 相的衍射峰。当晶化温度为 900℃时，$CaZrTi_2O_7$-2M 相的衍射峰强度增强，但是也出现了明显的杂相衍射峰，如 $2\theta = 28.3°$ 和 $2\theta = 31.5°$ 处的 ZrO_2 相衍射峰，这可能是由于原料中 ZrO_2 含量增多，由未完全反应的 ZrO_2 造成的，因此不采取 CZT-50 样品的配方。

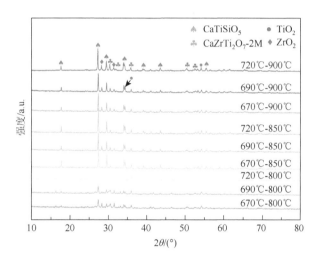

图 4-5　CZT-50 样品在不同热处理温度下的 XRD 图

综合考虑，由于 CZT-35 样品并无钙钛锆石相生成，CZT-45 样品和 CZT-50 样品中杂相相对较多，因此制备钙钛锆石-硼硅酸盐玻璃陶瓷的固化基材配方为 34.0% SiO_2、8.7% B_2O_3、1.6% Al_2O_3、10.5% Na_2O、9.1% CaO、14.5% ZrO_2、21.6% TiO_2。

在上述配方中加入质量分数为 5%的 CeO_2 作为模拟核素，采取五种不同的热处理方法来制备玻璃陶瓷固化体，所有方法都包括第一次熔融过程。工艺流程图如图 4-6 所示，方法具体描述如下[1]。

（1）方法一（M1）：在 1250℃下保温 2h 进行第二次熔融，然后缓慢冷却至室温，期间不涉及任何成核和析晶过程（冷却速率大约为 5℃/min）。

（2）方法二（M2）：在 1250℃下保温 2h 进行第二次熔融，然后冷却至核化温度 660℃保温 2h，再升温至晶化温度 750℃保温 2h，最后随炉冷却至室温。

（3）方法三（M3）：在 1250℃下保温 2h 进行第二次熔融，然后冷却至晶化温度 750℃保温 2h，最后随炉冷却至室温。

（4）方法四（M4）：在 1250℃下保温 2h 进行第二次熔融，然后快速取出铸造成型，将所得样品放入高温炉中进行热处理（具体操作为在 660℃核化温度下保温 2h，然后升温至 750℃晶化温度保温 2h）。

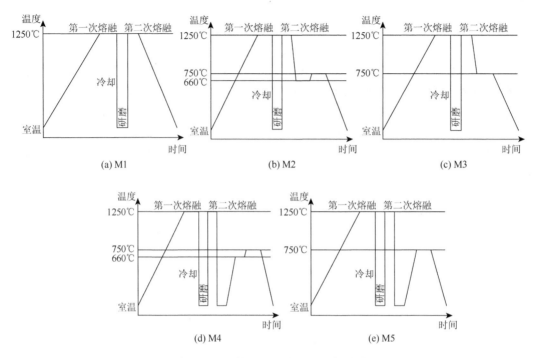

图 4-6　不同热处理方法的工艺流程图

（5）方法五（M5）：在 1250℃下保温 2h 进行第二次熔融，然后快速取出铸造成型，将所得样品放入高温炉中进行热处理（具体操作为在 750℃晶化温度下保温 2h）。

值得注意的是，M1、M2 和 M3 方法属于缓冷法，在热处理过程中没有二次加热程序，而 M4 和 M5 方法属于两步热处理法，在本次实验中作为 M1、M2 和 M3 方法的对比方法。在热处理过程中根据基础玻璃的 DSC 曲线（图 4-7）选取 660℃作为制备玻璃陶瓷的核化温度，750℃作为制备玻璃陶瓷的晶化温度。

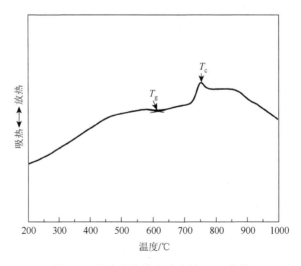

图 4-7　硼硅酸盐基础玻璃的 DSC 曲线

2. 物相和结构分析

图 4-8 为玻璃陶瓷固化体粉末样品的 XRD 图。由图经分析可得，M1、M2 和 M3 样品的主晶相为典型的钙钛锆石相 CaZrTi$_2$O$_7$-2M（PDF No.84-0163）。M4 和 M5 样品中没有检测出钙钛锆石相，其主晶相为一种钙钛氧化物 Ca$_2$Ti$_2$O$_6$（PDF No.40-0103），出现这一现象的原因主要为浇铸的玻璃（M4 和 M5 样品）相较于熔融态的玻璃（M1、M2 和 M3 样品）具有更高的黏度，这就导致用于控制成核和晶体生长的扩散过程和原子重排变得更加缓慢，因此如果想在 M4 和 M5 样品中形成钙钛锆石晶体，可能需要更高的核化温度和晶化温度或更长的保温时间。在 XRD 图中可以观察到，与标准卡片的析晶峰位置相比，所有析晶峰的位置都向低 2θ 角度偏移，初步判断可能是由于掺杂铈离子导致晶格常数增大。另外可以注意到，所有样品中存在少量的次晶相 ZrO$_2$（PDF No.37-1484），尤其是 M4 和 M5 样品。

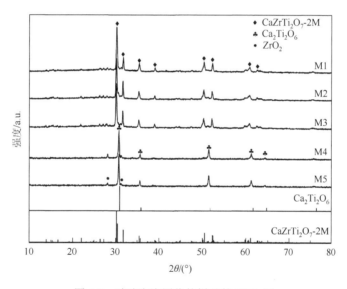

图 4-8　玻璃陶瓷固化体样品的 XRD 图

为了更加清楚地研究 M1、M2 和 M3 样品中钙钛锆石相的结构修饰和相含量，本实验采用 Rietveld 结构精修方法来进行分析，其中所选的初始模型是来源于 JCPDS 数据库的 Rossell 结构模型，因为在 M1、M2 和 M3 样品中很难检测到 ZrO$_2$ 相，所以在精修时不考虑此相。在精修时，背景函数选用移位切比雪夫多项式函数（shifted Chebyshev polynomial function），峰形模拟选用伪沃伊特函数（pseudo Voight function），分别对背景、零点、LP 因子、标度因子、峰形参数（U、V、W 和 X）、晶格参数、原子坐标和等温温度因子 Uiso 等进行精修，其中 Uiso 的初始值设定为 0.025Å^2。图 4-9 展示了 M1、M2 和 M3 样品 Rietveld 结构精修图谱，从图中可以看出，大部分数据点的强度值与实验值吻合得较好，拟合误差 R_{wp} 为 7.6%左右。精修分析后得到的晶胞参数和钙钛锆石相的质量分数列于表 4-2 中。

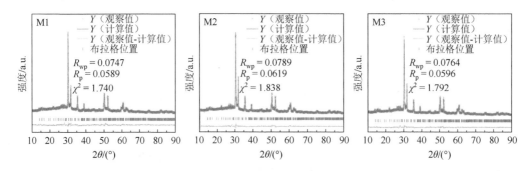

图4-9　M1、M2 和 M3 样品 XRD Rietveld 结构精修图谱（钙钛锆石-2M 相）

表4-2　M1、M2 和 M3 样品中钙钛锆石相精修后所得晶胞参数、平均阳离子-氧距离和质量分数

	Rossell 模型	M1	M2	M3
a/Å	12.4458	12.5011（7）	12.4874（9）	12.4942（8）
b/Å	7.2734	7.2687（4）	7.2696（3）	7.2688（4）
c/Å	11.3942	11.4115（7）	11.4066（6）	11.4067（6）
β/(°)	100.533	100.600（1）	100.630（1）	100.580（1）
V/Å³	1014.06	1019.24（10）	1017.72（9）	1018.33（10）
<Ca-O>平均距离Ⅷ/Å*	2.4455	2.4388（3）	2.4325（3）	2.4554（10）
<Zr-O>平均距离Ⅶ/Å	2.1959	2.2371（2）	2.2343（2）	2.2009（8）
<Ti(1)-O>平均距离Ⅵ/Å	1.9435	2.0267（2）	2.0695（2）	2.0075（9）
<Ti(2)-O>平均距离Ⅴ/Å	1.9878	1.9633（2）	1.9708（2）	1.9783（8）
<Ti(3)-O>平均距离Ⅵ/Å	1.9004	1.9248（2）	1.9556（2）	1.9396（8）
$CaZrTi_2O_7$/%	—	32.2	34.7	29.6

注：*<Ca-O>平均距离Ⅷ表示八配位的[CaO₈]多面体中 Ca^{2+} 到 O^{2-} 的平均距离。后同。

从表 4-2 中可以看出，M1、M2 和 M3 样品的晶胞参数大都略大于 Rossell 模型的晶胞参数，与对 XRD 图的初步判断结果一致。这是由于 Ce^{3+} 和 Ce^{4+} 分别取代了 Ca^{2+} 和 Zr^{4+}，其中在八配位下 Ce^{3+} 半径（1.143Å）大于 Ca^{2+} 半径（1.12Å），在七配位下 Ce^{4+} 半径（0.97Å）大于 Zr^{4+} 半径（0.78Å），使得晶胞参数增大。而且，相比 Rossell 模型结构，所有样品的多面体中阳离子与氧的距离更长，这也导致晶胞参数增大，同时也意味着结构更混乱。通过内标法计算分析玻璃陶瓷样品中钙钛锆石相的比例，M1、M2 和 M3 样品中钙钛锆石相的质量分数分别为 32.2%、34.7% 和 29.6%，M2 样品的原子占位分析结果见表 4-3。经过查阅相关文献[2, 3]和尝试各种取代位置，最终通过 Rietveld 精修得到合理的取代方式，M1 样品中 38% 的 Ce^{3+}/Ce^{4+} 进入八配位的 Ca 位，62% 进入七配位的 Zr 位，作为电位补偿的 Al^{3+} 进入五配位的 Ti 位，掺杂 Ce 的钙钛锆石相表达式可以写成 $Ca_{0.96}Zr_{0.72}Ce_{0.32}Ti_{1.95}Al_{0.05}O_7$，根据各离子的半径大小可知，Ca 位能固溶 Ce^{3+} 和 Ce^{4+}，Zr 位只能固溶 Ce^{4+}，考虑到电价平衡和精修后的占位情况，可以计算出 3% 的 Ce^{3+} 和 9% 的 Ce^{4+} 进入 Ca 位，而且根据钙钛锆石相含量的计算结果和 Ce 在晶相中的质量分数可以计算出 81.21% 的 Ce 进入钙钛锆石晶体结构中，而其余位于玻璃相中。M2 样品中 42% 的 Ce^{3+}/Ce^{4+} 进入八配位的 Ca 位，其余进入七配位的 Zr 位，作为电位补偿的 Al^{3+} 进入五配位的 Ti 位，掺杂 Ce 的钙钛锆石相表达式可以写成 $Ca_{0.93}Zr_{0.76}Ce_{0.31}Ti_{1.95}Al_{0.05}O_7$，可以计算出 9%的 Ce^{3+} 和 4%的 Ce^{4+} 进入 Ca 位，最终 84.53%的 Ce 进入钙钛锆石晶体结构中，而其余位于玻璃相中。M3 样品中 40%的 Ce^{3+}/Ce^{4+} 进入八配位的 Ca 位，其余进入七配位的 Zr 位，作为电位补偿的 Al^{3+} 进入五配位的 Ti 位，掺杂 Ce 的钙钛锆石相表达式可以写成 $Ca_{0.97}Zr_{0.75}Ce_{0.28}Ti_{1.97}Al_{0.03}O_7$，可以计算出 3%的 Ce^{3+} 和 9%的 Ce^{4+} 进入 Ca 位，最终 65.65%的 Ce 进入钙钛锆石晶体结构中，而其余位于玻璃相中。由此可以看出，该玻璃陶瓷体系中形成的钙钛锆石相能按照预期设想有效地固溶大部分模拟核素 Ce，其中增加了成核和晶化过程的 M2 样品，其钙钛锆石相的含量相对较高，并且有 84.5%的 Ce 进入钙钛锆石相的晶体结构中。

表 4-3　M2 样品中掺杂 Ce 的钙钛锆石相 Rietveld 结构精修结果

位点	Wyckoff（威科夫）位置	x	y	z	占位率	Uiso/Å²
Ca（1）	8f	0.3728	0.1210	0.4949	0.80	0.0252
Zr（1）	8f	0.3757	0.1002	0.5036	0.07	0.0254
Ce（1）	8f	0.3728	0.1105	0.4982	0.13	0.0150
Ca（2）	8f	0.1254	0.1473	0.9725	0.13	0.0200
Zr（2）	8f	0.1215	0.1223	0.9864	0.69	0.0190
Ce（2）	8f	0.1213	0.1282	0.9613	0.18	0.0341
Ti（1）	8f	0.2499	0.1364	0.7396	1.00	0.0124
Ti（2）	8f	0.4795	0.0583	0.2474	0.45	0.0239
Al（1）	8f	0.5344	0.0726	0.1729	0.05	0.0250
Ti（3）	4e	0	0.1256	0.2500	1.00	0.0165
O（1）	8f	0.3215	0.1832	0.2737	1.00	0.0273
O（2）	8f	0.4820	0.1446	0.1153	1.00	0.0213
O（3）	8f	0.2062	0.0825	0.5567	1.00	0.0244
O（4）	8f	0.4041	0.1549	0.7194	1.00	0.0211
O（5）	8f	0.7040	0.2011	0.5971	1.00	0.0211
O（6）	8f	0.0201	0.1700	0.4441	1.00	0.0199
O（7）	8f	0.0994	0.0335	0.8005	1.00	0.0250

注：M2：$Ca_{0.93}Zr_{0.76}Ce_{0.31}Ti_{1.95}Al_{0.05}O_7$，空间群：$C2/c1(15)$；$Z = 8$；$a = 12.4874$（9）Å；$b = 7.2696$（3）Å；$c = 11.4066$（6）Å；$\beta = 100.63°$；$V = 1017.72$（9）Å³。

针对 M4 和 M5 样品中生成的 $Ca_2Ti_2O_6$ 相，由于缺少该相的结构模型，因此使用 Jade 6.0 软件中的晶胞精修模块分析该相的晶胞参数，具体的 XRD 图谱和晶胞参数分别如图 4-10 和表 4-4 所示，M4 和 M5 样品的拟合误差分别为 6.9%和 7.8%，可以观察到所得 $Ca_2Ti_2O_6$ 相的晶格常数大于标准卡片 PDF No. 40-0103，这和直接观察到的图谱向低角度方向偏移的结果相符。

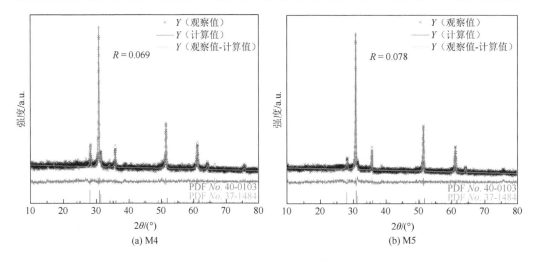

图 4-10　M4 和 M5 样品 XRD 精修图谱（$Ca_2Ti_2O_6$ 相）

表 4-4　M4 和 M5 样品所含晶相精修得到的晶胞参数

	$Ca_2Ti_2O_6$ （PDF *No.* 40-0103）	ZrO_2 （PDF *No.*37-1484）	M4		M5	
			$Ca_2Ti_2O_6$	ZrO_2	$Ca_2Ti_2O_6$	ZrO_2
$a/Å$	9.953	5.3129	10.027（1）	5.339（3）	10.026（1）	5.331（4）
$b/Å$	9.953	5.2125	10.027（1）	5.206（5）	10.026（1）	5.159（11）
$c/Å$	9.953	5.1471	10.027（1）	5.080（4）	10.026（1）	5.132（14）
$\beta/(°)$	90.00	99.22	90.00	99.31（6）	90.00	99.21（9）
$V/Å^3$	986.00	140.70	1008.15	139.36	1007.82	139.32

注：$Ca_2Ti_2O_6$，面心立方晶系；ZrO_2，单斜晶系，$P2_1/a$（14）。

　　图 4-11 为用不同热处理制度获得的所有样品的背散射图像。可以观察到，M1、M2 和 M3 样品的晶相和玻璃相被很好地区分开来，条状的晶体镶嵌在玻璃相中，这和 Li 等[4]

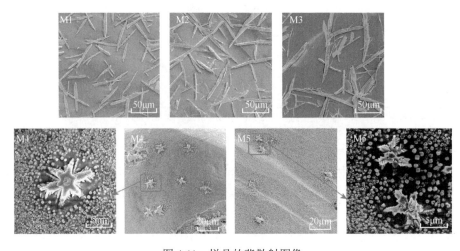

图 4-11　样品的背散射图像

观察到的硼硅酸盐玻璃中钙钛锆石相的微观形貌类似，通过热处理一步法得到的样品其晶体在玻璃陶瓷中的形貌没有太大的区别，只是随着成核过程和/或晶化过程的增加，晶粒逐渐增大，M1 样品中晶粒的粒径为 35～75μm，M2 样品中晶粒的粒径为 50～100μm，M3 样品中晶粒的粒径大约为 175μm。

　　M2 样品的元素面扫分布图和点扫分布图分别如图 4-12 和图 4-13 所示。从图 4-12 中可以看出，Ti 和 Zr 元素基本分布在晶相中，Ca 元素同时分布在晶相和玻璃相中，Si、Na 和 Al 元素基本分布在玻璃相中，模拟核素 Ce 元素大部分分布在晶相中。根据图 4-13 的多点能谱分析结果并结合 XRD 图可以得知，该晶相为钙钛锆石相，该晶相粗略的表达式可以表示为 $Ca_{0.85}Zr_{0.7}Ce_{0.24}Ti_{1.92}Al_{0.08}O_7$，这和 Rietveld 精修结果 $Ca_{0.93}Zr_{0.76}Ce_{0.31}Ti_{1.95}Al_{0.05}O_7$ 基本一致。对于 M4 和 M5 样品来说，在玻璃相中均匀地分布着大量纳米尺寸的晶体，这些晶体的形状为球形和星形，而且 M4 样品中的晶体数量多于 M5 样品中的晶体数量，这归因于成核过程变长，结合 XRD 图分析可知，这些晶体为 $Ca_2Ti_2O_6$ 晶相和 ZrO_2 相。对比所有样品中所得晶体的尺寸和数量可以发现，成核过程和晶化过程变长会影响晶粒的形成和生长，较慢的冷却速率会导致更大的晶粒形成，这可以解释为玻璃熔体的黏度会随着冷却速率的减小而减小，从而促进原子的扩散或重排，而这对晶体的生长相当重要。

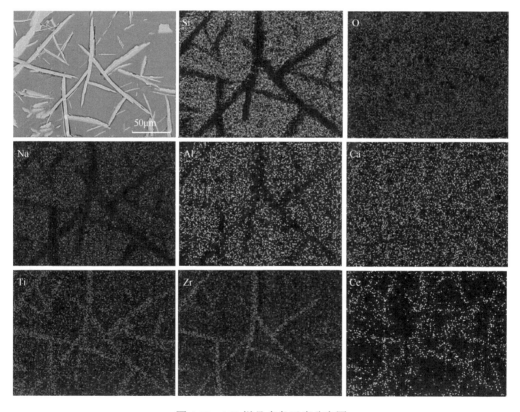

图 4-12　M2 样品中各元素分布图

(a) 扫描图像

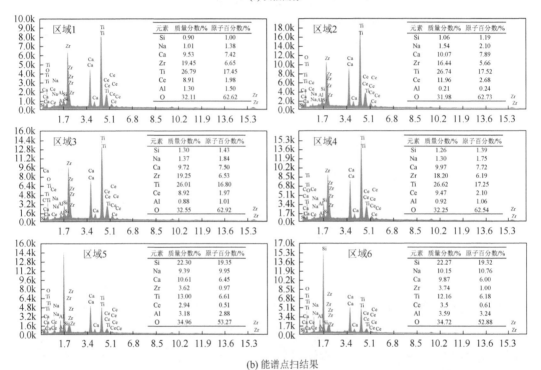

(b) 能谱点扫结果

图 4-13　M2 样品的扫描图像和能谱点扫结果

注：测试仪器为 TESCAN MAIA3 扫描电子显微镜和 EDAX TEAM™能谱仪。

为了进一步确定玻璃陶瓷固化体中的晶相类型，使用拉曼光谱来进行辅助分析。图 4-14 展示了所有样品在 140~1400cm^{-1} 波数范围内的拉曼光谱，并且所有光谱都进行了归一化处理。在图中可以观察到，一共有 10 个主要的拉曼散射峰，分别位于 150cm^{-1}、195cm^{-1}、225cm^{-1}、305cm^{-1}、395cm^{-1}、517cm^{-1}、610cm^{-1}、788cm^{-1}、875cm^{-1} 和 1203cm^{-1}处。根据文献报道和合理的分析，M1、M2 和 M3 样品中，150cm^{-1}、195cm^{-1}、225cm^{-1}、305cm^{-1}、517cm^{-1} 和 788cm^{-1} 处的峰归属于钙钛锆石-2M 结构的振动。其中 700cm^{-1} 波数下的拉曼振动模式归属于[TiO$_6$]八面体以及[ZrO$_7$]和[CaO$_8$]多面体基团的内部振动，788cm^{-1} 处

的峰归因于[TiO$_6$]八面体的对称伸缩振动，与钙钛锆石相相关的拉曼振动模式在峰位上没有发生显著的变化，只是有些峰的强弱有略微变化，如 M3 样品中 305cm^{-1} 处的峰与 M1 样品中该处的峰相比更宽，这可能是由钙钛锆石结构中混乱的阳离子造成的。对于 M4 和 M5 样品来说，225cm^{-1} 和 395cm^{-1} 位置处的峰消失，而 305cm^{-1} 和 517cm^{-1} 处的峰强度变得更强，这归因于 Ca$_2$Ti$_2$O$_6$ 烧绿石结构的主要振动模式。对于样品中的硼硅酸盐玻璃相而言，610cm^{-1} 处的峰为具有非桥氧键的偏硼酸盐环的特征峰，788cm^{-1} 处的峰归属于二硼酸盐和硼氧环中拥有四配位硼的六元硼酸盐环，这与钙钛锆石结构的振动模式重叠。875cm^{-1} 处的峰归属于具有四个非桥氧键的[SiO$_4$]四面体基团，1203cm^{-1} 处微弱的振动峰归属于 Si—O—Si 桥氧键的反对称伸缩振动模式，M3 样品中 875cm^{-1} 处较宽的峰是由混乱的玻璃结构造成的。值得注意的是，相比 M1 样品，M2 样品中 150cm^{-1} 和 305cm^{-1} 处峰的峰强度更强，610cm^{-1} 处的峰发生了蓝移，说明 M2 样品的钙钛锆石结构中键长变得更短，结构变得更加致密。

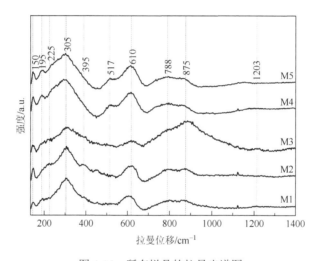

图 4-14　所有样品的拉曼光谱图

3. DSC 分析

为了评判玻璃陶瓷固化体的热稳定性，采用 DSC 测试来对其进行分析，玻璃的热稳定性可以采用 Dietzel 提出的玻璃化转变温度（T_g）和开始析晶温度（T_r）的差值 ΔT（$\Delta T = T_r - T_g$）来进行判断，ΔT 越大，说明热稳定性越好。图 4-15 展示了所有样品的 DSC 曲线以及玻璃化转变温度（T_g）、开始析晶温度（T_r）和它们的差值 ΔT。在图 4-15（b）中可以观察到，所有样品的 T_g 并无明显变化，而 M2～M5 样品的 T_r 略大于 M1 样品的 T_r，因此 M2～M5 样品的 ΔT 高于 M1 样品，说明 M2～M5 样品的热稳定性优于 M1 样品。然而，可以观察到在 M4 和 M5 样品中 926℃处有一个明显的放热峰［图 4-15（a）］，意味着在该处可能存在相的转变，为了验证此猜想，对 M4 和 M5 样品进行重析晶实验，将样品置于 930℃的高温炉中保温 2h，并对其进行 XRD 测试分析，结果如图 4-16 所示。由图 4-16 可知，重析晶样品中的晶相为榍石相 CaTiSiO$_5$（PDF *No.*85-0395）和钙钛锆石相 CaZrTi$_2$O$_7$-2M（PDF *No.*84-0163），没有 Ca$_2$Ti$_2$O$_6$ 相，说明在该玻璃体系中 Ca$_2$Ti$_2$O$_6$

相是一种不稳定的晶相，它会与玻璃中过量的 SiO_2、TiO_2 和 ZrO_2 发生如下反应：

$$Ca_2Ti_2O_6 + 2SiO_2 \longrightarrow 2CaTiSiO_5 \tag{4-1}$$

$$Ca_2Ti_2O_6 + 2TiO_2 + 2ZrO_2 \longrightarrow 2CaZrTi_2O_7 \tag{4-2}$$

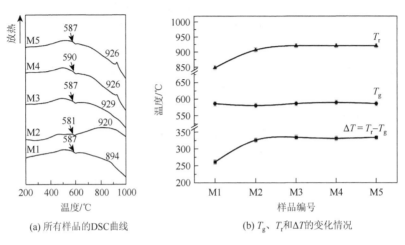

(a) 所有样品的DSC曲线　　　　(b) T_g、T_r 和 ΔT 的变化情况

图 4-15　样品 DSC 分析及其特征参数

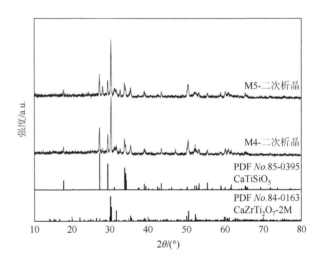

图 4-16　M4 和 M5 样品重析晶后的 XRD 图

因此，在该玻璃陶瓷体系中，要想通过两步热处理法获得钙钛锆石玻璃陶瓷，晶化温度要控制在 930℃左右，尽管在该温度下有榍石相生成。

4. 抗浸出性能

所有样品在 90℃水热反应釜中进行 PCT 测试，经电感耦合等离子体发射光谱仪（ICP-OES）测试测得浸出液中 Si 和 Ca 元素的浓度（表 4-5），并对各元素的归一化浸出率进行计算，计算结果如图 4-17 所示。在图中可以观察到，随着浸泡时间的延长，各元素的归一化浸出率逐渐减小，并在 28 天后保持不变。

表 4-5 所有样品浸泡不同天数后浸出液中 Si 和 Ca 元素的浓度（C）和归一化浓度（NC）（单位：mg/L）

Si	M1		M2		M3		M4		M5	
	C	NC	C	NC	C	NC	C	NC	C	NC
1 天	10.29（5）	32.98	8.67（5）	27.81	7.97（3）	25.57	17.07（8）	54.71	16.23（4）	52.02
3 天	8.56（4）	27.46	9.17（4）	29.39	8.08（1）	25.90	13.41（3）	42.98	16.42（5）	52.63
7 天	7.98（4）	25.57	10.91（1）	34.97	9.33（5）	29.91	14.67（4）	47.02	17.64（10）	56.54
14 天	11.85（3）	37.98	12.13（4）	38.88	10.65（1）	34.13	13.89（1）	44.52	19.02（10）	60.96
28 天	12.87（10）	41.25	18.44（15）	59.10	14.75（5）	47.28	20.23（5）	65.84	21.62（7）	69.29
56 天	14.74（7）	47.24	15.60（7）	50.00	15.81（2）	50.67	21.33（10）	68.37	22.24（5）	71.28

Ca	M1		M2		M3		M4		M5	
	C	NC	C	NC	C	NC	C	NC	C	NC
1 天	1.719（4）	18.90	1.951（5）	21.45	2.976（8）	32.71	2.438（4）	26.79	2.629（4）	28.89
3 天	2.547（3）	27.99	3.305（9）	36.32	4.132（5）	45.41	2.637（8）	28.98	2.849（4）	31.35
7 天	2.808（6）	30.85	3.312（6）	36.40	3.978（5）	43.72	2.687（6）	29.53	2.747（3）	30.22
14 天	1.502（6）	16.48	1.631（7）	17.92	2.176（7）	23.91	2.241（4）	24.63	2.501（5）	27.48
28 天	0.894（2）	9.83	0.574（2）	6.31	0.763（7）	8.39	1.025（4）	11.26	1.772（6）	19.45
56 天	1.414（7）	15.54	0.829（2）	9.11	1.015（4）	11.15	1.948（7）	21.41	1.858（7）	20.42

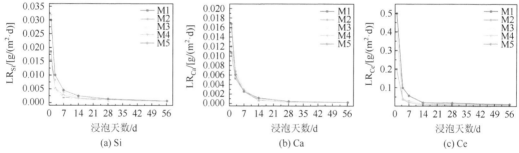

图 4-17 所有样品浸泡不同天数后浸出液中主要元素的归一化浸出率

在早期的浸泡过程中，Si 通过一些水解反应更容易扩散到水溶液中，如 Si—O—Si + H$_2$O —→ Si—OH + HO—Si，晶体中的化学键也能被水溶液所破坏，从而导致晶体分解，因此在早期，归一化浸出率较高。浸泡 28 天后，在反应的界面区形成了晶相或非晶相的保护层，限制了水或离子扩散到反应物的表面形成反应界面，因此归一化浸出率减小，最后保持不变。值得注意的是，M4 和 M5 样品的浸出率比其他样品高，可能是因为不稳定的 Ca$_2$Ti$_2$O$_6$ 相和混乱的玻璃结构加速了界面离子的传输或化学反应。同时，将 M1、M2 和 M3 样品进行比较，发现 M3 样品的 LR$_{Ce}$ 和 LR$_{Ca}$ 略高于 M1 和 M2 样品，这可能是由较大的晶粒尺寸和混乱的钙钛锆石相结构造成的。总的来说，尽管 M1、M2 和 M3 样品在晶粒尺寸上有差异，但它们都拥有较低的归一化浸出率，在浸泡 28 天后，浸出液中 Si 和 Ca 元素的归一化浓度分别为 0.04～0.07g/L 和 0.006～0.02g/L，均低于 SRNL

（Savannah River National Laboratory，萨瓦那河国家实验室）和 PNNL（Pacific Northwest National Laboratory，太平洋西北国家实验室）制备的玻璃陶瓷中 Si 和 Ca 元素的归一化浓度（分别为 0.05~0.45g/L 和 0.07~0.96g/L[5]），并且满足中国核工业标准的要求[<1g/(m²·d)][6]。根据以上分析可以得出结论，通过"熔融-缓冷"工艺制备的玻璃陶瓷固化体拥有良好的化学稳定性。

4.1.2　钙钛锆石-硼硅酸盐玻璃陶瓷固化模拟核素铈和钕

将原料 SiO_2、H_3BO_3、Na_2CO_3、$Al(OH)_3$、$CaCO_3$、TiO_2、$ZrSiO_4$、CeO_2 和 Nd_2O_3（均为分析纯）按照设计的配方进行配料。首先将均匀混合的原料置于坩埚中并将坩埚放入高温炉在 1250℃左右保温 3h，然后水淬、磨细（粒径小于 150μm）。为了得到更均匀的玻璃陶瓷样品，将磨细的玻璃粉末再次放入高温炉进行二次熔融烧制。随后，所获得的玻璃熔体以 5℃/min 的速率降温至核化温度保温 2h，再加热至晶化温度保温 2h，最后随炉冷却至室温取出。根据原料中 CeO_2 和 Nd_2O_3 的总含量，将样品标记为 CN10、CN15、CN20、CN30 和 CN40，如 CN10 代表 CeO_2 和 Nd_2O_3 的总含量为 10%，其中 CeO_2 和 Nd_2O_3 的含量各占一半。具体的配方和最终所得样品中各组分的含量见表 4-6[7]。

表 4-6　玻璃陶瓷固化体样品理论化学组成和实际化学组成（%）

氧化物	理论					实际				
	CN10	CN15	CN20	CN30	CN40	CN10	CN15	CN20	CN30	CN40
SiO_2	30.60	28.90	27.20	23.80	20.40	29.49	27.78	25.53	23.17	20.41
$B_2O_3^*$	7.83	7.39	6.96	6.09	5.22	—	—	—	—	—
Al_2O_3	2.43	2.29	2.16	1.89	1.62	2.69	2.48	2.36	1.88	1.32
Na_2O	9.45	8.93	8.40	7.35	6.30	9.54	8.88	8.11	7.56	6.50
CaO	8.19	7.74	7.28	6.37	5.46	8.70	8.33	7.56	7.10	5.82
TiO_2	19.44	18.36	17.28	15.12	12.96	20.18	19.12	17.96	15.92	13.59
ZrO_2	12.06	11.39	10.72	9.38	8.04	11.34	11.11	10.20	9.47	8.01
CeO_2	5.00	7.50	10.00	15.00	20.00	4.61	7.23	9.85	12.89	18.51
Nd_2O_3	5.00	7.50	10.00	15.00	20.00	5.65	7.67	11.43	15.91	20.64

注：*表示 B 元素无法使用 XRF 方法检测出来；表中数据指摩尔分数。

1. DSC 分析

将经过高温熔融的玻璃熔体倒在已预热好的石墨板上，冷却后得到玻璃样品用于 DSC 测试。掺杂不同含量 CeO_2 和 Nd_2O_3 的样品在 300~1100℃温度范围内的 DSC 曲线如图 4-18 所示。所有样品的 DSC 曲线形状都类似，分别在 470~480℃和 623~652℃处有两个吸热峰，对应于玻璃化转变温度 T_g，说明 CeO_2 和 Nd_2O_3 的掺量超出了该玻璃样品的包容量，该玻璃样品出现了分相，并且 T_g 随着 CeO_2 和 Nd_2O_3 含量的增加而增高，另外在 830~840℃处存在一个放热峰，对应于玻璃的晶化温度 T_c。玻璃的析晶能力能通过析晶峰的积分面积进行判断,析晶峰面积越大,说明玻璃的析晶能力越强。在本次分析中,采用 NETZSCH 软件对析晶峰的面积进行计算,其中以析晶峰的半高宽作为基线。总的来说,随着 CeO_2 和 Nd_2O_3 含量的增加,析晶峰的面积增大,说明 CeO_2 和 Nd_2O_3 的加入促进了基础玻璃的析晶。根据第 4 章中钙钛锆石-玻璃陶瓷固化体的制备过程,采用 680℃作为本次实验的核化温度,850℃作为晶化温度,对玻璃样品进行热处理,获得玻璃陶瓷固化体。

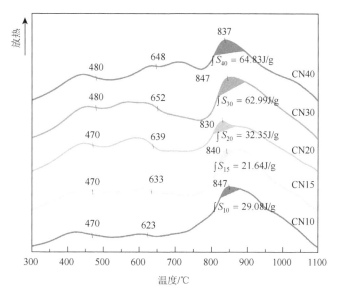

图 4-18　样品的 DSC 曲线

2. XPS 分析

所有样品的 XPS Ce3d 去卷积分峰图谱如图 4-19 所示。由图可见,所有样品的 XPS Ce3d 图谱均通过去卷积分峰处理分成 10 个峰(5 对),结果显示所有样品均含有 Ce^{3+} 和 Ce^{4+},说明在熔融制备过程中 CeO_2 中的部分 Ce^{4+} 被还原成 Ce^{3+},而且随着 CeO_2 和 Nd_2O_3 掺量的增加,样品中 Ce^{4+} 的占比增大(从 CN10 样品的 53%增加到 CN40 样品的 69%),而 916.6eV 处 Ce^{4+} 的特征峰变得愈加明显,说明 CeO_2 和 Nd_2O_3 的加入阻碍了 Ce^{4+} 的还原。

3. 物相和结构分析

所有样品的 XRD 图如图 4-20 所示。根据分析得知,对于 CN10 样品来说,XRD 衍射峰对应于钙钛锆石-2M 相(PDF *No*.84-0163),当 CeO_2 和 Nd_2O_3 的掺量增加到 15%和 20%时,$2\theta = 32°$ 处出现了一个新的衍射峰,而 $2\theta = 31°$ 处的衍射峰消失,预示着拥有四层结构的钙钛锆石-4M 相生成,而钙钛锆石-2M 相消失[8]。当 CeO_2 和 Nd_2O_3 的掺量增加到 30%时,在 $2\theta = 29°$ 处出现了一个新的衍射峰,用 Jade 6.0 软件分析,该晶相为钕铈锆氧化物 $Nd_2(Ce_{0.05}Zr_{0.95})_2O_7$ 相(PDF *No*.78-1620)。当 CeO_2 和 Nd_2O_3 的掺量增加到 40%时,主晶相为富含 Nd^{3+}的钙钛锆石相（PDF *No*.88-0415）和硅酸盐氧磷灰石相 Ca$_{2.2}$Nd$_{7.8}$Si$_6$O$_{25.9}$（PDF *No*.78-1128），说明随着 CeO$_2$ 和 Nd$_2$O$_3$ 含量从 10%增加到 40%，钙钛锆石-2M 相转变为钙钛锆石-4M 相，并且形成了硅酸盐氧磷灰石相。

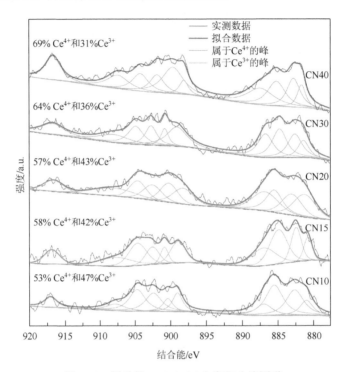

图 4-19　样品的 XPS Ce3d 去卷积分峰图谱

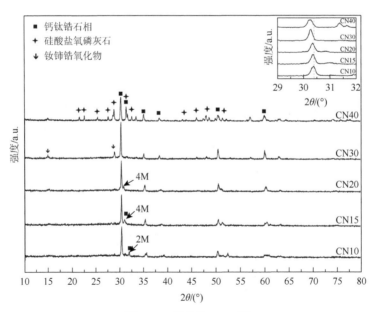

图 4-20　样品的 XRD 图

图 4-21 为掺杂不同含量 CeO_2 和 Nd_2O_3 玻璃陶瓷样品的 BSE 图。从图中可以看出，CN10 样品中存在大量的灰色盘状晶体，并且均匀地镶嵌在呈黑色背底的玻璃相中，晶粒尺寸大约为 100μm。当 CeO_2 和 Nd_2O_3 的掺量为 15%时，晶体的形状转变为方形，晶粒尺寸减小到 20μm，随着 CeO_2 和 Nd_2O_3 的掺量进一步增加到 20%，方形晶体的数量增多，晶粒尺寸减小到 12μm。对于 CN30 样品来说，可以观察到晶体发生了聚集现象，而且在玻璃相中的分布变得不均匀，当 CeO_2 和 Nd_2O_3 的掺量为 40%时，大量的方形和条状晶体被观察到，而且在这些晶粒上可以看到一些明显的微孔。

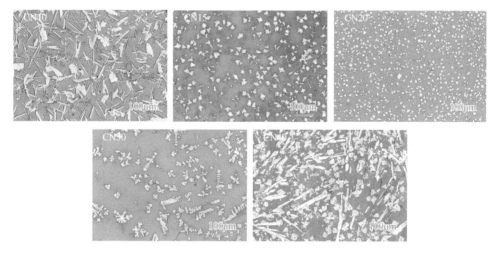

图 4-21　样品的 BSE 图

为了确定晶相的具体成分，对样品进行能谱分析，图 4-22 展示了样品的扫描图和相应的能谱图。结合 XRD 分析结果，可知盘状和方形晶体对应于钙钛锆石相（A 点、B 点、D 点、E 点和 F 点），而条状晶体对应于硅酸盐氧磷灰石相（G 点）。镶嵌在钙钛锆石相中的白色晶体为氧化锆晶体（C 点）。通过对所有样品能谱图的初步判断分析，可知 A~G 点粗略的表达式可以分别写为 $Ca_{0.78}Ce_{0.24}Nd_{0.24}Zr_{0.97}Al_{0.1}Ti_{2.2}O_7$、$Ca_{0.57}Ce_{0.35}Nd_{0.28}ZrAl_{0.2}Ti_{1.7}O_7$、$Zr_{0.9}Ce_{0.1}O_2$、$Ca_{0.45}Ce_{0.52}Nd_{0.44}Zr_{0.92}Al_{0.5}Ti_{1.5}O_7$、$Ca_{0.38}Ce_{0.54}Nd_{0.48}Zr_{0.83}Al_{0.2}Ti_{1.7}O_7$、$Ca_{0.57}Ce_{0.74}Nd_{0.5}Zr_{0.51}Al_{0.19}Ti_{2.1}O_7$、$Ca_2Ce_{1.4}Nd_{6.2}Al_{1.2}Ti_{0.05}Zr_{0.9}Si_{5.82}O_{26}$。对于 CN40 样品来说，样品中存在钙钛锆石相和硅酸盐氧磷灰石相两种晶相，而在晶粒上生成了一些微孔，这可能是在析晶过程中局部的晶体应力或某些物质的扩散所造成的。

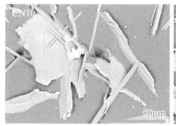

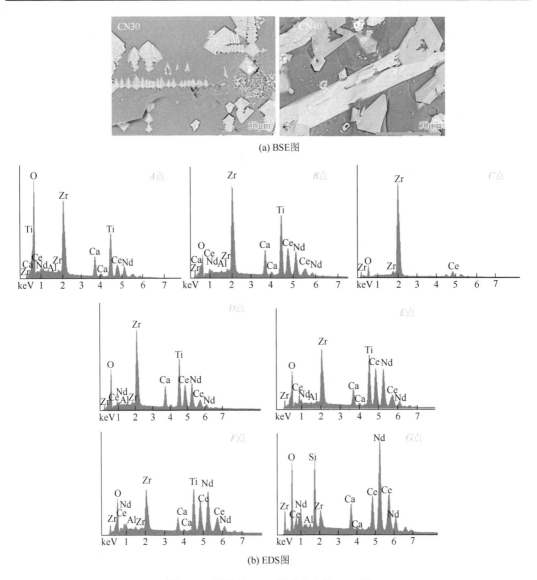

(a) BSE图

(b) EDS图

图 4-22　样品的 BSE 图及各点的 EDS 图

　　为了进一步确定在玻璃陶瓷固化体样品中所获得的晶相，进行拉曼测试并且在图 4-23 中展示玻璃陶瓷样品在 130～1200cm^{-1} 范围内经过归一化处理后的拉曼光谱图。主要的拉曼峰分别分布在 150cm^{-1}、189cm^{-1}、305cm^{-1}、404cm^{-1}、530cm^{-1}、599cm^{-1}、788cm^{-1}、861cm^{-1} 和 930cm^{-1} 处。根据相关文献和合理的分析，除了 CN40 样品外，其余样品的峰位置随着 CeO$_2$ 和 Nd$_2$O$_3$ 掺量的增加没有发生明显的变化，位于 150cm^{-1}、189cm^{-1}、305cm^{-1}、530cm^{-1} 和 788cm^{-1} 处的峰归属于钙钛锆石结构。其中 700cm^{-1} 波数以下的拉曼振动模式归属于[TiO$_6$]八面体以及[ZrO$_7$]和[CaO$_8$]多面体基团中的内部振动，788cm^{-1} 处的峰归因于[TiO$_6$]八面体的对称伸缩振动。值得注意的是，788cm^{-1} 处的峰比较宽，这是由于该峰同样归属于硼硅酸盐玻璃中二硼酸盐和硼氧环中拥有四配位硼的六元硼酸盐环。对于 CN40 样品来说，$404cm^{-1}$、$530cm^{-1}$、$861cm^{-1}$ 和 $930cm^{-1}$ 处的峰归属于 $[SiO_4]$ 内部振动模式，这是稀土元素硅酸盐氧磷灰石相的典型振动模式，其中 $404cm^{-1}$ 和 $530cm^{-1}$ 处的峰分别归属于 $[SiO_4]$ 基团的对称和不对称弯曲振动模式，$861cm^{-1}$ 处的主峰归因于 $[SiO_4]$ 基团的对称伸缩振动，$930cm^{-1}$ 处的峰归因于 $[SiO_4]$ 基团的不对称伸缩振动。

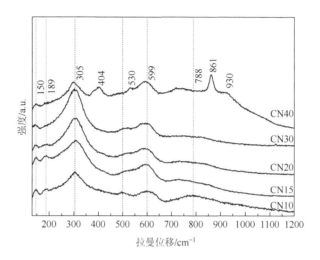

图 4-23　样品的拉曼光谱图

4. 密度和摩尔体积

图 4-24 为所有样品的密度和摩尔体积。由图 4-24 可知，随着 CeO_2 和 Nd_2O_3 掺量的增加，密度呈现线性增加趋势，从 CN10 样品的 $3.01g/cm^3$ 增加到 CN40 样品的 $3.67g/cm^3$，这是因为加入的铈和钕相较于玻璃组分（如硼、硅和钙）拥有更大的原子质量。然而样品的摩尔体积先从 CN10 样品的 $25.04cm^3/mol$ 减小到 CN15 样品的 $24.54cm^3/mol$，接着随 CeO_2 和 Nd_2O_3 的增加而增大。

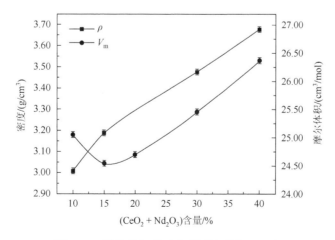

图 4-24　样品的密度（ρ）及摩尔体积（V_m）

5. 抗浸出性能

在本次实验中，采用 PCT 法来评估玻璃陶瓷固化体的化学稳定性，首先通过测试浸出液中 Ca、Si、Ce 和 Nd 元素的浓度，计算出对应元素的归一化浸出率，用于评估玻璃陶瓷固化体的化学稳定性。图 4-25（a）展示了根据 PCT 法将样品在 90℃的去离子水中浸泡 28 天后 Ca、Si 和 Nd 元素的归一化浸出率（LR）。由于所有样品中 Ce 元素在浸出液中的浓度均低于电感耦合等离子体质谱仪（ICP-MS）的检出限，所以在图中没有进行分析。可以观察到，所有样品的浸出率都在 10^{-4}g/(m²·d)数量级，LR_{Ca} 和 LR_{Si} 呈现先随 CeO_2 和 Nd_2O_3 掺量的增加而增大（CN15 样品），然后再减小的趋势，CN20 样品的 LR_{Nd} 最大，根据浸泡后粉末样品的 BSE 图（图 4-26），样品在经过 28 天的 PCT 浸泡实验后并没有出现被腐蚀的迹象。

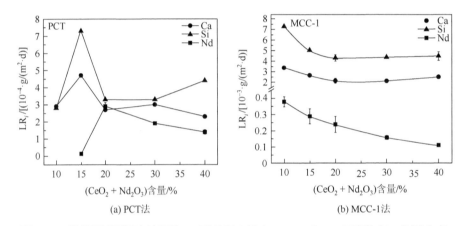

图 4-25　样品通过不同方法浸泡 28 天后浸出液中 Ca、Si 和 Nd 元素的归一化浸出率

图 4-26　样品在 90℃去离子水中浸泡 28 天的 BSE 图

尽管 PCT 法是评估固化体化学稳定性的一种重要方法，但它却不适用于含晶粒粒径为 100μm 晶体的玻璃陶瓷固化体（因为用于实验的粉末样品的粒径为 75～150μm）。因此为了得到更准确的实验结果，同时采用 MCC-1 法来评估固化体的化学稳定性。MCC-1 法同 PCT 法一样，也基于样品的几何表面积来直接揭示固化体的玻璃结构、相应晶相和固化核素化学稳定性。图 4-25（b）展示了根据 MCC-1 法将样品在 90℃的去离子水中浸泡 28 天后 Ca、Si 和 Nd 元素的归一化浸出率。由图可以观察到，所有样品的归一化浸出率随着 CeO_2 和 Nd_2O_3 掺量的增加而减小，Nd 元素的浸出率比 Ca 和 Si 元素的浸出率小一个数量级，浸出液中 Ce 元素的浓度同样在 ICP-MS 仪器的检出限以下，说明玻璃陶瓷固化体在浸泡 28 天后有很低的 LR_{Ce}。总的来说，所制备的玻璃陶瓷固化体拥有较好的化学稳定性，而硅酸盐氧磷灰石相的形成对最终获得的钙钛锆石-玻璃陶瓷固化体并没有显著影响。

6. CeO_2 和 Nd_2O_3 对钙钛锆石-硼硅酸盐玻璃陶瓷固化体结构和性能的影响

根据 XRD 结果以及 EDS 和拉曼光谱可以确定在该玻璃陶瓷体系中主晶相为钙钛锆石相，当 CeO_2 和 Nd_2O_3 的掺量为 40%时，硅酸盐氧磷灰石相形成。影响晶相形成的因素有很多，如化学成分、物理性质、热力学和动力学因素等[9]。从化学组成方面考虑，在本组分中，加入的 Ce^{3+}、Ce^{4+} 和 Nd^{3+} 的离子场强均强于传统的玻璃网络修饰体（如碱金属或碱土金属阳离子），而较强的场强可以使玻璃网络结构中的非桥氧键增多，并有很强的趋势促进玻璃-玻璃相的分离和析晶，该结论在本实验的 DSC 结果中也得到证实。在本实验中，玻璃原料中晶核剂 TiO_2 和 ZrO_2 的加入促进了钙钛锆石相的形成，而 Ce 和 Nd 的加入进一步促进了玻璃陶瓷的析晶，从而导致 Zr 与 Ti 被耗尽，最后形成硅酸盐氧磷灰石相、钙钛锆石相和硅酸盐氧磷灰石相遵循以下化学表达式。

$$CaO + ZrO_2 + 2TiO_2 \longrightarrow CaZrTi_2O_7 \qquad (4\text{-}3)$$

$$2CaO + 4Nd_2O_3 + 6SiO_2 \longrightarrow Ca_2Nd_8(SiO_4)_6O_2 \qquad (4\text{-}4)$$

从热力学的角度考虑，析晶驱动力的关键参数是过冷液相与晶态之间的自由能变化值，这取决于熔融热、玻璃和晶相的热容。根据文献可以计算出在 298.15K 温度下，形成钙钛锆石相的标准吉布斯自由能为–92kJ/mol[10]，而形成硅酸盐氧磷灰石相的标准吉布斯自由能为–37kJ/mol[11]，说明在假设数据不随温度变化的条件下（因为缺乏高温条件下的数据），理论上钙钛锆石相和硅酸盐氧磷灰石相的形成在热力学上是可行的。根据两相形成的吉布斯自由能，可知形成钙钛锆石相的驱动力强于形成硅酸盐氧磷灰石相的驱动力，因此在该玻璃陶瓷固化体中首先形成钙钛锆石相，随后生成硅酸盐氧磷灰石相，这与实验结果相符。

值得注意的是，当 CeO_2 和 Nd_2O_3 的掺量为 15%时，玻璃陶瓷样品中的主晶相从钙钛锆石-2M 相转变为钙钛锆石-4M 相，根据 Meng 等[12]的研究，在组成为 $Ca_{1-x}Zr_{1-x}Ce_xTiO_7$（$0 \leqslant x \leqslant 0.4$）的陶瓷中也发生了相似的相转变。根据样品的 BSE 图，可以观察到晶相的晶粒尺寸随着 CeO_2 和 Nd_2O_3 掺量的增加而减小，这是因为 Ce—O 键的键能（795kJ/mol）和 Nd—O 键的键能（703kJ/mol）高于 Ca—O 键的键能（464kJ/mol），因此当铈和钕取代钙来完成析晶和晶体生长时，需要更多的能量。根据文献[13]，当硼硅酸盐玻璃中镧系元素的含量较高时，在玻璃陶瓷的冷却过程中通常会形成镧系元素富集的晶相，如硅酸盐氧磷灰石相 $Ca_2Ln_8(SiO_4)_6O_2$，这与实验中获得的 CN40 样品的情况相符。

通常认为钙钛锆石相是一种用于高放核废料固化的性能优异的材料，因为锕系和镧系离子能通过类质同象取代其结构中的 Ca 位和 Zr 位，而不引起结构的改变。理想的钙钛锆石（$CaZrTi_2O_7$）属于单斜晶系，是有缺阴离子的氟石超结构，空间群为 $C2/c$，结构中的 Ca^{2+} 和 Zr^{4+} 分别以八配位和七配位方式有序排列，它们只拥有一种位置，所以称为 Ca(1) 和 Zr(1)；而 Ti^{4+} 存在三种不同的配位，Ti(1) 为六配位八面体，Ti(2) 为五配位三角双锥体，而 Ti(3) 是体积较小的六配位八面体；O^{2-} 占据七个不同的位置，标记为 O(1)～O(7)。钙钛锆石结构是由共边的 $[TiO_6]$ 和 $[TiO_5]$ 多面体以三元或六元连接成连续的层及 $[CaO_8]$ 和 $[ZrO_7]$ 形成的平面层沿 c 轴交替叠加而成。组成和外来掺杂元素的不同会导致原子堆积方式不同，从而形成对称性不同的空间点阵，其中最常见的是交替层为双层的单斜型 $CaZrTi_2O_7$-2M，交替层位四层循环出现的多面体结构称为 $CaZrTi_2O_7$-4M。由于 2M 型和 4M 型中阳离子的基本排列方式相似，因此它们拥有几乎相同的 XRD 图。由于这两种多面体结构存在差异，4M 型晶体相较于 2M 型能包容更多的稀土离子。在本实验中，由 XRD 结果可以发现，随着 CeO_2 和 Nd_2O_3 掺量的增加，所有峰都向低 2θ 角度方向偏移，这可能是因为 Ce^{4+} 和 Nd^{3+} 对 Ca^{2+} 的取代导致晶格参数增大，这在 EDS 结果中得到证实。

当 CeO_2 和 Nd_2O_3 的掺量为 40% 时，在玻璃陶瓷样品中形成硅酸盐氧磷灰石相。硅酸盐氧磷灰石的特殊结构使其能容纳多种元素，特别是难溶于硼硅酸盐玻璃的 Nd 元素。因此，在本实验中，形成的硅酸盐氧磷灰石相提高了最终获得的玻璃陶瓷固化体的性能。在 MCC-1 实验中可以观察到 CN40 样品中 Si 和 Ca 的归一化浸出率略微增大，这可能是由于在钙钛锆石晶体和硅酸盐氧磷灰石晶体中形成了微孔（图 4-21），而所有样品中所测元素的归一化浸出率的高低顺序为 $LR_{Ca} > LR_{Nd} > LR_{Ce}$，这是因为金属-氧键断裂的相对速率会按一价离子（$Na^+$）＞二价离子（$Ca^{2+}$）＞三价离子（$Nd^{3+}$）＞四价离子（$Ce^{4+}$）的顺序显著降低。此外，稀土元素对玻璃陶瓷固化体抗浸出性的影响主要从密度和阳离子场强两方面来进行解释：密度和阳离子场强越高，固化体的抗浸出性越好。总体而言，随着 CeO_2 和 Nd_2O_3 掺量的增加，高场强的 Ce 和 Nd 离子取代了场强相对较低的 Ca 离子，而玻璃陶瓷固化体的密度增大，因此元素的归一化浸出率降低，抗浸出性能增强。当 MCC-1 实验进行 28 天后，样品中 Si 和 Ca 元素的归一化浸出率分别为 0.12～0.21g/m² 和 0.06～0.09g/m²，低于 PNL76-68 硼硅酸盐玻璃（Si 和 Ca 元素的浸出率分别为 36.1g/m² 和 0.32g/m²），所有样品均具有良好的化学稳定性，而玻璃陶瓷固化体中钙钛锆石相和硅酸盐氧磷灰石相的共存对化学稳定性没有产生明显的影响。

4.2　烧绿石-硼硅酸盐玻璃陶瓷固化材料

4.2.1　烧绿石-硼硅酸盐玻璃陶瓷固化体的配方

利用一步法合成烧绿石相玻璃陶瓷的工艺条件要求极高，主要包括原料的纯度、均匀性，熔融或者烧结的高温、高压、较长保温时间，以及特殊的惰性气体保护或还原性气氛等。还原性气氛在一步法合成烧绿石相硼硅酸盐玻璃陶瓷过程中影响巨大，应选择合适的还原性气氛或物料。氢气作为还原性气体的成本高、危险性大，所以氢气不适合用作实验的还原性气体。硼氢化物也常用作还原剂，但硼氢化物也存在与氢气类似的问题，而且这类化合物低温下就会分解，不能参与较高温度条件下晶体的成核和生长。为获得综合性能优异的烧绿石相硼硅酸盐玻璃陶瓷固化体配方，研究选用 Si、Na、B、Ca、Nb 和 Ln（Ln = Nd, Gd）等元素的盐或氧（氟）化物和模拟核素的盐或氧化物为原料，按一定的配比将均匀混合的原料放入氧化铝坩埚中，并以一定的升温速率升温到熔融温度后保温一定的时间，随后随炉自然冷却，最后获得玻璃陶瓷固化体。此工艺简单易行，对设备条件要求较低，且能获得形貌良好的玻璃陶瓷，但冷却速率受设备工况的影响较大，冷却速率曲线如图 4-27 所示。

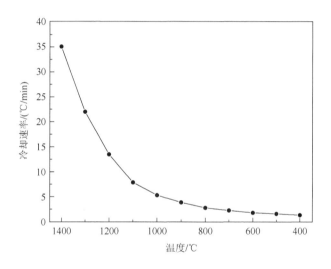

图 4-27　样品的随炉自然冷却速率曲线

　　本节主要研究在随炉冷却工艺下不同原料配方对烧绿石相硼硅酸盐玻璃陶瓷固化体结构和性能的影响。为了找到简单且适应高放核废料成分的固化体配方，研究中有针对性地采用成分及其比例不同的原料进行实验，并对样品的结构和形貌进行测试和分析[14]。

1. 配方的设计

　　实验通过改变原料的成分及其比例获得不同的配方。将原料均匀混合后放入陶瓷坩埚，再将陶瓷坩埚放入高温炉，然后以 5℃/min 的升温速率升温到不同的熔融温度（1300℃或 1400℃），随后在不同熔融温度下保温 2h，最后随炉自然冷却获得固化体样品。从大量的实验中获得如下 7 组具有代表性的原料配方，见表 4-7。其中 P1 和 P2 样品均在 1400℃下保温 2h，其余样品均在 1300℃下保温。

表 4-7　7 组样品的化学组成（%）

样品	SiO$_2$	B$_2$O$_3$	Na$_2$O	CaF	TiO$_2$	Nd$_2$O$_3$	ZrO$_2$	Gd$_2$O$_3$	Nb$_2$O$_5$	Y$_2$O$_3$
P1	26.6	1.0	27.5	0	0	9.4	20.5	15.0	0	0
P2	22.6	4.6	23.4	0	20.5	0	0	0	0	28.9
P3	28.9	3.2	10.1	9.8	0	0	14.3	10.5	23.2	0
P4	21.2	3.5	21.9	8.1	0	17.6	0	0	27.7	0
P5	21.3	3.0	22.0	8.8	0	15.0	0	0	29.9	0
P6	22.8	3.6	23.5	9.3	4.8	20.1	0	0	15.9	0
P7	20.2	3.5	20.9	7.8	4.0	16.9	0	0	26.7	0

注：表中数据指质量分数。

2. 物相和结构分析

首先对 7 组样品的实物图进行分析，如图 4-28 所示。其中 P1、P4 和 P5 样品出现了非常明显的不混溶现象，P2 和 P7 样品略不混溶，P3 样品基本完全混溶。P6 样品几乎呈紫色透明状，推测样品中可能存在各向同性的玻璃相而未形成晶相。从 7 组样品的随炉冷却图（图 4-28）中可以看出，即使熔融温度相同，不同的固化体配方对获得的样品的晶相种类、组成及含量都有巨大的影响。进一步对 7 组样品进行 XRD 测试和分析，所有样品的 XRD 图如图 4-29 所示。通过对 XRD 图的分析，可知 P1 样品中的晶相为 Nd$_{0.2}$Zr$_{0.8}$O$_{1.9}$（PDF No.28-0678）；P2 样品中的晶相为 Y$_2$Ti$_2$O$_7$（PDF No.42-0413）；P3 样品中的主要晶相为 Ca$_2$Nb$_2$O$_7$（PDF No.23-0122）和 Ca$_{0.15}$Zr$_{0.85}$O$_{1.85}$（PDF No.26-0341），并存在少量的 CaAl$_2$O$_4$（PDF No.53-0191）；P4 样品和 P5 样品中的主要晶相为 NaNbO$_3$（PDF No.33-1270），并存在少量的 Ca$_{2.2}$Nd$_{7.8}$(SiO$_4$)$_6$O$_{1.9}$（PDF No.28-0228）；P6 样品中不存在晶相，这也进一步证明了根据 P6 样品实物图作出的分析推测。前面 6 组样品均未获得烧绿石相玻璃陶瓷，说明在随炉冷却工艺条件下获得烧绿石相对固化体的配方有着极高的要求。P7 样品中存在的晶相为(Ca, Na)$_2$(Nb, Ti)$_2$O$_6$F（PDF No.17-077）和 CaNdNb$_2$O$_7$

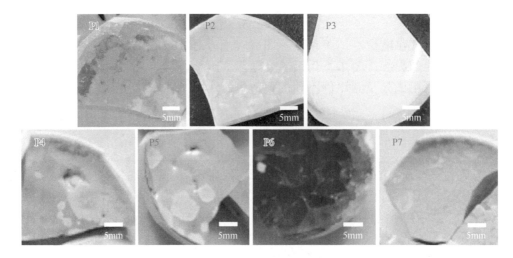

图 4-28　7 组样品的随炉冷却图

（PDF *No*.44-037），分析发现晶相$(Ca, Na)_2(Nb, Ti)_2O_6F$ 的峰强与 $CaNdNb_2O_7$ 几乎相同，同时两者的衍射峰出现的位置也几乎相同。另外在 $2\theta = 37.71°$ 和 $2\theta = 45.33°$ 处出现了有序烧绿石的衍射峰，对应的晶面分别为(331)晶面和(511)晶面。上述分析说明 P7 样品中存在烧绿石相$(Ca, Na)_2(Nb, Ti)_2O_6F$ 和 $CaNdNb_2O_7$。

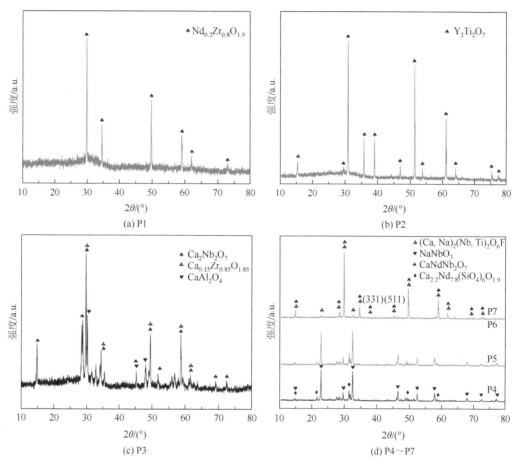

图 4-29　7 组样品的 XRD 图

通过查找相关文献并结合实验结果可以看出，利用随炉冷却工艺来合成烧绿石相硼硅酸盐玻璃陶瓷时，其难易程度为：铌酸盐＜钛酸盐＜锆酸盐[15]。当设计的玻璃相与陶瓷相原料组分达到一定的比例时，形成钛酸盐和锆酸盐烧绿石往往比形成铌酸盐烧绿石需要更高的熔融温度，而且更不易获得目标晶相。

3. 抗浸出性能

研究采用 PCT 法对 P7 样品进行化学稳定性测试，P7 样品浸出液中各元素的浸出浓度见表 4-8。实验依据放射性废物固化体浸出实验的相关要求进行，通过对样品浸出液中各元素浸出浓度数据的分析和处理，获得 P7 样品中各元素的归一化浸出率，如图 4-30所示。从图中可以看出，样品中 Na、Si、Ca、Nb、Ti、Nd 六种元素的归一化浸出率具有相似的变化规律，即第 1 天时元素的归一化浸出率较高，1～7 天的归一化浸出率迅速降低，7～14 天的归一化浸出率下降幅度减小，14 天以后趋于稳定并达到平衡，浸泡 28 天后 Na 的归一化浸出率最高，约为 $0.06\text{g}/(\text{m}^2\cdot\text{d})$，Nb 最低，约为 $8.25\times10^{-4}\text{g}/(\text{m}^2\cdot\text{d})$。样品主要元素的归一化浸出率与典型的硼硅酸盐玻璃相近，说明样品的化学稳定性良好。

表 4-8　P7 样品浸出液中各元素的浸出浓度　　　　　　（单位：g/m^3）

测试元素	1 天	3 天	7 天	14 天	28 天
Na	71.826	35.152	54.384	56.159	64.521
Si	44.261	20.084	29.784	29.330	29.135
Ca	0.747	1.085	0.367	0.201	0.263
Nb	0.214	0.085	0.157	0.228	0.485
Ti	0.043	0.023	0.051	0.085	0.183
Nd	1.331	0.134	0.332	0.564	1.272

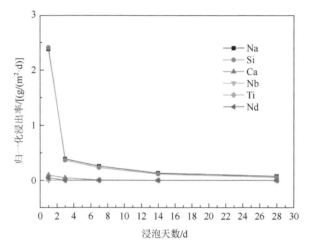

图 4-30　P7 样品中各元素的归一化浸出率

4. DSC 分析

P7 样品的 DSC 曲线如图 4-31 所示，通过分析发现该样品的玻璃化转变温度 T_g 为 $(572\pm2)℃$，开始析晶温度 T_r 为 $(752\pm2)℃$，最高析晶温度 T_p 为 $(808\pm2)℃$。根据 Hrubý 的理论，开始析晶温度与玻璃化转变温度的差值（T_r-T_g）越大，说明玻璃的热稳定性和形成性越好，而 P7 样品的 DSC 分析结果表明其玻璃的热稳定性和形成性一般。综上所述，需要进一步调整配方和工艺以获得结构和性能更优的固化体样品。

在 P7 样品 DSC 分析结果的基础上，进一步的实验在保持样品处理条件和组分稳定的前提下将原来盛装原料的陶瓷坩埚换成热稳定性更好的刚玉坩埚并减少不必要的杂质，同时考虑到陶瓷坩埚中的主要成分 SiO_2、Al_2O_3 会被带入 P7 样品中，所以对用于工艺探索的固化体配方进行微小的调整并确定最终的配方，即表 4-9 中烧绿石相硼硅酸盐玻璃陶瓷的组成。

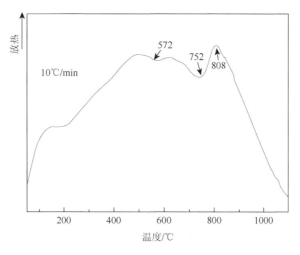

图 4-31　P7 样品的 DSC 曲线

表 4-9　烧绿石相硼硅酸盐玻璃陶瓷的组成（%）

SiO₂	Na₂O	B₂O₃	CaF₂	Nb₂O₅	TiO₂	Nd₂O₃	Al₂O₃
22.74	18.37	6.63	8.16	21.75	4.72	13.77	3.86

注：表中数据指质量分数。

4.2.2　烧绿石-硼硅酸盐玻璃陶瓷固化体的制备

要想获得结构稳定和性能优异的烧绿石相硼硅酸盐玻璃陶瓷样品，找到合适的制备工艺参数尤为重要。本节主要研究不同的初始冷却温度、冷却速率等工艺参数对烧绿石相玻璃陶瓷固化体结构与性能的影响，获得具有不同结构和化学稳定性的样品，同时对样品的稳定性进行综合评价，获得最佳的制备工艺参数[16]。玻璃陶瓷的制备工艺图如图 4-32 所示。

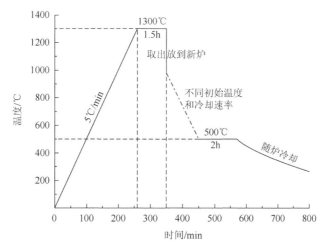

图 4-32　硼硅酸盐玻璃陶瓷的制备工艺图

将球磨混合均匀的原料放入氧化铝坩埚中并将坩埚移入高温炉,以 5℃/min 的升温速率加热至 1300℃,并在此熔融温度下保温 1.5h,再将熔体迅速转移到具有不同初始温度 (1100℃、1050℃、1000℃或 900℃)的新的高温炉中,然后以 5℃/min、7.5℃/min、10℃/min 或 15℃/min 的冷却速率冷却至退火温度 500℃,在退火温度下保温 2h 以消除玻璃陶瓷内应力,最后随炉自然冷却至室温获得样品。制备工艺参数见表 4-10。

表 4-10　硼硅酸盐玻璃陶瓷的制备工艺参数

样品①	升温速率 /(℃/min)	熔融温度/℃	保温时间/h	初始冷却温度/℃	冷却速率 /(℃/min)	退火温度/℃	退火时间/h
P-900-7.5	5	1300	1.5	900	7.5	500	2
P-1000-7.5	5	1300	1.5	1000	7.5	500	2
P-1100-7.5	5	1300	1.5	1100	7.5	500	2
P-CIF	5	1300	1.5	随炉自然冷却	—	—	—
P-1000-5	5	1300	1.5	1000	5	500	2
P-1000-10	5	1300	1.5	1000	10	500	2
P-1000-15	5	1300	1.5	1000	15	500	2
P-1050-5	5	1300	1.5	1050	5	500	2
P-1050-10	5	1300	1.5	1050	10	500	2
P-1050-15	5	1300	1.5	1050	15	500	2

注:①表示通过初始冷却温度和冷却速率对样品进行标识,如 P-900-7.5 表示样品的初始冷却温度为 900℃,冷却速率为 7.5℃/min,P-CIF 表示随炉自然冷却得到的样品。

1. 不同初始冷却温度的影响

首先讨论不同初始冷却温度对玻璃陶瓷的影响,P-900-7.5、P-1000-7.5、P-1100-7.5 和 P-CIF 样品的 SEM 图如图 4-33 所示。研究结果表明 P-1100-7.5 和 P-CIF 样品均含有枝状和块状晶相,P-900-7.5 和 P-1000-7.5 样品只含有枝状晶相,枝晶尺寸为 2~30μm,块晶尺寸为 10~60μm。一般来说,随着初始冷却温度的升高,晶粒尺寸逐渐增大。此外,通过样品的 SEM 图也可以看出样品中枝晶的生长是连续和规则的,而块晶的生长是无序的。根据相关文献可知,如果玻璃熔体明显过冷,则会出现纤维状结晶,通常称为枝晶,反之玻璃陶瓷中通常会出现块晶,初始冷却温度越低,枝晶的生长会越明显。

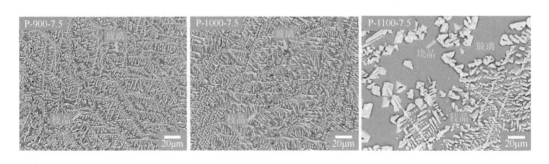

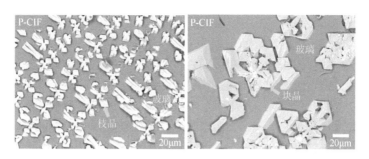

图 4-33　样品的 SEM 图

　　样品的晶粒粒径随初始冷却温度的不同而变化，表明结晶时通常会发生均匀成核现象，根据均匀成核理论[17, 18]可知样品的初始冷却温度越高，样品的初始冷却速率就越低，样品的晶粒尺寸也就越大，因此各样品的晶粒尺寸为 P-CIF＞P-1100-7.5＞P-1000-7.5＞P-900-7.5。此外原料组分中的 TiO_2 和 F 是良好的成核剂，成核剂总是聚集在玻璃熔体的特定微相中，初始成核温度越高，特定微相发生变化越容易。因此 P-CIF 和 P-1100-7.5 样品中普遍出现无序生长的块晶，而 P-1000-7.5 和 P-900-7.5 样品中则出现连续规则生长的枝晶。

　　图 4-34 为 P-900-7.5、P-1000-7.5、P-1100-7.5 和 P-CIF 样品的 XRD 图。根据标准 PDF 卡片，可知烧绿石 $(Ca, Na)_2(Nb, Ti)_2O_6F$（PDF No.17-077）和铌酸钙钕 $CaNdNb_2O_7$（PDF No.44-037）是样品的晶相，晶相 $(Ca, Na)_2(Nb, Ti)_2O_6F$ 的峰强与 $CaNdNb_2O_7$ 几乎相同。$(Ca, Na)_2(Nb, Ti)_2O_6F$ 的衍射峰位于 $2\theta = 14.64°$、$2\theta = 28.36°$、$2\theta = 29.75°$、$2\theta = 34.40°$、$2\theta = 45.33°$、$2\theta = 49.46°$、$2\theta = 58.94°$、$2\theta = 61.83°$ 和 $2\theta = 72.77°$ 处，$CaNdNb_2O_7$ 的衍射峰位于 $2\theta = 14.64°$、$2\theta = 28.36°$、$2\theta = 29.75°$、$2\theta = 34.40°$、$2\theta = 37.71°$、$2\theta = 45.33°$、$2\theta = 49.46°$、$2\theta = 58.94°$、$2\theta = 61.83°$ 和 $2\theta = 72.77°$ 处。$2\theta = 36°\sim48°$ 范围内的衍射峰被放大（图 4-34 的右侧），放大结果表明 $(Ca, Na)_2(Nb, Ti)_2O_6F$ 和 $CaNdNb_2O_7$ 的衍射峰出现的位置几乎相同。

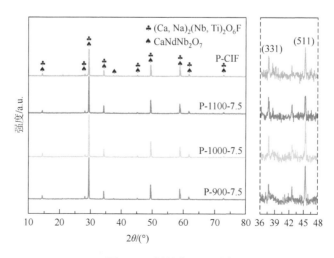

图 4-34　样品的 XRD 图

　　为了获得准确的物相信息，采用扫描电镜-能谱仪（SEM-EDS）研究同时含有枝晶和块晶的 P-1100-7.5 和 P-CIF 样品的晶相组成，图 4-35 展示了样品相应的 SEM 图和 EDS 数据，EDS 数据是从 SEM 图选定的晶相区域（用数字 1、2、3 等标注）或玻璃相区域中获取，晶相的元素质量分数是选定区域 EDS 数据的平均值。研究结果表明所有样品中只含有一种晶相，虽然 P-1100-7.5 和 P-CIF 样品中都出现了枝晶和块晶，但两种晶相的元素含量几乎没有差别，表明本研究中枝晶和块晶只受到初始冷却温度的影响。枝晶和块晶的成分包括 Nd、Ca、Na、Nb、Ti、O 和 F 元素，Nd、Ca、Na、Nb、Ti、O、F 的平均物质的量比约为 4：3：3：10：2：22：2，结合样品的 XRD 分析结果可知所有样品的晶相均属于烧绿石 $(Ca, Na)(Nb, Ti)_2Nd_{0.67}O_6F$，该晶相是由 $CaNdNb_2O_7$ 中的 Nd^{3+} 取代 $(Ca, Na)_2(Nb, Ti)_2O_6F$ 而形成的，$(Ca, Na)_2(Nb, Ti)_2O_6F$ 结构中的 Ca^{2+} 和 Ti^{4+} 位点可被 2 个 Nd^{3+} 占据，Ca^{2+} 可以

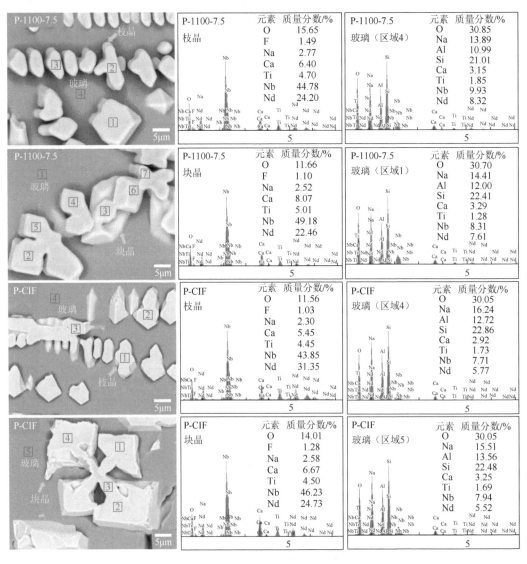

图 4-35　样品的 SEM 图和 EDS 数据

被 Nd^{3+} 取代而 Na^{+} 作为电荷补偿，Ti^{4+} 可以被 Nd^{3+} 取代并伴随着氧空位的形成。此外，P-1100-7.5 和 P-CIF 样品的玻璃相元素组成差别不大，玻璃相成分包括 Na、Al、Si、Ca、Ti、Nb、Nd 和 O 元素，Na、Al、Si、Ca、Ti、Nb、Nd、O 的平均物质的量比约为 25：30：55：5：2：6：3：125。研究结果表明 Nd 在玻璃相中的物质的量比约为 1.2%，在烧绿石中约为 8.7%，而设计的晶相与玻璃相的元素物质的量比约为 58：42，表明 Nd 主要存在于晶相中。

P-900-7.5、P-1000-7.5、P-1100-7.5 和 P-CIF 样品晶相的相对含量可以通过 X 射线衍射峰强度进行比较。如表 4-11 所示，通过对衍射峰峰高和衍射峰面积的分析，可以得知不同初始冷却温度对结晶的影响程度，样品的 XRD 图中最高峰峰高（$2\theta = 29.75°$）和峰面积（$2\theta = 10°\sim65°$）表现为 P-1000-7.5＞P-900-7.5＞P-1100-7.5＞P-CIF，表明最佳初始冷却温度可能为 1000℃ 左右。

表 4-11　P-900-7.5、P-1000-7.5、P-1100-7.5 和 P-CIF 样品的衍射峰峰高和峰面积

项目	P-900-7.5	P-1000-7.5	P-1100-7.5	P-CIF
峰高（$2\theta = 29.75°$）	3026	3091	2707	1940
峰面积（$2\theta = 10°\sim65°$）	61892	63157	55009	45510

2. 不同冷却速率的影响

通过分析不同初始冷却温度对样品的影响，发现最佳初始冷却温度为 1000℃，而在 1000～1100℃ 的初始冷却温度范围内，烧绿石晶相形貌变化较大，因此在后续实验中将熔体迅速转移到 1000℃ 或 1050℃ 的新炉中，然后冷却至退火温度 500℃，冷却速率为 5℃/min、10℃/min 或 15℃/min，得到 P-1000-5、P-1000-10、P-1000-15、P-1050-5、P-1050-10 和 P-1050-15 样品，这些样品的 XRD 图如图 4-36 所示。

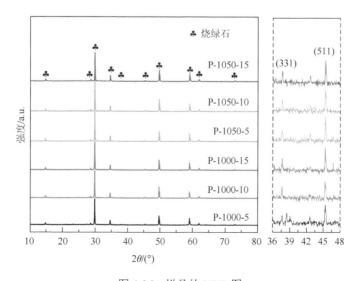

图 4-36　样品的 XRD 图

从 XRD 图中可以观察到烧绿石的三个强衍射峰出现在 $2\theta=29.75°$、$2\theta=34.40°$ 和 $2\theta=49.46°$ 位置处，此外在 $2\theta=14.64°$、$2\theta=28.36°$、$2\theta=37.71°$ 和 $2\theta=45.33°$ 处出现有序烧绿石的衍射峰，对应的晶面分别为(111)晶面、(311)晶面、(331)晶面和(511)晶面。在 $2\theta=36°\sim48°$ 范围内衍射峰被放大（图 4-36 的右侧），所有样品的衍射峰几乎都出现在相同位置，表明所有样品的晶相都属于有序烧绿石。

图 4-37 为 P-1000-5、P-1000-10、P-1000-15、P-1050-5、P-1050-10 和 P-1050-15 样品的 SEM 图，SEM 图显示所有样品均只含有枝晶状烧绿石晶相。P-1000-5、P-1000-10 和 P-1000-15 样品的晶粒尺寸分别为 $2.5\sim9.0\mu m$、$2.0\sim8.5\mu m$ 和 $1.0\sim8.0\mu m$，P-1050-5、P-1050-10 和 P-1050-15 样品的晶粒尺寸分别为 $2.0\sim8.0\mu m$、$1.5\sim7.5\mu m$ 和 $1.2\sim7.5\mu m$，说明冷却速率对晶粒尺寸有显著影响，通常冷却速率越低会导致形成的烧绿石晶相晶粒尺寸越大。而在 P-1050-10 样品中晶粒尺寸的变化最小，说明相应的制备工艺有利于枝晶均匀生长。P-1050-10 样品的制备工艺可能是以烧绿石为晶相合成硼硅酸盐玻璃陶瓷的最佳工艺。

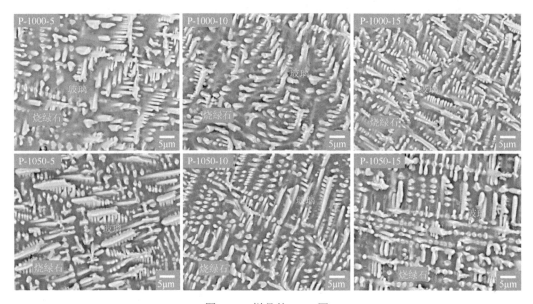

图 4-37　样品的 SEM 图

图 4-38 展示了 P-1050-5、P-1050-10 和 P-1050-15 样品的 SEM 图和 EDS 数据，EDS 数据是从 SEM 图选定的晶相区域（用数字 1、2、3 等标注）中获取，晶相的元素质量分数是选定区域 EDS 数据的平均值，虽然这些晶相是在不同的冷却速率下获得的，但 P-1050-5、P-1050-10 和 P-1050-15 样品以及 P-1100-7.5 和 P-CIF 样品之间的元素组成差异不大，XRD 分析结果也表明不同冷却速率和初始冷却温度对样品的晶相成分影响不大，进一步表明这些晶相属于烧绿石 $(Ca, Na)(Nb, Ti)_2Nd_{0.67}O_6F$。

3. 固化体结晶度和抗浸出性能

采用 Jade 6.5 软件对所有样品的结晶度进行分析，结果见表 4-12。通过比较 P-900-7.5、P-1000-7.5、P-1100-7.5 和 P-CIF 样品的结晶度，可以看出 P-1000-7.5 样品的结晶度最高，表明初始冷却温度对样品的结晶度会有一定的影响。P-1050-10 样品的结晶度高于 P-1000-5、P-1000-10、P-1000-15、P-1050-5 和 P-1050-15 样品，表明采用 1050℃的初始冷却温度和 10℃/min 的冷却速率制备的样品具有最高的结晶度，也进一步证明 P-1050-10 样品的制备工艺参数可能为最佳制备工艺参数。

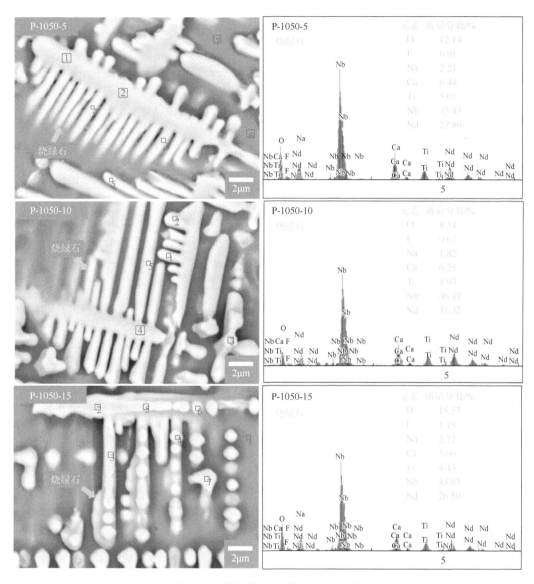

图 4-38　样品的 SEM 图和 EDS 数据

表 4-12　不同制备工艺参数下样品的结晶度及其主要影响因素

样品	结晶度（误差值）/%	非晶相 2θ/(°)	非晶相半峰宽/(°)	拟合残差/%
P-900-7.5	53.51（1.68）	24.815	43.318	9.37
P-1000-7.5	58.58（2.19）	26.855	45.439	8.99

样品	结晶度（误差值）/%	非晶相 2θ/(°)	非晶相半峰宽/(°)	拟合残差/%
P-1100-7.5	53.38（1.79）	26.055	46.527	9.18
P-CIF	50.93（2.28）	26.534	45.503	9.79
P-1000-5	57.11（2.50）	25.974	46.261	8.46
P-1000-10	58.09（2.05）	24.960	45.022	9.47
P-1000-15	56.33（1.86）	25.140	45.356	8.89
P-1050-5	54.75（2.04）	24.782	44.860	9.00
P-1050-10	58.84（1.98）	24.865	43.349	8.94
P-1050-15	55.43（2.08）	25.131	45.593	8.88

采用 PCT 产品一致性实验测定样品的抗浸出性能，样品中各元素的归一化浸出率如图 4-39 所示，所有样品的元素归一化浸出率在刚开始时随浸泡时间的增加而急剧下降，随后下降速率逐渐减慢。Na、B、Si、Al、Nd、Ti 和 Nb 元素 28 天归一化浸出率的变化范围分别为 $5.8\times10^{-3}\sim9.9\times10^{-3}$g/(m²·d)、$2.6\times10^{-4}\sim3.7\times10^{-4}$g/(m²·d)、$2.1\times10^{-3}\sim4.8\times10^{-3}$g/(m²·d)、$1.0\times10^{-2}\sim2.5\times10^{-2}$g/(m²·d)、$3.0\times10^{-5}\sim1.8\times10^{-4}$g/(m²·d)、$4.8\times10^{-5}\sim3.8\times10^{-4}$g/(m²·d) 和 $5.5\times10^{-6}\sim5.0\times10^{-5}$g/(m²·d)，样品浸出率出现较大变化表明制备工艺参数对其化学稳定性有很大影响。从图 4-39 中可以看出 Na、B 和 Si 元素的归一化浸出率在 7 天后差异不大，说明不同的工艺参数对硼硅酸盐玻璃相的化学稳定性影响不大。从图 4-39 中还可以看出在不同初始冷却温度下制备的玻璃陶瓷中 P-1000-7.5 和 P-900-7.5 样品的归一化浸出率较低，这可能是由于其样品中晶相非均匀生长导致其化学稳定性较差（图 4-33）。比较 P-1000-5、P-1000-10、P-1000-15、P-1050-5、P-1050-10 和 P-1050-15 样品中 Al、Nd、Ti 和 Nb 元素的归一化浸出率，发现 P-1050-10 样品的归一化浸出率最低，表明初始冷却温度为 1050℃、冷却速率为 10℃/min 的制备工艺参数有利于玻璃陶瓷形成良好的化学稳定性。同时 P-1050-10 样品在所有样品中的元素归一化浸出率最低，其浸出液中 Na、B、Al、Si、Nd、Ti 和 Nb 元素的归一化浸出率分别约为 6.8×10^{-3}g/(m²·d)、3.7×10^{-4}g/(m²·d)、1.5×10^{-2}g/(m²·d)、2.2×10^{-3}g/(m²·d)、3.0×10^{-5}g/(m²·d)、5.1×10^{-5}g/(m²·d) 和 5.5×10^{-6}g/(m²·d)。一般晶相结构越稳定，晶相元素的归一化浸出率越低，P-1050-10 样品的归一化浸出率低也进一步证实上述关于样品最佳制备工艺参数的分析是正确的。

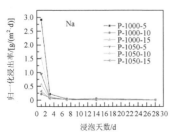
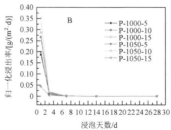
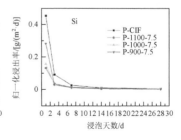

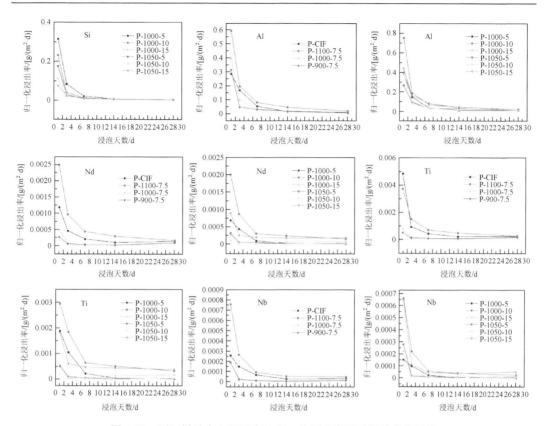

图 4-39　不同样品中主要元素的归一化浸出率随时间的变化规律

4.2.3　烧绿石-硼硅酸盐玻璃陶瓷固化模拟核素钕

在前期工艺探索实验的基础上，进一步在实验中将均匀混合且含有不同含量（6%、10%、14%或18%）Nd_2O_3 的原料放入氧化铝坩埚后以 5℃/min 的升温速率升温至熔融温度（1275℃、1300℃、1325℃或1350℃）下保温 1.5h，随后将熔体快速转移到初始温度为 1000℃ 的熔炉中，然后以 10℃/min 的冷却速率冷却至退火温度，在退火温度 500℃ 下保温 2h 以消除内应力，接着随炉自然冷却得到玻璃陶瓷样品。所制备的玻璃陶瓷样品的原料组成和制备工艺路线图分别如表 4-13 和图 4-40 所示。所有样品根据 Nd_2O_3 的含量和熔融温度来进行编号，如 Nd6-1275 代表 Nd_2O_3 的含量为 6%，熔融温度为 1275℃。

表 4-13　硼硅酸盐玻璃陶瓷的组成（%）

样品	SiO_2	B_2O_3	Na_2O	Nb_2O_5	TiO_2	Al_2O_3	CaF_2	Nd_2O_3
Nd6	26.3	4.1	21.3	25.2	5.4	2.2	9.5	6.0
Nd10	25.2	4.0	20.4	24.0	5.2	2.1	9.1	10.0
Nd14	24.0	3.9	19.6	22.9	5.0	2.0	8.6	14.0
Nd18	22.9	3.7	18.6	21.8	4.8	2.0	8.2	18.0

注：表中数据指质量分数。

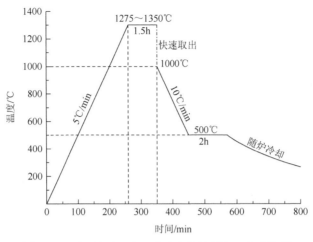

图 4-40　不同熔融温度下玻璃陶瓷的制备工艺路线图

1. 物相和结构分析

在不同温度下熔融获得的不同 Nd_2O_3 含量样品的 XRD 图如图 4-41 所示，样品所含的晶相列于表 4-14 中。XRD 分析表明 Nd6-1300、Nd6-1350、Nd10-1350 和 Nd14-1275 样品的主晶相为 $(Ca, Na)_2(Nb, Ti)_2O_6F$（PDF *No*.17-0747）、$CaNdNb_2O_7$（PDF *No*.47-0037）、$Ca(NbO_3)$（PDF *No*.89-0718）和 $NaNbO_3$（PDF *No*.33-1270）；Nd6-1275、Nd10-1275、Nd10-1300 和 Nd18-1275 样品的主晶相为 $Ca(NbO_3)$ 和 $NaNbO_3$，次晶相为 $(Ca, Na)_2(Nb, Ti)_2O_6F$ 和 $CaNdNb_2O_7$；其余的样品主晶相为 $(Ca, Na)_2(Nb, Ti)_2O_6F$ 和 $CaNdNb_2O_7$，次晶相为 $Ca(NbO_3)$ 和 $NaNbO_3$。在所有样品中都可以检测到少量的 $NaAlSiO_4$ 相（PDF *No*.35-0424），此外 $(Ca, Na)_2(Nb, Ti)_2O_6F$ 和 $CaNdNb_2O_7$ 以及 $Ca(NbO_3)$ 和 $NaNbO_3$ 的衍射峰位置和强度几乎相同。根据文献[19]，确定 $(Ca, Na)_2(Nb, Ti)_2O_6F$ 和 $CaNdNb_2O_7$ 属于晶相 $(Ca, Na)(Nb, Ti)_2Nd_xO_6F$（$x>0$），它由 $CaNdNb_2O_7$ 晶相中的 Nd^{3+} 取代 $(Ca, Na)_2(Nb, Ti)_2O_6F$ 晶相中的离子而形成。同时根据类质同晶理论，由于晶相 $Ca(NbO_3)$ 和晶相 $NaNbO_3$ 的组分和化学键具有相似性以及晶体相对大小相近，因此很容易形成晶相 $(Na, Ca)(NbO_3)$。综上所述，所有样品均含有晶相 $(Ca, Na)(Nb, Ti)_2Nd_xO_6F$（$x>0$）和 $(Na, Ca)(NbO_3)$。

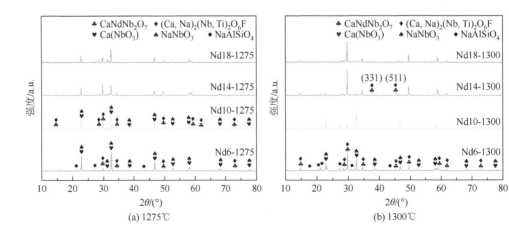

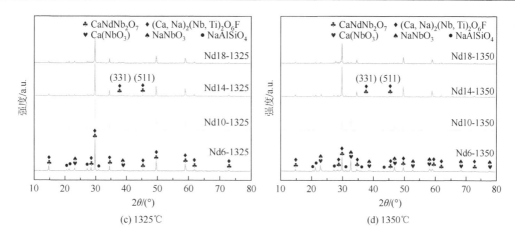

图 4-41　在不同温度下熔融获得的不同 Nd_2O_3 含量样品的 XRD 图

表 4-14　所有样品中含有的晶相

样品	所含晶相
Nd6-1275	$(Ca, Na)_2(Nb, Ti)_2O_6F$（次晶相）、$CaNdNb_2O_7$（次晶相）、$Ca(NbO_3)$（主晶相）、$NaNbO_3$（主晶相）
Nd6-1300	$(Ca, Na)_2(Nb, Ti)_2O_6F$（主晶相）、$CaNdNb_2O_7$（主晶相）、$Ca(NbO_3)$（主晶相）、$NaNbO_3$（主晶相）
Nd6-1325	$(Ca, Na)_2(Nb, Ti)_2O_6F$（主晶相）、$CaNdNb_2O_7$（主晶相）、$Ca(NbO_3)$（次晶相）、$NaNbO_3$（次晶相）
Nd6-1350	$(Ca, Na)_2(Nb, Ti)_2O_6F$（主晶相）、$CaNdNb_2O_7$（主晶相）、$Ca(NbO_3)$（主晶相）、$NaNbO_3$（主晶相）
Nd10-1275	$(Ca, Na)_2(Nb, Ti)_2O_6F$（次晶相）、$CaNdNb_2O_7$（次晶相）、$Ca(NbO_3)$（主晶相）、$NaNbO_3$（主晶相）
Nd10-1300	$(Ca, Na)_2(Nb, Ti)_2O_6F$（次晶相）、$CaNdNb_2O_7$（次晶相）、$Ca(NbO_3)$（主晶相）、$NaNbO_3$（主晶相）
Nd10-1325	$(Ca, Na)_2(Nb, Ti)_2O_6F$（主晶相）、$CaNdNb_2O_7$（主晶相）、$Ca(NbO_3)$（次晶相）、$NaNbO_3$（次晶相）
Nd10-1350	$(Ca, Na)_2(Nb, Ti)_2O_6F$（主晶相）、$CaNdNb_2O_7$（主晶相）、$Ca(NbO_3)$（主晶相）、$NaNbO_3$（主晶相）
Nd14-1275	$(Ca, Na)_2(Nb, Ti)_2O_6F$（主晶相）、$CaNdNb_2O_7$（主晶相）、$Ca(NbO_3)$（主晶相）、$NaNbO_3$（主晶相）
Nd14-1300	$(Ca, Na)_2(Nb, Ti)_2O_6F$（主晶相）、$CaNdNb_2O_7$（主晶相）、$Ca(NbO_3)$（次晶相）、$NaNbO_3$（次晶相）
Nd14-1325	$(Ca, Na)_2(Nb, Ti)_2O_6F$（主晶相）、$CaNdNb_2O_7$（主晶相）、$Ca(NbO_3)$（次晶相）、$NaNbO_3$（次晶相）
Nd14-1350	$(Ca, Na)_2(Nb, Ti)_2O_6F$（主晶相）、$CaNdNb_2O_7$（主晶相）、$Ca(NbO_3)$（次晶相）、$NaNbO_3$（次晶相）
Nd18-1275	$(Ca, Na)_2(Nb, Ti)_2O_6F$（次晶相）、$CaNdNb_2O_7$（次晶相）、$Ca(NbO_3)$（次晶相）、$NaNbO_3$（主晶相）
Nd18-1300	$(Ca, Na)_2(Nb, Ti)_2O_6F$（次晶相）、$CaNdNb_2O_7$（次晶相）、$Ca(NbO_3)$（次晶相）、$NaNbO_3$（次晶相）
Nd18-1325	$(Ca, Na)_2(Nb, Ti)_2O_6F$（次晶相）、$CaNdNb_2O_7$（次晶相）、$Ca(NbO_3)$（次晶相）、$NaNbO_3$（次晶相）
Nd18-1350	$(Ca, Na)_2(Nb, Ti)_2O_6F$（次晶相）、$CaNdNb_2O_7$（次晶相）、$Ca(NbO_3)$（次晶相）、$NaNbO_3$（次晶相）

　　此外，通过 Jade 6.5 软件中的 WPF 精修模块可以计算出每个晶相的相对含量，结果如图 4-42 所示。$(Ca, Na)(Nb, Ti)_2Nd_xO_6F$（$x > 0$）和$(Na, Ca)(NbO_3)$相的总含量大约为 50%，剩下的部分为玻璃相或其他晶相。当所制备的玻璃陶瓷样品的熔融温度相同时，$(Ca, Na)(Nb, Ti)_2Nd_xO_6F$（$x > 0$）晶相含量随 Nd_2O_3 含量的增加先增加后减少，晶相含量最大值出现在 Nd_2O_3 含量为 14%时，而$(Na, Ca)(NbO_3)$晶相的含量呈现相反的变化趋势。此外，当样品中 Nd_2O_3 含量相同时，$(Ca, Na)(Nb, Ti)_2Nd_xO_6F$（$x > 0$）晶相含量随熔融温度的升高先增加后减少，晶相含量最大值大多出现在熔融温度为 1325℃时。

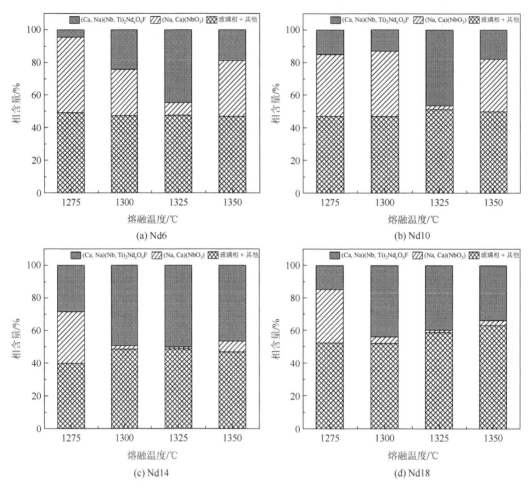

图 4-42　所有样品中所含晶相和玻璃相的相对含量

图 4-43 为样品的密度变化曲线，样品的密度在 3.057～3.391g/cm³ 范围内呈现较大变化。从图中可以看出样品的密度与晶相有着密不可分的关系。相同熔融温度下样品密度随 Nd_2O_3 含量的增加而增大，这主要是由于 Nd 元素的相对原子质量远高于玻璃陶瓷中的其他元素。此外，Nd 元素通常被认为是一种玻璃网络修饰体，存在于玻璃网络中的间隙位置。而相同 Nd_2O_3 含量的样品密度随熔融温度的升高先增大后减小，也就是说，烧绿石相的含量越大，样品的密度就越高。研究结果表明相同 Nd_2O_3 含量的样品在 1325℃ 的熔融温度下呈现最大密度，因此 1325℃ 的熔融温度应作为本研究的最佳熔融温度，同时也进一步证实了样品的 XRD 分析结果。

图 4-44 为所有样品的 SEM 图。可以观察到晶粒的分布随着熔融温度的升高变得规则，而且晶粒形状也从块状变为树枝状，由于晶粒的形状不同，本书采用晶粒的宽度来判定晶粒尺寸，发现晶粒尺寸为 0.2～0.6μm，且随着熔融温度的升高而减小。

综合 XRD、密度和 SEM 分析结果可以初步确定合成烧绿石相玻璃陶瓷时最适宜的 Nd_2O_3 含量为 14%，熔融温度为 1325℃，为了进一步分析所制备的样品的结晶情况，本书对一些样品进行讨论。

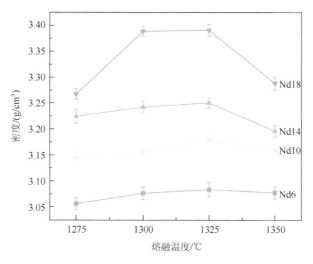

图 4-43　所有样品的密度变化曲线

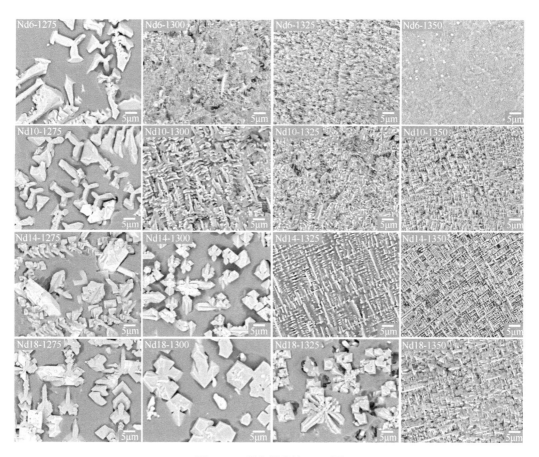

图 4-44　所有样品的 SEM 图

1）熔融温度对结晶的影响

通过分析熔融温度对烧绿石相$(Ca, Na)(Nb, Ti)_2Nd_xO_6F$（$x>0$）含量的影响可以发现，

当样品中 Nd_2O_3 含量相同时，随着熔融温度的升高，烧绿石相含量先增加后减少，最大值出现在熔融温度为 1325℃时，同时样品的密度也在该温度下达到最大，这与晶相有密不可分的关系。随着熔融温度从 1275℃升至 1350℃，晶粒尺寸减小，晶粒分布更加均匀，这是由于熔融温度越高，过冷度、结晶自由能或驱动力就越大，有利于晶体的成核，但同时玻璃液的黏度会随着过冷度的增大而增大，这会抑制与晶体生长相关的原子的扩散或重排。从 SEM 图中可以看出随着 Nd_2O_3 含量的增加，所需要的熔融温度升高，结合 XRD 结果可初步确定只有 Nd6-1325、Nd10-1325、Nd14-1325、Nd14-1350 和 Nd18-1350 样品是主晶相为烧绿石相且分布均匀的玻璃陶瓷，但 Nd18-1350 样品的玻璃相中存在一些孔洞，这会导致玻璃结构疏松，从而影响其化学稳定性。

为了进一步分析熔融温度对 Nd14 样品结晶情况的影响，对 Nd14-1325 和 Nd14-1350 样品进行 SEM-EDS 测试，从图 4-45 中可以看出，两个样品中晶相所含元素的浓度基本相同，均属于烧绿石相(Ca, Na)(Nb, Ti)$_2$Nd$_x$O$_6$F（$x>0$）。此外，对这两个样品的晶相和玻璃相所含元素的平均物质的量比进行计算，未发现明显差异，而且大部分的 Nd 被"禁锢"在晶相中。而根据 XRD 和密度分析结果，Nd14-1325 样品中烧绿石相的含量更高、密度更大，因此，在本实验中 1325℃被认为是最佳的熔融温度。

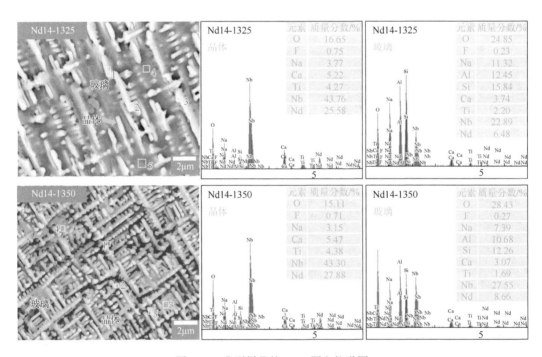

图 4-45　典型样品的 SEM 图和能谱图

2）Nd_2O_3 含量对结晶的影响

图 4-46 展示了 1325℃熔融温度下不同 Nd_2O_3 含量样品的 SEM 图和能谱图。由图可知，随着 Nd_2O_3 含量的增加，样品的晶粒尺寸逐渐增大。此外，通过对样品中晶相和玻璃相进行能谱分析发现，晶相的化学成分包括 Na、Ca、Ti、Nb、Nd、O 和 F 元素，而玻璃

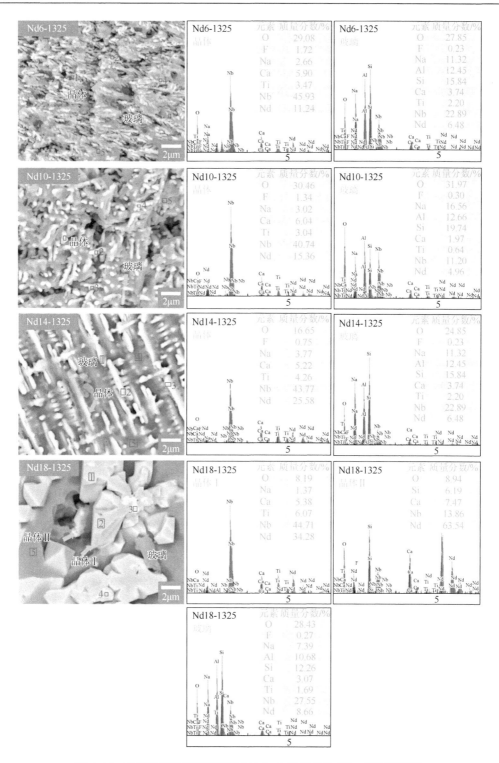

图 4-46　1325℃熔融温度下不同 Nd_2O_3 含量样品的 SEM 图和能谱图

相中还出现了较多的 Al 和 Si 元素。通过计算各晶相中元素的平均物质的量比可知，

Nd6-1325、Nd10-1325 和 Nd14-1325 样品所含晶相分别属于烧绿石(Ca, Na)(Nb, Ti)$_2$Nd$_{0.3}$O$_6$F、烧绿石(Ca, Na)(Nb, Ti)$_2$Nd$_{0.4}$O$_6$F 和烧绿石(Ca, Na)(Nb, Ti)$_2$Nd$_{0.67}$O$_6$F。Nd18-1325 样品含有具单一或共生结构的晶相 Na$_{0.5}$CaNd$_2$TiNb$_4$O$_{16}$（晶相Ⅰ）和晶相 CaNd$_3$Si$_{1.5}$NbO$_{11}$（晶相Ⅱ）。根据 EDS 数据分析，晶相 Na$_{0.5}$CaNd$_2$TiNb$_4$O$_{16}$ 应是烧绿石(Ca, Na)(Nb, Ti)$_2$Nd$_x$O$_7$（$x>0$）中的大量 Na$^+$ 被 Nd^{3+} 所取代并伴随着大量氧空位的形成而形成的烧绿石晶相，晶相 CaNd$_3$Si$_{1.5}$NbO$_{11}$ 与具有烧绿石型结构的晶相 CaLnNb$_2$O$_7$（Ln = La-Pr, Sm, Gd-Lu）相似，可能是由于较多的 Nd^{3+} 和 Si^{4+} 占据了 CaNdNb$_2$O$_7$ 结构中的 Ca^{2+} 和 Nb^{5+} 位而形成，说明较高的 Nd$_2$O$_3$ 含量不利于结构单一且稳定的烧绿石的形成。晶相和玻璃相中元素平均物质的量比的计算结果表明 Nd6-1325、Nd10-1325、Nd14-1325 和 Nd18-1325 样品的玻璃相中 Nd 的摩尔分数分别约为 0.9%、0.8%、1.3% 和 1.8%，晶相中 Nd 的摩尔分数分别约为 2.8%、3.7%、8.4% 和 15.3%～28.3%。而设计的晶相与玻璃相的物质的量比约为 1∶1，表明大部分的模拟核素 Nd 元素都被"禁锢"在晶相中，有利于提高玻璃陶瓷固化体的结构稳定性和化学稳定性。

　　图 4-47 为 Nd6-1325、Nd10-1325、Nd14-1325 和 Nd18-1325 样品的 XRD 精修图谱，根据精修结果，得到(Ca, Na)$_2$(Nb, Ti)$_2$O$_6$F 和 CaNdNb$_2$O$_7$ 晶相的晶胞参数和晶胞体积（表 4-15），发现(Ca, Na)$_2$(Nb, Ti)$_2$O$_6$F 和 CaNdNb$_2$O$_7$ 的晶胞参数和单位晶胞体积随 Nd$_2$O$_3$ 含量的增加（从 6% 增加到 14%）呈增长趋势，当 Nd$_2$O$_3$ 含量超过 14% 时，这种趋势出现了转折。一般来说，根据相对离子尺寸效应，离子半径较大的 Nd^{3+}（$r = 1.00$Å）

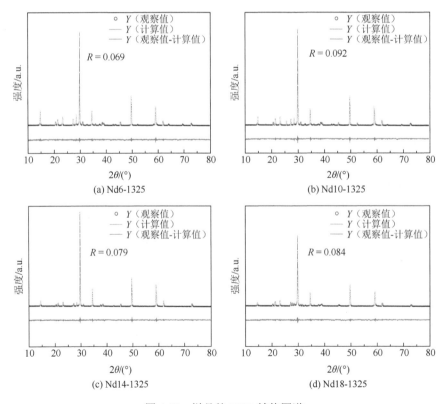

图 4-47　样品的 XRD 精修图谱

取代量越高，晶相的晶格尺寸越大。然而，从样品晶相的 EDS 数据可以看出，晶相中 Nd 的取代量最高的是 Nd18-1325 而不是 Nd14-1325，但 Nd14-1325 样品中晶相的晶格尺寸却最大，说明离子半径不是影响样品中晶相晶格尺寸的唯一因素。通过比较 Nd6-1325、Nd10-1325、Nd14-1325 和 Nd18-1325 样品中晶相的 O^{2-} 含量，发现其含量分别为 29.08%、30.46%、16.65% 和 8.19%，说明 O^{2-} 含量随 Nd_2O_3 含量的增加而减少，而氧离子空位效应也会影响样品晶相的晶格尺寸，较高浓度的氧离子空位意味着较小的晶格尺寸，因此，当 Nd_2O_3 含量从 6% 增加到 14% 时，相对离子尺寸效应相比氧离子空位效应起主导作用，晶相的晶格尺寸增大；当 Nd_2O_3 含量超过 14% 时，情况相反，晶相的晶格尺寸减小。结合 XRD、SEM 和 EDS 分析，可知适量的 Nd^{3+} 取代有助于烧绿石相 $(Ca, Na)(Nb, Ti)_2Nd_xO_6F$（$x>0$）的形成：一方面，钕离子取代量越大，氧离子空位越多，有利于烧绿石结晶；另一方面，过量的氧空位不利于单一烧绿石的形成。因此最稳定的烧绿石结构出现在 Nd_2O_3 含量为 14% 的样品中，说明合成烧绿石相硼硅酸盐玻璃陶瓷的最佳 Nd_2O_3 含量为 14% 左右。

表 4-15　$(Ca, Na)_2(Nb, Ti)_2O_6F$ 和 $CaNdNb_2O_7$ 晶相的晶胞参数和晶胞体积

样品	$(Ca, Na)_2(Nb, Ti)_2O_6F$		$CaNdNb_2O_7$	
	a/Å	V/Å^3	a/Å	V/Å^3
Nd6-1325	10.3828（9）	1119.3（3）	10.3828（8）	1119.3（3）
Nd10-1325	10.3813（7）	1118.8（2）	10.3813（6）	1118.8（2）
Nd14-1325	10.3858（6）	1120.3（2）	10.3859（5）	1120.3（2）
Nd18-1325	10.3804（6）	1118.5（2）	10.3811（6）	1118.7（2）

2. 抗浸出性能

通常玻璃陶瓷的晶相越稳定，其化学稳定性就越好。表 4-16 展示了进行 PCT 实验 1 天、3 天、7 天、14 天和 28 天后 Nd14-1325 样品中 Si、B、Na、Al、Nb 和 Nd 的归一化浸出率，通常样品元素的浸出率随浸泡时间的增加而降低，样品元素的归一化浸出率在刚开始时随浸泡时间的增加而急剧下降，随后下降速率逐渐减慢。Na、B、Al、Si、Nb 和 Nd 的 28 天归一化浸出率分别约为 9.28×10^{-3} g/(m^2·d)、1.45×10^{-3} g/(m^2·d)、1.63×10^{-2} g/(m^2·d)、1.33×10^{-3} g/(m^2·d)、1.59×10^{-6} g/(m^2·d)、7.09×10^{-6} g/(m^2·d)。将 Nd14-1325 样品玻璃相中主要元素（Na、B、Al 和 Si）的归一化浸出率与典型硼硅酸盐玻璃进行比较，比较结果表明浸泡 7 天后样品中 B 和 Si 的归一化浸出率均约为 0.01g/(m^2·d)，分别低于典型硼硅酸盐玻璃中 B 的归一化浸出率 [0.02～0.08g/(m^2·d)] 和 Si 的归一化浸出率 [0.03～0.12g/(m^2·d)]，此外浸泡 28 天后 Na 和 Al 的归一化浸出率低于或接近典型硼硅酸盐玻璃（SRL-51S、SRL-202U、WV6、SRL-165U、SRL-131U、Hanford-D 等）[20, 21]，而 Nd14-1325 样品中烧绿石晶相主要元素 Nb、Nd 的归一化浸出率与相关文献报道的数据相当，表明固化体样品具有较好的化学稳定性。因此，研究结果表明所制备的烧绿石相硼硅酸盐玻璃陶瓷是固化高放核废物的潜在基材。

表 4-16　Nd14-1325 样品浸泡不同天数后浸出液中 Si、B、Na、Al、Nb 和 Nd 的归一化浸出率

LR/[g/(m^2·d)]	Si	B	Na	Al	Nb	Nd
1 天	4.31×10^{-1}	1.41	4.37	4.35	2.37×10^{-5}	6.53×10^{-5}
3 天	4.99×10^{-2}	8.31×10^{-2}	3.47×10^{-1}	5.36×10^{-1}	3.03×10^{-6}	2.79×10^{-5}
7 天	1.21×10^{-2}	9.89×10^{-3}	5.49×10^{-2}	1.18×10^{-1}	1.58×10^{-6}	8.64×10^{-6}
14 天	3.78×10^{-3}	2.71×10^{-3}	1.53×10^{-2}	3.88×10^{-2}	1.75×10^{-6}	8.25×10^{-6}
28 天	1.33×10^{-3}	1.45×10^{-3}	9.28×10^{-3}	1.63×10^{-2}	1.59×10^{-6}	7.09×10^{-6}

参 考 文 献

[1] Zhu H Z，Wang F，Liao Q L，et al. Synthesis and characterization of zirconolite-sodium borosilicate glass-ceramics for nuclear waste immobilization[J]. Journal of Nuclear Materials，2020，532：152026.

[2] Caurant D，Loiseau P，Bardez I. Structural characterization of Nd-doped Hf-zirconolite $Ca_{1-x}Nd_xHfTi_{2-x}Al_xO_7$ ceramics[J]. Journal of Nuclear Materials，2010，407（2）：88-99.

[3] Liao C Z，Shih K，Lee W E. Crystal structures of Al-Nd codoped zirconolite derived from glass matrix and powder sintering[J]. Inorganic Chemistry，2015，54（15）：7353-7361.

[4] Li H D，Wu L，Wang X，et al. Crystallization behavior and microstructure of Barium borosilicate glass-ceramics[J]. Ceramics International，2015，41（10）：15202-15207.

[5] Crawford C L. Letter report on PCT/Monolith glass ceramic corrosion tests[R]. United States：Savannah River Site，Aiken，SC，2015.

[6] EJ 1186-2005，放射性废物体和废物包的特性鉴定[S].核工业标准化研究所：国防科学技术工业委员会，2005.

[7] Zhu H Z，Wang F，Liao Q L，et al. Effect of CeO_2 and Nd_2O_3 on phases，microstructure and aqueous chemical durability of borosilicate glass-ceramics for nuclear waste immobilization[J]. Materials Chemistry and Physics，2020，249：122936.

[8] Jafar M，Sengupta P，Achary S N，et al. Phase evolution and microstructural studies in $CaZrTi_2O_7$（zirconolite）-$Sm_2Ti_2O_7$（pyrochlore）system[J]. Journal of the European Ceramic Society，2014，34（16）：4373-4381.

[9] Dupree R，Holland D. Glasses and Glass-ceramics[M]. Netherlands：Springer，1989.

[10] Maddrell E，Thornber S，Hyatt N C. The influence of glass composition on crystalline phase stability in glass-ceramic wasteforms[J]. Journal of Nuclear Materials，2015，456：461-466.

[11] Hoai Le T，Tang K，Arnout S，et al. Thermodynamic assessment of the Nd_2O_3-CaO-SiO_2 ternary system[J]. Calphad，2016，55：157-164.

[12] Meng C，Ding X G，Li W Q，et al. Phase structure evolution and chemical durability studies of Ce-doped zirconolite-pyrochlore synroc for radioactive waste storage[J]. Journal of Materials Science，2016，51（11）：5207-5215.

[13] Chouard N，Caurant D，Majérus O，et al. Effect of MoO_3，Nd_2O_3，and RuO_2 on the crystallization of soda-lime aluminoborosilicate glasses[J]. Journal of Materials Science，2015，50（1）：219-241.

[14] 吴康明. 烧绿石相硼硅酸盐玻璃陶瓷固化体的工艺研究[D]. 绵阳：西南科技大学，2020.

[15] Kong L G，Zhang Y J，Karatchevtseva I，et al. Synthesis and characterization of $Nd_2Sn_xZr_{2-x}O_7$ pyrochlore ceramics[J]. Ceramics International，2014，40（1）：651-657.

[16] Wu K M，Wang F，Liao Q L，et al. Synthesis of pyrochlore-borosilicate glass-ceramics for immobilization of high-level nuclear waste[J]. Ceramics International，2020，46（5）：6085-6094.

[17] Gutzow I. Induced crystallization of glass-forming systems：a case of transient heterogeneous nucleation，part 1[J]. Contemporary Physics，1980，21（2）：121-137.

[18] Shelby J E. Introduction to Glass Science and Technology[M]. 2nd ed. Cambridge：Royal Society of Chemistry，2005.

[19] Zhao M，Ren X R，Pan W. Mechanical and thermal properties of simultaneously substituted pyrochlore compounds

$(Ca_2Nb_2O_7)_x(Gd_2Zr_2O_7)_{1-x}$[J]. Journal of the European ceramic society，2015，35（3）：1055-1061.

[20]　Wei T，Zhang Y J，Kong L G，et al. Hot isostatically pressed $Y_2Ti_2O_7$ and $Gd_2Ti_2O_7$ pyrochlore glass-ceramics as potential waste forms for actinide immobilization[J]. Journal of the European Ceramic Society，2019，39（4）：1546-1554.

[21]　Lee W E，Ojovan M I，Stennett M C，et al. Immobilisation of radioactive waste in glasses，glass composite materials and ceramics[J]. Advances in Applied Ceramics，2006，105（1）：3-12.

第5章 磷酸盐玻璃陶瓷固化材料

5.1 独居石-磷酸盐玻璃陶瓷固化材料

5.1.1 独居石-磷酸盐玻璃陶瓷固化体的简洁制备[1]

1. 温度对磷酸盐玻璃陶瓷配合料物相的影响

以分析纯化学试剂 $NH_4H_2PO_4$、H_3BO_3、Fe_2O_3 和 CeO_2 为原料,按照设计的玻璃陶瓷的摩尔组成 $xCeO_2$-$(100-x)(30Fe_2O_3$-$10B_2O_3$-$60P_2O_5)$(x = 8、10、12、14)进行配料,并按照可以获得 30g 样品称取各原料,然后使用玛瑙研钵研磨原料 10~15min 并均匀混合制得配合料。将制得的配合料放入 100mL 刚玉坩埚中,再将坩埚置于高温箱式炉中并以 5℃/min 的升温速率升温到设定温度下保温 1h 左右,接着迅速取出并在空气中淬火冷却。将最终可以制成玻璃陶瓷固化体的试样放入 450℃ 退火炉中保温退火 1h,以消除内应力。样品按照 CeO_2 含量分别标记为 Ce8、Ce10、Ce12 和 Ce14。

根据不同温度下获得的试样的 XRD 图(图 5-1),可以确定配合料在不同加热温度下存在的物相。已知玻璃陶瓷原料为 H_3BO_3(PDF *No*.23-1034)、$NH_4H_2PO_4$(PDF *No*.37-1479)、Fe_2O_3(PDF *No*.33-0664)和 CeO_2(PDF *No*.34-0394)。由图 5-1 可知,H_3BO_3 于 150℃ 以下已开始分解,在 150℃ 温度下已检测不到 H_3BO_3。在 150℃ 时检测到 B_2O_3(PDF *No*.06-0297)的衍射峰,说明 H_3BO_3 分解出 B_2O_3。而 $NH_4H_2PO_4$、Fe_2O_3 和 CeO_2 等的衍射峰强度并未发生改变,说明这些原料在 150℃ 下没有发生变化。当加热温度升高到 300℃ 时,原料中 $NH_4H_2PO_4$ 对应的衍射峰消失,Fe_2O_3 对应的衍射峰强度降低,并检测到 $NH_4FeP_2O_7$(PDF *No*.21-0026)晶相的衍射峰。所以可以推测在此温度下,存在 $NH_4H_2PO_4$ 和 Fe_2O_3 反应生成的 $NH_4FeP_2O_7$ 晶相。在加热温度为 450℃ 时,CeO_2、$NH_4FeP_2O_7$ 和 Fe_2O_3 对应的衍射峰强度均降低,并检测到新的晶相 $Fe(PO_3)_3$(PDF *No*.13-0262)、BPO_4(PDF *No*.34-0132)和极微量的独居石晶相 $CePO_4$(PDF *No*.32-0199)。因此,可以推断 450℃ 时发生的反应为 $NH_4FeP_2O_7$、Fe_2O_3 和 CeO_2 之间反应生成晶相 $Fe(PO_3)_3$ 与 $CePO_4$ 和/或 $NH_4FeP_2O_7$ 直接分解生成 $Fe(PO_3)_3$。另外在此温度下,硼和磷酸盐化合物之间反应生成 BPO_4 晶相,且 BPO_4 晶相含量一直保持不变,直到 950℃ 时消失。在 600℃ 的加热温度下,检测到新晶相 $Fe_4(PO_4)_2O$(PDF *No*.74-1443),$NH_4FeP_2O_7$ 晶相消失,原料 Fe_2O_3 的衍射峰强度进一步降低,最后于 850℃ 下消失。而 CeO_2 的衍射峰强度从 450℃ 开始降低并于 950℃ 消失,晶相 $Fe_4(PO_4)_2O$ 和 $Fe(PO_3)_3$ 的衍射峰强度一直到 850℃ 都呈增加的趋势,$CePO_4$ 晶相对应的衍射峰强度一直增加,直到 950℃。说明 850℃ 之前,一直存在 Fe_2O_3 和形成的磷酸盐化合物之间的反应;950℃ 之前,CeO_2 一直和形成的磷酸盐化合物发生化学反应。750℃ 时可检测到 $FePO_4$ 晶相,即在此温度下,有一部分残余的 Fe_2O_3 与非晶态磷酸盐化合物反应生成 $FePO_4$ 晶相。在 950~

1000℃下，随着加热温度的升高，$Fe_4(PO_4)_2O$ 和 $Fe(PO_3)_3$ 对应的衍射峰强度减小，而相对应的 $FePO_4$ 和 $CePO_4$ 晶相的衍射峰强度增加，因此在这个温度范围内为反应物 $Fe_4(PO_4)_2O$，$Fe(PO_3)_3$ 和形成的磷酸盐化合物反应促成 $FePO_4$ 和/或 $CePO_4$ 晶相的生长，以及 $FePO_4$ 和/或 $CePO_4$ 晶相的晶粒长大。另外，从 XRD 图中可以看出，$Fe_4(PO_4)_2O$ 晶相于 1050℃时消失，$Fe(PO_3)_3$ 晶相于 1100℃时消失。而 $FePO_4$ 对应的衍射峰强度于 1050℃时开始减弱，并在 1100℃时消失。最终，在 1100℃时得到含单一 $CePO_4$ 晶相的玻璃陶瓷固化体。

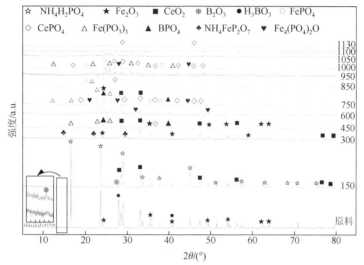

图 5-1　Ce10 玻璃陶瓷配合料经热处理后的 XRD 图

注：图中右侧数值单位为℃，后同。

图 5-2 为 Ce8、Ce12 和 Ce14 样品于不同温度下加热时原料的 XRD 图。通过比较图 5-1 的 XRD 结果，发现在不同加热温度下各个样品的所有物相随 Ce 含量增加而变化

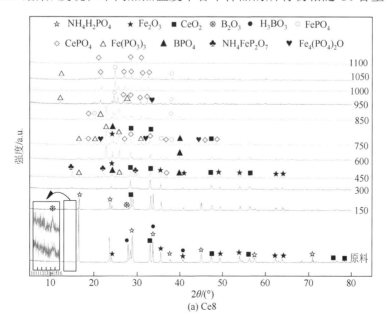

(a) Ce8

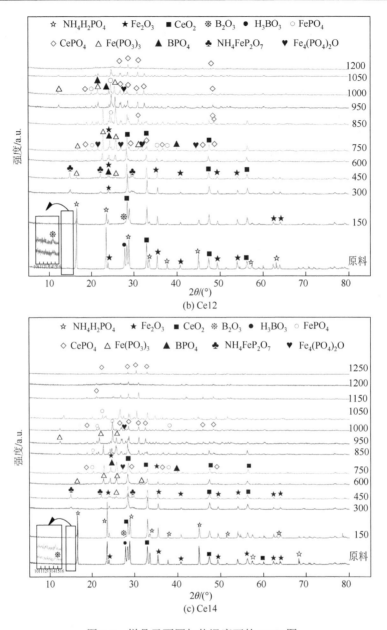

图 5-2　样品于不同加热温度下的 XRD 图

的区别如下：①随着 CeO_2 含量的增加，CeO_2 和磷酸盐化合物之间的反应需要在更高的温度下才能完成，例如，Ce8 和 Ce10 样品中的 CeO_2 原料消失于 950℃，而 Ce12 和 Ce14 样品中的 CeO_2 原料消失于更高的温度，如 1000℃；②$Fe(PO_3)_3$、$Fe_4(PO_4)_2O$ 和 $NH_4FeP_2O_7$ 晶相的衍射峰强度在相同的加热温度下随 CeO_2 含量增加而降低，说明 CeO_2 可以抑制玻璃陶瓷形成过程中 $Fe(PO_3)_3$、$Fe_4(PO_4)_2O$ 和 $NH_4FeP_2O_7$ 晶相的形成；③当加热温度在 950℃以上时，$FePO_4$ 和 $CePO_4$ 晶相对应的衍射峰强度随着 CeO_2 含量的增加而增加，$FePO_4$ 消失的温度也随之升高。例如，Ce14 样品中 $FePO_4$ 晶相在 1150℃的加热温度下仍然存在，而

Ce8 和 Ce10 样品中 $FePO_4$ 晶相在 1100℃加热温度下已经消失,说明 CeO_2 可以促进 $CePO_4$ 和 $FePO_4$ 晶相的形成。表 5-1 为不同加热温度下 Ce10 样品所有的晶相及其相对含量。

表 5-1　不同加热温度下 Ce10 样品所有的晶相及其相对含量

加热温度/℃	晶相类型及相对含量			
原料	Fe_2O_3	CeO_2	H_3BO_3	$NH_4H_2PO_4$
150	Fe_2O_3	CeO_2	B_2O_3	$NH_4H_2PO_4$
300	↓Fe_2O_3(主) ↑$NH_4FeP_2O_7$(少量)	CeO_2(主)	PG	
450	↓Fe_2O_3(少量) ↓$NH_4FeP_2O_7$(少量) ↑$Fe(PO_3)_3$(主)	↓CeO_2(主) ↑$CePO_4$(极微量)	BPO_4(少量)	PG
600	↓Fe_2O_3(少量) ↑$Fe(PO_3)_3$(主) ↑$Fe_4(PO_4)_2O$(少量)	↓CeO_2(少量) ↑$CePO_4$(少量)	BPO_4(少量)	PG
750	↓Fe_2O_3(极少量) ↑$Fe(PO_3)_3$(主) ↑$Fe_4(PO_4)_2O$(少量) ↑$FePO_4$(微量)	↓CeO_2(少量) ↑$CePO_4$(少量)	BPO_4(少量)	PG
850	↑$Fe(PO_3)_3$(主) ↑$Fe_4(PO_4)_2O$(少量) ↑$FePO_4$(少量)	↓CeO_2(微量) ↑$CePO_4$(主)	BPO_4(少量)	PG
950	↓$Fe(PO_3)_3$(主) ↓$Fe_4(PO_4)_2O$(少量) ↑$FePO_4$(主)	↑$CePO_4$(主)	↓BPO_4(少量)	PG
1000	↓$Fe(PO_3)_3$(少量) ↓$Fe_4(PO_4)_2O$(少量) ↑$FePO_4$(主)	↑$CePO_4$(主)	FPG	
1050	↓$Fe(PO_3)_3$(少量) ↓$FePO_4$(主)	↑$CePO_4$(主)	FPG	
1100	↓$CePO_4$(主)		FPG	
1130	↓$CePO_4$(主)	FPG		

注:↓代表晶相含量随温度升高而减少;↑代表晶相含量随温度升高而增加。

通过对比图 5-1 和图 5-2 还可以看出,CeO_2 的摩尔分数为 8%～14%时,玻璃陶瓷形成过程中存在的化学反应和副产物均不随 CeO_2 含量变化而变化,最后可得到以独居石 $CePO_4$ 为单一晶相的磷酸盐玻璃陶瓷固化体,表明 CeO_2 含量不会改变磷酸盐玻璃陶瓷固化体的形成机理。基于上述所有分析,可以推断磷酸盐玻璃陶瓷的形成过程如下。

(1)在 150℃以下,H_3BO_3 分解为 B_2O_3 和 H_2O,且 H_3BO_3 消失于 150℃。

(2)300℃时,$NH_4H_2PO_4$ 和 B_2O_3 消失,Fe_2O_3 含量降低,Fe_2O_3、B_2O_3 与 $NH_4H_2PO_4$ 反应生成 $NH_4FeP_2O_7$ 和非晶态物质(PG)。

(3)450℃时,CeO_2、Fe_2O_3、$NH_4FeP_2O_7$ 和 PG 发生化学反应,生成 $Fe(PO_3)_3$、BPO_4 和 $CePO_4$ 晶相。

(4)600℃时,原料 Fe_2O_3 与 PG 反应生成 $Fe_4(PO_4)_2O$ 晶相,且 $Fe(PO_3)_3$、$Fe_4(PO_4)_2O$、$CePO_4$ 含量增加,说明 CeO_2、Fe_2O_3 和 PG 的化学反应继续进行。从 XRD 图中可以看出,

原料中仍然存在 CeO_2 和 Fe_2O_3，而 $NH_4FeP_2O_7$ 晶相消失。且 950℃之前，BPO_4 的含量保持不变。

（5）750℃时，$Fe(PO_3)_3$、$Fe_4(PO_4)_2O$ 和 $CePO_4$ 晶相含量增加，并出现新的晶相 $FePO_4$。原料 CeO_2 和 Fe_2O_3 的含量降低。因此，上述反应继续进行，并形成新的晶相 $FePO_4$。

（6）850℃时，$Fe(PO_3)_3$、$Fe_4(PO_4)_2O$、$FePO_4$、$CePO_4$ 晶相含量增加，上述化学反应继续进行。

（7）950℃时，$Fe(PO_3)_3$、$Fe_4(PO_4)_2O$、BPO_4 含量下降，$CePO_4$、$FePO_4$ 晶相含量增加。因此发生的反应为 $Fe(PO_3)_3$、$Fe_4(PO_4)_2O$ 和 BPO_4 分解出 $FePO_4$ 晶相以及部分磷酸盐化合物与 CeO_2 间不断反应生成 $CePO_4$。

（8）1000℃时，BPO_4 晶相消失，$Fe(PO_3)_3$、$Fe_4(PO_4)_2O$ 晶相含量降低，$CePO_4$、$FePO_4$ 晶相含量增加。

（9）1050℃时，$Fe_4(PO_4)_2O$ 晶相消失，$Fe(PO_3)_3$、$CePO_4$、$FePO_4$ 晶相仍然存在，并开始形成黑色玻璃液（FPG）。

（10）在 1100℃以上，由于 $FePO_4$ 和 $Fe(PO_3)_3$ 晶相在形成的磷酸盐基玻璃熔体中的溶解度高于独居石 $CePO_4$ 在高温下的溶解度，$FePO_4$ 和 $Fe(PO_3)_3$ 晶相溶解，获得具单一独居石 $CePO_4$ 晶相与玻璃熔体的混合物，浇注急冷后可获得磷酸盐玻璃陶瓷固化体。

综上所述，在磷酸盐玻璃陶瓷固化体制备过程中，出现 B_2O_3、$NH_4FeP_2O_7$、BPO_4、$Fe(PO_3)_3$、$Fe_4(PO_4)_2O$、$FePO_4$ 和 $CePO_4$ 等反应产物晶相。表 5-2 列出了玻璃陶瓷固化体形成过程中所有可能的化学反应。

表 5-2 磷酸盐玻璃陶瓷固化体形成过程中所有可能的化学反应

加热温度/℃	可能的化学反应
$T \leqslant 150$	$H_3BO_{3(s)} \longrightarrow B_2O_{3(s)} + H_2O_{(g)}$
$150 < T \leqslant 300$	$NH_4H_2PO_{4(s)} + B_2O_{3(s)} + Fe_2O_{3(s)} \longrightarrow NH_4FeP_2O_{7(s)} + H_2O_{(g)} + NH_{3(g)} + PG$
$300 < T \leqslant 450$	$NH_4FeP_2O_{7(s)} + Fe_2O_{3(s)} + CeO_{2(s)} + PG \longrightarrow Fe(PO_3)_{3(s)} + BPO_{4(s)} + CePO_{4(s)} + NH_{3(g)}$ 或/和 $NH_4FeP_2O_{7(s)} \longrightarrow Fe(PO_3)_{3(s)} + NH_{3(g)} + PG$
$450 < T \leqslant 600$	$Fe_2O_{3(s)} + CeO_{2(s)} + PG \longrightarrow Fe(PO_3)_{3(s)} + Fe_4(PO_4)_2O_{(s)} + CePO_{4(s)}$
$600 < T \leqslant 850$	$Fe_2O_{3(s)} + CeO_{2(s)} + PG \longrightarrow Fe(PO_3)_{3(s)} + Fe_4(PO_4)_2O_{(s)} + CePO_{4(s)} + FePO_{4(s)}$
$850 < T \leqslant 950$	$CeO_{2(s)} + BPO_{4(s)} + Fe(PO_3)_{3(s)} + Fe_4(PO_4)_2O_{(s)} \longrightarrow CePO_{4(s)} + FePO_{4(s)} + PG$
$950 < T \leqslant 1000$	$Fe(PO_3)_{3(s)} + Fe_4(PO_4)_2O_{(s)} \longrightarrow FePO_{4(s)} + PG$ $CePO_4$ 形成并生长
$1000 < T \leqslant 1050$	$CePO_4$ 形成并生长 $Fe(PO_3)_3$ 和 $FePO_4$ 溶解
$1050 < T \leqslant 1100$	$CePO_4$ 和 $FePO_4$ 溶解 $FePO_4$ 消失
$1100 < T \leqslant 1200$	独居石玻璃陶瓷形成（$CePO_{4(s)} + PG \longrightarrow CePO_4\text{-}FPG$）

根据以上形成过程，可获得熔融-冷却法合成铈铁磷酸盐玻璃陶瓷固化体的总化学反应式：$H_3BO_{3(s)} + Fe_2O_{3(s)} + CeO_{2(s)} + NH_4H_2PO_{4(s)} \longrightarrow CePO_4\text{-}FPG + H_2O_{(g)} + NH_{3(g)}$。

2. 磷酸盐玻璃陶瓷配合料的热分析

因 Ce 含量对熔融-冷却法合成铈铁磷酸盐玻璃陶瓷固化体的过程影响较小,这里选取 Ce10 样品的配合料进行差热分析,得到的 DSC-TG 曲线如图 5-3 所示。分析结果表明,在 111℃左右存在较强的吸热峰,吸热峰的形成与原料中 H_3BO_3 的分解有关。在约 172℃以前,配合料的质量损失率总和为 2.40%;在 206℃附近的另一个吸热峰,对应原料 $NH_4H_2PO_4$ 的分解;而约 357℃处的吸热峰,主要与晶相 $NH_4FeP_2O_7$ 的形成有关。因此,在约 172～207℃范围内 2.21%的质量损失率归因于 $NH_4H_2PO_4$ 的分解,约 207～357℃范围内 13.59%的质量损失率归因于样品中 $NH_4H_2PO_4$ 的分解和 $NH_4FeP_2O_7$ 晶相形成过程中水和 NH_3 的缓慢排放。配合料在 357～600℃温度范围存在的 8.51%的质量损失率归因于 $NH_4FeP_2O_7$ 与 Fe_2O_3 发生化学反应,或 $NH_4FeP_2O_7$ 晶相直接分解生成磷酸铁化合物。理论上,H_3BO_3 会全部分解为 B_2O_3 和 H_2O,其质量损失率为 2.43%,与实测的质量损失率基本一致。结合 XRD 图(图 5-1)分析,300℃时,$NH_4H_2PO_4$ 消失,$NH_4FeP_2O_7$ 形成。TG 曲线在约 207℃附近的吸热峰归因于 $NH_4FeP_2O_7$ 晶相分解生成其他磷酸盐晶相。整个配合料中约 13.59%的质量损失率归因于 $NH_4H_2PO_4$ 原料生成 $NH_4FeP_2O_7$ 晶相,而 8.51%的质量损失率由 $NH_4FeP_2O_7$ 晶相生成其他磷酸盐化合物的反应导致。本书假设,在约 207～357℃范围内,Fe_2O_3 全部参与反应生成 $NH_4FeP_2O_7$,其理论质量损失率应为 9.38%,由图 5-3 可知,在约 357～600℃范围内的实际质量损失率小于理论值,而约 207～357℃范围内的实际质量损失率大于理论值,表明在约 207～357℃的温度范围内,并不是所有 Fe_2O_3 都参与反应。而 XRD 图(图 5-1)中,在 450℃时检测到 Fe_2O_3 也证实了这一结论。当加热温度高于 600℃时,图中并没有出现明显的质量损失。这是

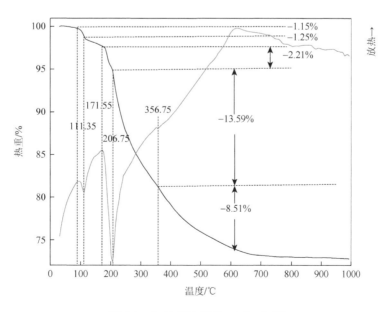

图 5-3　Ce10 配合料的 DSC-TG 图

因为配合料在高于 600℃的反应中并未释放气体，样品中低于 0.2%的质量损失率可以归因于高温下磷酸盐玻璃熔体的挥发。根据热分析图可知整个样品的总质量损失率为 27%，这与实验记录的质量损失率一致。综上所述，原料热重分析结果与根据 XRD 分析推导出的化学反应分析结果一致。

3. 磷酸盐玻璃陶瓷的简洁制备[2]

选择最后获得的含单一独居石 $CePO_4$ 晶相的产物，测试其 DSC 曲线如图 5-4 所示，典型 DSC 参数列于表 5-3 中。如图 5-4 所示，所有玻璃陶瓷样品的 DSC 曲线都相似，在 DSC 曲线上 520℃左右处有一个吸热峰，在 630～655℃范围内检测到放热峰。已知吸热峰的起始温度对应玻璃化转变温度（T_g）和峰对应的温度代表析晶温度（T_p）。从 DSC 曲线可以看出，所有样品的 DSC 曲线上都有 T_g 和 T_p，曲线上只有一个吸热峰表示玻璃陶瓷样品含有一定量且成分均匀的玻璃相。此外，T_g 为 520℃左右，T_p 在 630℃以上，说明此磷酸盐玻璃陶瓷固化体满足相应的性能要求。结合上述分析可知，采用熔融-冷却法可以得到含独居石 $CePO_4$ 晶相的磷酸盐玻璃陶瓷固化体。

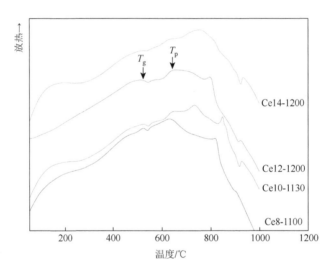

图 5-4　产物的 DSC 曲线

表 5-3　磷酸盐玻璃陶瓷的典型 DSC 参数

特征值	Ce8-1100	Ce10-1130	Ce12-1200	Ce14-1200
$T_g±2℃$	522.5	524.8	517.5	519.5
$T_p±2℃$	630.0	644.7	654.8	634.7

前面的研究表明，将磷酸盐基础玻璃原料与核废料均匀混合后，在低于配合料完全熔融的温度下保温一段时间，可获得磷酸盐微晶相和基础玻璃熔体的均匀混合物，然后急冷可形成磷酸盐玻璃陶瓷固化体，其工艺流程如图 5-5 所示。该方法先利用模拟核素或重金属元素含量超过磷酸盐玻璃熔体"溶解度"后通常富集于自发形成的稳定磷酸盐晶相中，获

得磷酸盐微晶相和磷酸盐玻璃熔体的均匀混合物（这些稳定的微晶相被磷酸盐玻璃熔体完全包围，且混合物具有较低的黏度，可浇注成型），然后急冷制备出磷酸盐玻璃陶瓷固化体。

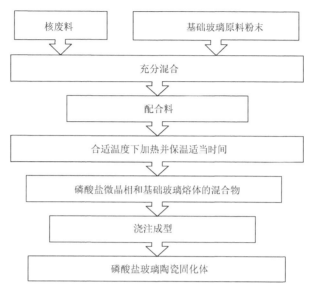

图 5-5　制备磷酸盐玻璃陶瓷固化体的一般工艺流程[3]

　　研究显示，虽然铁磷基玻璃对高放核废料中部分重金属元素和稀土元素的"溶解度"有限，但与基于硼硅酸盐玻璃的固化不同（某组分超过硼硅酸盐玻璃的"溶解度"后，形成的分相往往使硼硅酸盐固化体性能急剧降低），铁磷酸盐玻璃在这些元素的含量超过其"溶解度"后，通常自发生成稳定的磷酸盐微晶相，因而形成稳定磷酸盐微晶相与玻璃熔体的均匀混合物，然后浇注、急冷可获得稳定的磷酸盐玻璃陶瓷固化体。例如，在掺杂硼的铁磷玻璃中，CeO_2 的摩尔分数超过 9%，Ce 元素富集于自发形成的 $CePO_4$ 晶相中，在 1200℃下保温 2h，然后浇注、急冷可获得性能良好的独居石-铁磷玻璃陶瓷固化体；在铁磷玻璃组分中，铪（Hf）的摩尔分数超过 2%，Hf 富集于玻璃熔体中形成的 HfP_2O_7 微晶相，淬冷后获得 HfP_2O_7-铁磷玻璃陶瓷固化体；当 Gd_2O_3 和 La_2O_3 在铁硼磷玻璃组分中的摩尔分数超过 6%后，可采用此方法分别获得独居石型 $GdPO_4$ 和 $LaPO_4$ 微晶相-铁磷玻璃陶瓷固化体；在铁硼磷玻璃组分中，当 Na 的摩尔分数为 20%、Zr 的摩尔分数超过 8%后，将其配合料于 1200℃下保温 2h，可获得稳定的磷酸锆钠（NZP）微晶相与铁硼磷玻璃熔体的均匀混合物，再浇注、急冷可制备 NZP-铁硼磷玻璃陶瓷固化体。采用此方法，在钠铝磷酸盐玻璃组分中，氧化物的摩尔分数超过 20%时，获得主晶相为独居石(Sm, Ce, Zr)PO_4 的磷酸盐玻璃陶瓷固化体。

　　这些研究表明，通过此方法合成的磷酸盐玻璃陶瓷固化体与同组分的玻璃固化体比较，其元素包容量至少可以提高 50%。例如，固化我国某些高放核废料及其部分组分时，与同组分的磷酸盐玻璃固化体相比，通过此方法获得的磷酸盐玻璃陶瓷固化体的核废料包容量提高了至少 50%。此外，在基础玻璃组分中加入玻璃形成能力强的氧化硼，可提高磷酸盐玻璃陶瓷固化体中玻璃相的热稳定性。

4. 简洁制备的磷酸盐玻璃陶瓷的形成机理[2, 4]

通过以上分析可知磷酸盐玻璃陶瓷固化体的形成机理如图 5-6 所示。首先，磷酸盐玻璃陶瓷原料中的 H_3BO_3 分解成 B_2O_3 和 H_2O，并不先发生 $NH_4H_2PO_4$ 的分解，而是原料中的 $NH_4H_2PO_4$ 与 Fe_2O_3 反应生成 $NH_4FeP_2O_7$，然后生成的 $NH_4FeP_2O_7$ 与 Fe_2O_3 继续不断生成 $Fe(PO_3)_3$ 和 $Fe_4(PO_4)_2O$，且在此过程中原料的脱水和气体（NH_3 和 H_2O）的排放完成。其次，铁与磷的原子比大的磷酸盐相的量随着加热温度的升高而增大，铁磷比较高的磷酸盐相（如 $FePO_4$ 晶相）形成，其中 BPO_4 和 $CePO_4$ 晶相分别由 B/CeO_2 和残余的 P 反应生成，而较稳定的磷酸盐晶相（如 $FePO_4$、$CePO_4$）可以存在于较高的加热温度（如 $1000℃$）下。最后，随着加热温度的升高，这些磷酸盐晶相不断溶解为磷酸盐玻璃熔体，而稳定的独居石 $CePO_4$ 晶相在玻璃熔体中的溶解度最小，因此，最终获得了含单一独居石 $CePO_4$ 晶相的磷酸盐玻璃陶瓷固化体。

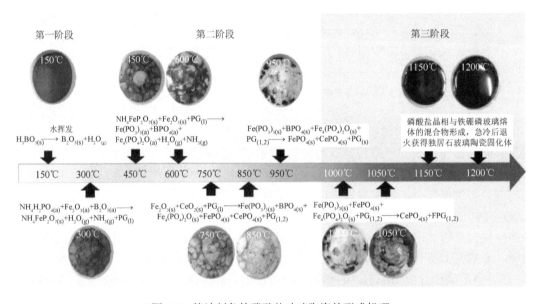

图 5-6　简洁制备的磷酸盐玻璃陶瓷的形成机理

对该工艺合成独居石-铁磷基玻璃陶瓷固化体过程的研究表明，配合料在加热时首先经高温反应生成稳定的磷酸盐微晶相（如磷酸铁、独居石磷酸盐）与玻璃熔体的均匀混合物，而组分和高温工艺参数（如加热温度、保温时间）的合理性是能否获得或能获得具哪种晶相的玻璃陶瓷固化体的关键。

5.1.2　独居石-磷酸盐玻璃固化体的析晶性能[5, 6]

1. 组分对独居石-磷酸盐玻璃固化体物相和结构的影响

以 Nd_2O_3 为模拟核素氧化物，采用熔融-冷却法制备含 Nd_2O_3 的铁硼磷酸盐玻璃/玻璃陶瓷固化体。其摩尔组成为 xNd$_2$O$_3$-(100–x)(36Fe$_2$O$_3$-10B$_2$O$_3$-54P$_2$O$_5$)，其中 x = 0、2、4、6、8，具体化学组成见表 5-4。以分析纯试剂 NH$_4$H$_2$PO$_4$、H$_3$BO$_3$、Fe$_2$O$_3$ 和 Nd$_2$O$_3$ 为原料，按表 5-4 中的化学计量比称取可以熔制 75g 固化体的原料，将均匀混合的配合料放入刚玉坩埚中，并在 1250℃高温炉中保温 2.5h，随后将获得的均匀熔体或低黏度混合物浇注于已预先加热好的石墨板上，最后置于退火炉中于 450℃下退火 1h 以消除潜在的内应力，获得玻璃/玻璃陶瓷固化体。所得样品用 Nd-x 标记，其中 x 为 Nd$_2$O$_3$ 的摩尔分数，如 Nd-6 表示 Nd$_2$O$_3$ 摩尔分数为 6%的玻璃/玻璃陶瓷固化体样品。

表 5-4　含 Nd$_2$O$_3$ 的铁硼磷酸盐玻璃/玻璃陶瓷固化体的化学组成（%）

样品	质量分数				摩尔分数			
	Nd$_2$O$_3$	Fe$_2$O$_3$	B$_2$O$_3$	P$_2$O$_5$	Nd$_2$O$_3$	Fe$_2$O$_3$	B$_2$O$_3$	P$_2$O$_5$
Nd-0	—	40.75	4.93	54.32	—	36.00	10.00	54.00
Nd-2	4.64	38.85	4.71	51.80	2.00	35.28	9.82	52.90
Nd-4	9.04	37.06	4.49	49.41	4.00	34.56	9.61	51.83
Nd-6	13.21	35.36	4.28	47.15	6.00	33.84	9.42	50.74
Nd-8	17.17	33.75	4.09	44.99	8.00	33.12	9.23	49.65

不同 Nd$_2$O$_3$ 含量样品的 XRD 图如图 5-7 所示。研究结果表明，当 Nd$_2$O$_3$ 的摩尔分数不超过 4%时，获得的铁硼磷酸盐固化体样品是完全非晶态的。当 Nd$_2$O$_3$ 的摩尔分数为 6%和 8%时，在固化体样品中检测到尖锐的 XRD 衍射峰，说明在这两个样品中有晶相形成，与标准的 PDF 卡片对比可知检测到的晶相为独居石磷酸钕（NdPO$_4$）晶相。此外，代表独居石磷酸钕晶相的衍射峰的强度随着 Nd$_2$O$_3$ 含量的增加而增加。由该结果可知，Nd$_2$O$_3$ 在此基础玻璃中的极限"溶解度"约为 4%（摩尔分数），当 Nd$_2$O$_3$ 摩尔分数超过溶解极限后，便会形成 NdPO$_4$ 晶相，通过 SEM 图可知 NdPO$_4$ 晶相嵌入基础玻璃相中，

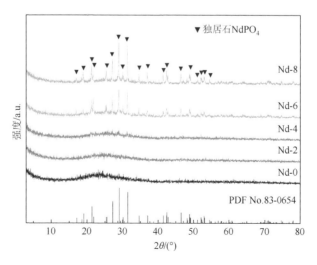

图 5-7　不同 Nd$_2$O$_3$ 含量固化体样品的 XRD 图

如图 5-8 所示。当在配方中加入摩尔分数为 9%的 Nd_2O_3 时，熔体的黏度较高，主要原因在于随着 Nd_2O_3 的增加，网络结构增强，造成密度增加，并减小了固化体的自由空间，进而减小了分子运动空间，导致黏性流动减少，无法浇注成型。因此，本章将 Nd_2O_3 的摩尔分数限制在 9%以下。

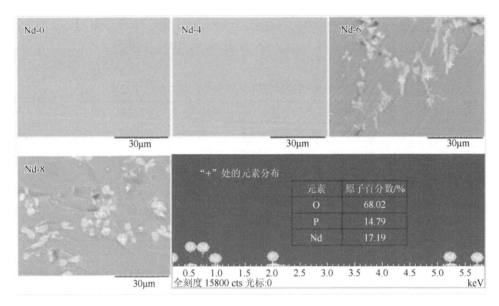

图 5-8 铁硼磷酸盐玻璃/玻璃陶瓷固化体样品的 SEM 图和晶相的 EDS 图

图 5-8 为制备的铁硼磷酸盐玻璃/玻璃陶瓷固化体断面的 SEM 图。由图可知，Nd-0 和 Nd-4 固化体样品的断面都是平整光滑的，而 Nd-6 和 Nd-8 固化体样品的断面嵌入晶相，这与 XRD 结果一致。根据固化体样品 SEM 图中晶相的 EDS 测试数据，可知嵌入的晶相的主要成分包括 O、P 和 Nd，并且 O、P、Nd 的平均原子比为 68.02∶14.79∶17.19，约为 4∶1∶1。结合 XRD 测试结果，进一步确定形成的晶相为独居石 $NdPO_4$ 晶相。

不同 Nd_2O_3 含量样品的 FTIR 光谱如图 5-9 所示。该图显示，样品的主要吸收峰位于 $1626cm^{-1}$、$1397cm^{-1}$、$900\sim1370cm^{-1}$、$880cm^{-1}$、$765cm^{-1}$、$631cm^{-1}$ 和 $548cm^{-1}$ 处。样品的红外吸收峰与键/基团的匹配结果见表 5-5。具体[6]为：$1626cm^{-1}$ 处的吸收峰与制样和测试过程中引入的水有关，归因于 P—OH、B—OH 和 H—OH 键的振动；$1397cm^{-1}$ 处的吸收峰归因于 Q^2 基团中 $(PO_2)^+$ 的不对称伸缩振动；当玻璃形成体氧化物 B_2O_3 和 P_2O_5 共存时，在 FTIR 光谱中，硼酸盐和磷酸盐基团在 $900\sim1370cm^{-1}$ 范围内有较宽的重叠吸收带，该波数范围主要包含 $[BO_4]^-$ 基团中 B—O 键的伸缩振动、Q^0 基团的伸缩振动以及 Q^1 基团中 $(PO_3)^-$ 的不对称伸缩振动；$880cm^{-1}$ 处的弱吸收峰归因于 Q^1 基团中 P—O—P 桥氧键的对称振动，此外，硼磷酸盐玻璃结构中与 P—O—B 键有关的吸收峰也位于 $800\sim890cm^{-1}$ 范围内；$765cm^{-1}$ 左右处的吸收峰被认为由 $[BO_4]^-$ 四面体中 B—O—B 键的弯曲振动引起；$631cm^{-1}$ 处的吸收峰归因于 Fe（Nd）—O—P 键的伸缩振动；$548cm^{-1}$ 处的吸收峰归因于 Q^1 基团中 O—P—O 键的弯曲振动。

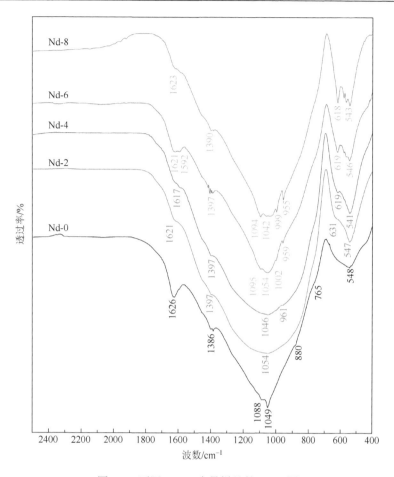

图 5-9　不同 Nd_2O_3 含量样品的 FTIR 图

表 5-5　不同 Nd_2O_3 含量样品的红外吸收峰归属[6]

序号	波数/cm^{-1}	吸收峰归属
1	1626	与 P—OH、B—OH 和 H—OH 键的振动有关
2	1397	Q^2 基团中(PO$_2$)$^+$的不对称伸缩振动
3	900～1370	[BO$_4$]$^-$基团中 B—O 键的伸缩振动 Q^0基团的伸缩振动 Q^1基团中(PO$_3$)$^-$的不对称伸缩振动
4	880	Q^1基团中 P—O—P 键的对称振动 P—O—B 键的振动
5	765	[BO$_4$]$^-$四面体中 B—O—B 键的弯曲振动
6	631	Fe（Nd）—O—P 键的伸缩振动
7	548	Q^1基团中 O—P—O 键的弯曲振动

　　Nd_2O_3 的掺入使铁硼磷酸盐玻璃/玻璃陶瓷固化体的 FTIR 光谱发生了一些明显的变化。比如，在 1397cm^{-1} 附近与 Q^2 磷酸盐基团有关的吸收峰的强度随 Nd_2O_3 含量的增加而

降低，表明 Nd_2O_3 的加入导致 Q^2 基团向其他磷酸盐基团（如 Q^1 和/或 Q^0 基团）转变；在 $900\sim1370cm^{-1}$ 范围内宽吸收带内的尖峰也随 Nd_2O_3 含量的变化发生明显的变化，在加入较低浓度的 Nd_2O_3（Nd-2 和 Nd-4 样品）时，无尖峰出现，而在 Nd_2O_3 浓度较高（Nd-6 和 Nd-8 样品）时，有明显的尖峰出现，且尖峰随 Nd_2O_3 含量的增加而增强。这是因为 Nd_2O_3 作为玻璃网络改性剂，可以为硼磷酸盐网络基团提供游离氧，Nd 也可进入网络间隙位置，并形成 Nd—O—P 键，增强玻璃网络结构。此外，当固化体中 Nd_2O_3 的摩尔分数为 6% 时，独居石 $NdPO_4$ 晶相形成，引起固化体的 FTIR 光谱中出现了与晶相有关的尖锐峰。此外，随着 Nd_2O_3 含量的增加，含独居石晶相样品的 FTIR 光谱在 $548cm^{-1}$ 和 $631cm^{-1}$ 处的吸收峰强度增加，并出现了尖锐的劈裂峰，这也与独居石 $NdPO_4$ 晶相的形成有关。总体而言，FTIR 光谱表明，获得的铁硼磷酸盐玻璃/玻璃陶瓷固化体样品的网络结构主要由 Q^0 和 Q^1 磷酸盐基团构成。

2. 独居石-磷酸盐玻璃固化体的析晶动力学[7, 8]

选取几个典型固化体样品（Nd-2、Nd-4 和 Nd-6）做不同扫描速率下的 DSC 分析，探究 Nd_2O_3 和形成的 $NdPO_4$ 晶相对铁硼磷酸盐固化体析晶行为的影响，其结果如图 5-10 所示。研究结果表明，所有固化体样品的 DSC 曲线上都有一个吸热峰和两个放热峰（p1、p2）。吸热峰对应于玻璃化转变温度（T_g），放热峰代表样品在峰附近的析晶温度（T_p）。此外，随着升温速率从 10K/min 升至 25K/min，T_g 和 T_p 也升高。图 5-10 还展示了

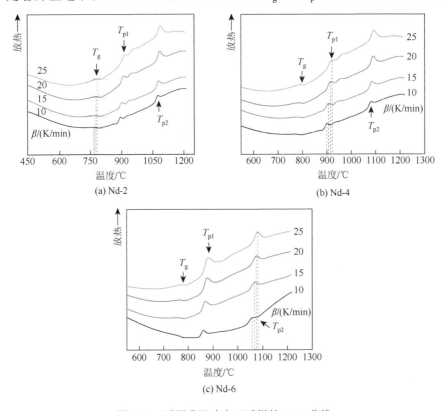

(a) Nd-2

(b) Nd-4

(c) Nd-6

图 5-10　不同升温速率下试样的 DSC 曲线

在不同升温速率下 T_g、T_{p1} 和 T_{p2} 的确定方法，所得热分析参数见表 5-6。根据 DSC 分析结果，可以获得玻璃的形成和析晶机理，并可在实际生产过程中获得最佳热处理工艺制度。

表 5-6 Nd-2、Nd-4、Nd-6 试样的 T_g、T_{p1} 和 T_{p2}

样品	升温速率/(K/min)	$(T_g\pm1)$ /K	$(T_{p1}\pm1)$ /K	$(T_{p2}\pm1)$ /K
Nd-2	10	790	894	1076
	15	795	900	1081
	20	796	910	1084
	25	799	918	1090
Nd-4	10	797	902	1084
	15	802	908	1088
	20	804	917	1091
	25	806	924	1095
Nd-6	10	782	862	1059
	15	784	870	1068
	20	788	879	1076
	25	793	884	1080

基于经典的 Johnson-Mel-Avrami（JMA）理论模型，玻璃的结晶活化能（E_c）可根据式（5-1）计算。

$$\ln\left(\frac{\beta}{T_p^2}\right) = -\frac{E_c}{RT_p} + 常数 \tag{5-1}$$

式中，T_p 为不同扫描速率下获得的结晶温度；β 为扫描速率；R 为气体常数[8.314J/(K·mol)]。

图 5-11 为图 5-10 中两个结晶峰处以 $\ln(\beta/T_p^2)$ 为纵坐标、$1000/T_p$ 为横坐标的线性拟合曲线。根据直线的斜率，用式（5-1）可计算出 E_c，其计算结果见表 5-7。此外，玻璃结构弛豫活化能（E_g）也可以用修正的 Kissinger 方法计算，其修正的 Kissinger 方程如式（5-2）所示。

$$\ln\left(\frac{\beta}{T_g^2}\right) = -\frac{E_g}{RT_g} + 常数 \tag{5-2}$$

图 5-12 为图 5-10 中代表玻璃化转变温度的吸热峰处以 $\ln(\beta/T_g^2)$ 为纵坐标、$1000/T_g$ 为横坐标的线性拟合曲线。玻璃结构弛豫活化能（E_g）可通过图 5-12 中直线的斜率确定，其计算结果见表 5-7。研究结果表明，在 T_{p1}（E_{c1}）处 E_c 随 Nd_2O_3 含量的增加变化不明显，T_{p2}（E_{c2}）处的 E_c 从 Nd-2 样品的 628kJ/mol 增加到 Nd-4 样品的 780kJ/mol，而当 $NdPO_4$ 晶相形成时，Nd-6 样品虽然含有高浓度的 Nd_2O_3，但 E_{c2} 急剧下降至 396kJ/mol，此外，E_{c1} 始终比 E_{c2} 小。玻璃化转变温度与液态到玻璃热力学准稳态的变化有关，在玻璃化转变温度附近原子运动和重排所需的能量等于热松弛活化能，它和玻璃的转变活化能相关，

玻璃态最稳定的区域意味着玻璃结构弛豫活化能最低。随着 Nd_2O_3 含量的增加，E_g 明显下降，在形成的 $NdPO_4$ 晶相的影响下，Nd-6 样品的 E_g 下降得更加显著（表 5-7）。

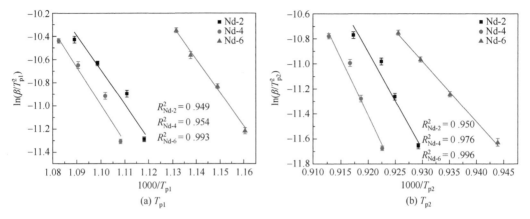

图 5-11　在不同析晶温度下得到的 $\ln(\beta/T_p^2)$-$(1000/T_p)$图

表 5-7　铁硼磷酸盐固化体在 T_g、第一和第二结晶温度峰值处的活化能

样品	E_g/(kJ/mol)	E_c/(kJ/mol)	
		E_{c1}（p1）	E_{c2}（p2）
Nd-2	599±3	234±4	628±5
Nd-4	513±6	267±5	780±5
Nd-6	397±5	242±1	396±2

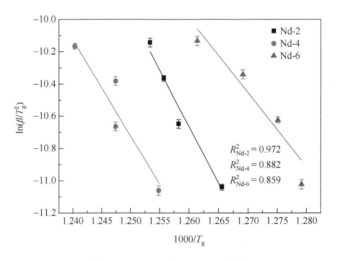

图 5-12　$\ln(\beta/T_g^2)$-$(1000/T_g)$图

3. 热处理温度对独居石-磷酸盐玻璃固化体析晶的影响[6]

将 Nd-2、Nd-4 和 Nd-6 样品分别在 T_{p1} 和 T_{p2} 温度附近保温 6h。图 5-13 为在第一个

放热峰附近样品析晶后的 XRD 图。与标准 PDF 卡片对比，对比结果表明样品析出的晶相为 $Fe_4(PO_4)_2O$（PDF $No.74\text{-}1443$）和 $NdPO_4$（PDF $No.83\text{-}0654$）。此外，随着 Nd_2O_3 含量的增加，$Fe_4(PO_4)_2O$ 的结晶被抑制，$NdPO_4$ 的结晶增强。图 5-14 为在第二个放热峰附近样品析晶后的 XRD 图。由图 5-14 可知，在此温度下，除 $Fe_4(PO_4)_2O$ 和 $NdPO_4$ 晶相析出外，样品中还有少量的 $FePO_4$（PDF $No.84\text{-}0876$）晶相。

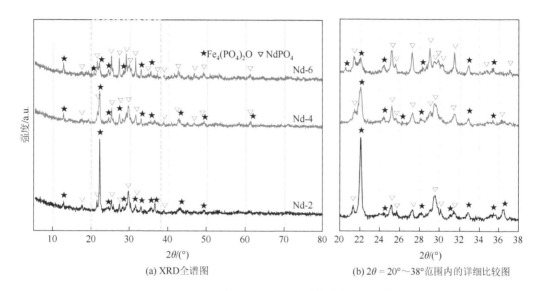

(a) XRD全谱图　　　　　　　(b) $2\theta = 20°\sim38°$ 范围内的详细比较图

图 5-13　T_{p1} 温度附近退火 6h 时样品的 XRD 图

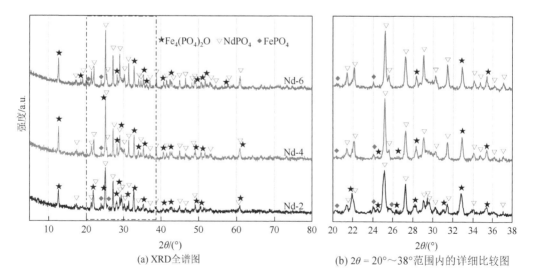

(a) XRD全谱图　　　　　　　(b) $2\theta = 20°\sim38°$ 范围内的详细比较图

图 5-14　T_{p2} 温度附近退火 6h 时样品的 XRD 图

在玻璃中，E_c 的大小与结晶速率有关。E_c 越大，表明晶体的成核速率和生长速率越小，从而抑制了结晶。根据表 5-7 的数据可知，Nd-2 和 Nd-4 样品的 E_{c2} 随着 Nd_2O_3 含量增加而增加，而 Nd-6 样品的 E_{c2} 出现急剧下降。从结构来看，Nd_2O_3 的掺杂增强了玻璃的结构，导致玻璃的结合能增加，抑制了 $Fe_4(PO_4)_2O$ 的结晶。因此，随着 Nd_2O_3 含量的增加，E_{c2} 增大。而对于 Nd-6 样品，形成的 $NdPO_4$ 晶相可以作为成核剂。因此，E_{c2} 的显著降低归因于玻璃基质中已经存在 $NdPO_4$ 晶相，这使得 $NdPO_4$ 晶相更容易结晶（图 5-13）。虽然 E_{c1} 随 Nd_2O_3 含量的变化不显著，但也可以观察到类似的变化。此外，每个样品的 E_{c1} 均小于 E_{c2}，这是因为在第二个析晶温度附近样品中有 $FePO_4$ 晶相析出。另外，E_g 与玻璃弛豫能相关。从理论上讲，E_g 越小，玻璃形成更稳定结构所需的能量就越少，玻璃也就越稳定。

综上所述，当铁硼磷酸盐基础玻璃中 Nd_2O_3 的摩尔分数不超过 4% 时，获得的铁硼磷酸盐固化体样品为完全非晶态的。当 Nd_2O_3 的摩尔分数大于 4% 时，获得的铁硼磷酸盐固化体中出现独居石 $NdPO_4$ 晶相。不同 Nd_2O_3 含量的铁硼磷酸盐固化体样品的网络结构主要由 Q^1 和 Q^0 磷酸盐基团以及 $[BO_4]^-$ 基团构成。Nd_2O_3 可增强玻璃网络结构，但当 Nd_2O_3 含量超过铁硼磷酸盐基础玻璃的"溶解度"而生成 $NdPO_4$ 晶相后，$NdPO_4$ 晶相可以作为成核剂使铁硼磷酸盐固化体更容易结晶。

5.1.3　独居石-磷酸盐玻璃陶瓷固化体的结构与性能[4, 9]

1. 独居石-磷酸盐玻璃陶瓷固化体的物相

根据离子半径、价态和电子构型相同或相似的三个原则，采用 Zr^{4+} 和 Nd^{3+} 模拟 TRUs。根据高放废物中 La/Ce 物质的量比，用 Nd^{3+} 代替 La 和 Ce，对高放核废料中的放射性元素进行替代，获得模拟高放废物（HLW）。表 5-8 为模拟高放废物的组分及引入的氧化物。采用熔融-冷却法制备摩尔组成为 $(100–x)(36Fe_2O_3\text{-}10B_2O_3\text{-}54P_2O_5)\text{-}x$HLW（$x = 0$、5、15）的固化体，获得的固化体的编号及成分见表 5-9。虽然熔融和退火后含有摩尔分数为 0~15% 的 HLW 的玻璃固化体呈现出玻璃光泽，但 FP-10HLW 和 FP-15HLW 样品在 XRD 图和 SEM 图中被检测到有微晶相存在。此外，HLW 摩尔分数为 20% 的固化体被观察到在熔体表面漂浮了一些悬浮物，并在熔融条件下存在分相。因此，在选择的基础玻璃体系中，将高放废物的包容量限制在 15%（以摩尔分数表示）。

表 5-8　模拟高放废物的组分及引入的氧化物

元素	浓度/(g/L)	质量分数/%	摩尔分数/%	引入物	摩尔分数/%	质量分数/%
Fe	0.3400	5.59	14.12	Fe_2O_3	10.43	7.39
La	0.5865	9.65	9.82	La_2O_3	12.97	18.74
Ce	0.7755	12.75	12.88	CeO_2	34.02	25.97
Nd	2.0380	33.52	32.91	Nd_2O_3	24.30	36.26
Mo	0.5000	8.22	12.12	MoO_3	17.90	11.43
Zr	0.0100	0.16	0.26	ZrO_2	0.38	0.21
TRUs	1.8300	30.11	17.89	—	—	—
总计	6.0800	100.00	100.00	总计	100.00	100.00

表 5-9　不同 HLW 含量固化体试样的组成（%）

试样	CeO_2	ZrO_2	B_2O_3	MoO_3	La_2O_3	Fe_2O_3	P_2O_5	Nd_2O_3
FP-0HLW	—	—	10.00	—	—	36.00	54.00	—
FP-5HLW	1.70	0.02	9.50	0.90	0.65	34.71	51.30	1.22
FP-10HLW	3.40	0.04	9.00	1.79	1.30	33.44	48.60	2.43
FP-15HLW	5.10	0.06	8.50	2.69	1.95	32.15	45.90	3.65

注：表中数据指摩尔分数，±1%。

　　图 5-15 为固化体样品的 XRD 图。由图可知，在含有摩尔分数为 0 和 5%的 HLW 的样品结构中没有检测到任何衍射峰，表明这些固化体样品是完全非晶态的。对于含有摩尔分数为 10%和 15%的 HLW 的样品，采用 XRD 检测到代表独居石$(Ce, La, Nd)PO_4$晶相的衍射峰［PDF $No.46$-1295，空间群：单斜，$P2_1/n(14)$］。这一结果表明，当 HLW 的摩尔分数大于等于 10%时，在固化体结构中有$(Ce, La, Nd)PO_4$相形成。此外，独居石晶相的 XRD 衍射峰的强度随着 HLW 含量的增加而增强，说明所制备的固化体中产生的$(Ce, La, Nd)PO_4$晶相的含量随着固化体中 HLW 含量的增加而增加。

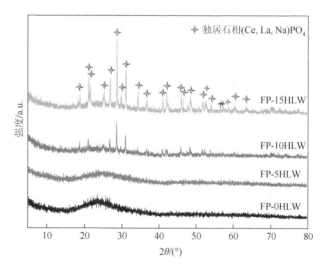

图 5-15　不同 HLW 含量的磷酸盐固化体样品的 XRD 图

　　图 5-16 为制备的不同 HLW 含量的固化体样品的 SEM 图。研究结果表明，所有固化体均呈现出致密的显微结构。另外，FP-0HLW 和 FP-5HLW 样品具有玻璃态的断面特征，XRD 结果也证实这两个样品中不存在晶体。HLW 摩尔分数为 10%和 15%的固化体断面呈玻璃态，但嵌有许多微晶，且微晶的含量随 HLW 含量的增加而增加。根据 EDS 结果（图 5-17），微晶的主要成分包括 Nd、La、Ce、P 和 O，平均物质的量比为 7.0∶3.5∶7.1∶17.5∶64.9（10 个点的 EDS 数据平均值），并且(Nd + La + Ce)、P、O 的物质的量比约为1∶1∶4。结合 XRD 分析，进一步确定这些晶相为$(Ce, La, Nd)PO_4$相。FP-15HLW 样品的 EDS 元素分布图如图 5-18 所示，该图表明，O 和 P 主要均匀地分布在玻璃相中。Fe 不存在于结晶区，只存在于玻璃态区。与之相反，Ce、La 和 Nd 主要存在于形成的独居

石(Ce, La, Nd)PO₄晶相中。以上结果表明，HLW 摩尔分数为 10%和 15%的固化体为典型的独居石-磷酸盐玻璃陶瓷固化体。

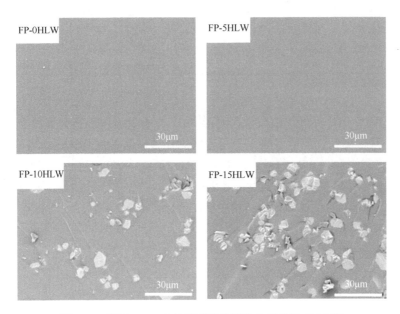

图 5-16　不同 HLW 含量的磷酸盐固化体样品的 SEM 图

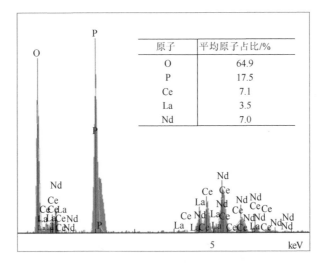

原子	平均原子占比/%
O	64.9
P	17.5
Ce	7.1
La	3.5
Nd	7.0

图 5-17　SEM 图中固化体晶相的 EDS 图

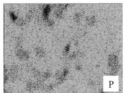
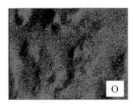

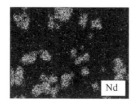

图 5-18　FP-15HLW 试样的元素分布图

2. 独居石-磷酸盐玻璃陶瓷固化体的结构[9]

图 5-19 为所制备的固化体样品在 400～2000cm^{-1} 范围内的 FTIR 图。在 FTIR 图中，主要的吸收峰位于 540cm^{-1}、617cm^{-1}、752cm^{-1}、880cm^{-1}、955cm^{-1}、997cm^{-1}、1048cm^{-1}、1095cm^{-1}、1143cm^{-1}、1384cm^{-1}、1462cm^{-1} 和 1632cm^{-1} 处。540cm^{-1} 处的吸收峰由$(P_2O_7)^{4-}$焦磷酸基团（Q^1 基团）中 O—P—O 键的弯曲振动引起；617cm^{-1} 左右处的吸收峰归因于 M—O—P（M = Fe, Nd, Ce, La···）键的伸缩振动；752cm^{-1} 处的吸收峰归因于$[BO_4]^-$四面体中 B—O—B 键的弯曲振动；880cm^{-1} 处的吸收峰由 Q^1 基团中 P—O—P 键的对称振动引起，此外，磷酸硼玻璃结构中 P—O—B 键的吸收峰也主要位于 880cm^{-1} 处；955cm^{-1} 处的吸收峰与独居石(Ce, La, Nd)PO$_4$晶相和$[BO_4]^-$四面体中 B—O 键的不对称伸缩振动有关；997cm^{-1} 处的吸收峰归因于正磷酸基团 PO$_4^{3-}$（Q^0 基团）中非桥氧的对称伸缩模式。1048cm^{-1} 处和 1095cm^{-1} 处的吸收峰分别归因于 Q^0 基团的不对称伸缩模式和对称伸缩振动，此外，与独居石(Ce, La, Nd)PO$_4$晶相有关的红外吸收峰也会在 1095cm^{-1} 处出现；1143cm^{-1} 处的吸收峰与样品中的Q^1 基团有关；1462cm^{-1} 处的吸收峰主要与偏磷酸基团（Q^2 基团）中$(PO_2)^+$和硼氧三角体结构（$[BO_3]$和 BO$_2$O$^-$）的振动模式有关；1632cm^{-1} 处的波段可能与吸收的水有关。

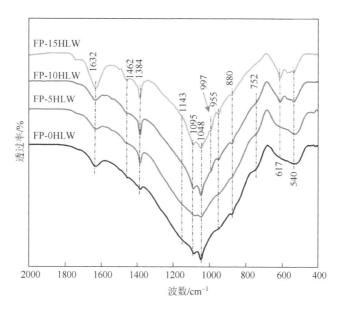

图 5-19　不同 HLW 含量的磷酸盐固化体样品的 FTIR 图

随着 HLW 的掺入，虽然 FTIR 光谱中主要吸收峰的位置无特别明显的变化，但总的来说，随着 HLW 含量的增加，Q^1 基团在 540cm^{-1} 和 1143cm^{-1} 左右处的吸收峰的强度显著减弱，在 617cm^{-1} 左右处与 M—O—P 键有关的吸收峰强度以及与 Q^0 基团相关的吸收峰（997cm^{-1}、1048cm^{-1} 和 1095cm^{-1}）强度增强。此外，由于[BO$_4$]$^-$基团向[BO$_3$]基团转化和独居石相(Ce, La, Nd)PO$_4$ 的形成，752cm^{-1} 处的吸收峰强度减弱，1462cm^{-1} 处的吸收峰强度增强。需要注意的是，由于独居石相(Ce, La, Nd)PO$_4$ 的形成，在 550～580cm^{-1} 处产生了一些新的弱吸收带。

图 5-20 为固化体样品的拉曼光谱图。在拉曼光谱中，500cm^{-1} 以下的峰与磷酸盐网络弯曲模式有关。618cm^{-1} 处的峰归因于(PO$_3$)$^-$基团中 P—O—P 键的对称伸缩振动，763cm^{-1} 处的峰可以归属于 Q^1 基团中 P—O—P 键的对称伸缩模式。一般来说，以 1021～1053cm^{-1} 为中心的宽峰与各种磷酸盐基团（Q^0、Q^1 和 Q^2 基团）有关。此外，位于 860cm^{-1} 处的肩峰由正钼酸单元（[MoO$_4$]基团）的伸缩引起。为了定量分析这些基团的相对含量，将每个光谱在 800～1400cm^{-1} 波数范围内用高斯曲线进行拟合。FP-0HLW 和 FP-10HLW 两个样品的拟合示例如图 5-21 所示。其拟合结果和拟合峰的归属见表 5-10，中心位于 1179～1194cm^{-1} 附近的吸收峰归属于 Q^2 基团中非桥氧原子的对称伸缩模式。中心在 1029～1051cm^{-1} 附近的吸收峰归因于 Q^1 基团中非桥氧原子的伸缩振动，中心在 945～1004cm^{-1} 附近的吸收峰归因于 Q^0 基团的对称伸缩振动。

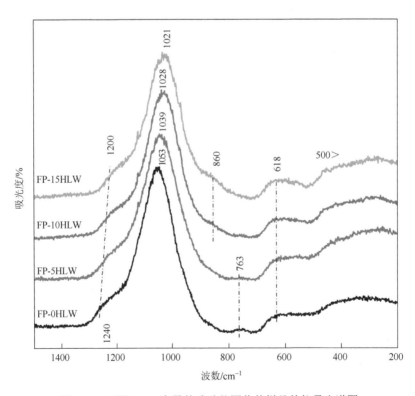

图 5-20　不同 HLW 含量的磷酸盐固化体样品的拉曼光谱图

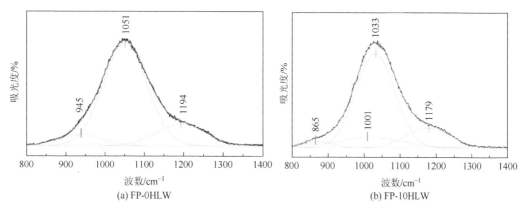

图 5-21　典型固化体样品的拉曼光谱中主要吸收峰的分峰拟合图

表 5-10　固化体样品拉曼光谱的分峰拟合结果和拟合峰的归属

FP-0HLW		FP-5HLW		FP-10HLW		FP-15HLW		归属基团
C/cm^{-1}	A	C/cm^{-1}	A	C/cm^{-1}	A	C/cm^{-1}	A	
1194	17.57	1181	16.38	1179	15.21	1182	12.50	Q^2 基团
1051	74.45	1044	70.56	1033	67.75	1029	58.86	Q^1 基团
945	7.98	963	12.66	1001	13.91	1004	22.06	Q^0 基团
—	—	856	0.39	865	3.13	867	6.58	$[MoO_4]$基团

由拉曼分析可知，掺入 HLW 会导致 $763cm^{-1}$ 处的吸收峰强度降低。此外，HLW 含量增加会导致 Q^0 基团增加，Q^1 和 Q^2 基团减少（表 5-10）。其变化趋势与 FTIR 光谱分析结果一致。由于钼的配位对拉曼散射信号敏感，因而在含有 HLW 的样品中观察到 $860cm^{-1}$ 处与$[MoO_4]$基团有关的拉曼吸收振动峰。

3. 独居石-磷酸盐玻璃陶瓷固化体的热稳定性

所制备的固化体样品的 DSC 曲线如图 5-22 所示。根据 DSC 曲线获得的固化体中玻璃相的 T_g、T_r 和 T_L 见表 5-11。当 HLW 的摩尔分数增加到 5%时，T_g 和 T_r 略有增加。随着 HLW 含量的进一步增加，由于独居石相$(Ce, La, Nd)PO_4$ 形成，T_g 和 T_r 降低。根据 Hrubý 的理论，玻璃形成能力与热稳定性成正比，可以通过 $K_H = (T_r - T_g)/(T_L - T_r)$ 进行数值计算并判断玻璃的形成能力。K_H 越高，玻璃形成能力（热稳定性）越好。由表 5-11 可知，固化体的玻璃相具有良好的热稳定性，其 K_H 为 0.14～1.3，这与常见的硅酸盐玻璃相当。此外，$\alpha = T_r/T_L$ 是用于表示熔体在冷却过程中抗析晶能力的参数。一般而言，$\alpha \geqslant 0.6$ 的玻璃被认为具有良好的玻璃形成能力。当加入高含量的 HLW 时，α 略有下降，但所有固化体的 α 仍保持在 0.601～0.636 范围内，进一步证实所制备的固化体中玻璃相具有良好的玻璃形成能力。

表 5-11　铁硼磷酸盐固化体样品在 T_g、第一和第二结晶温度峰值处的活化能

特征值	FP-0HLW	FP-5HLW	FP-10HLW	FP-15HLW
$T_g \pm 1℃$	505	517	500	497
$T_r \pm 1℃$	588	591	582	561

续表

特征值	FP-0HLW	FP-5HLW	FP-10HLW	FP-15HLW
$T_L \pm 1\,^\circ\text{C}$	925	930	934	935
$K_H = (T_r - T_g)/(T_L - T_r)$	0.246	0.218	0.233	0.171
$\alpha = T_r/T_L$	0.636	0.635	0.623	0.601

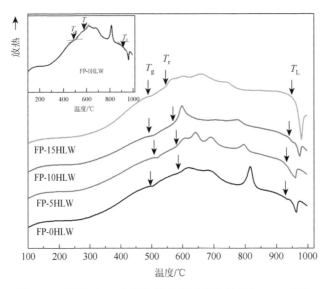

图 5-22　不同 HLW 含量的磷酸盐固化体样品的 DSC 曲线

4. 独居石-磷酸盐玻璃陶瓷固化体的化学稳定性

化学稳定性是核废料固化体最重要的性能之一。图 5-23 展示了固化体样品主要元素的归一化浸出率（LR）。由图可知，固化体的归一化浸出率在最初的 14 天内随着浸泡时间的延长而迅速下降，14 天后基本保持不变，14 天后 LR_P、LR_{Zr}、LR_{Mo}、LR_{La} 和 LR_{Ce} 分别约为 $1 \times 10^{-3}\,\text{g/(m}^2\cdot\text{d)}$、$1.4 \times 10^{-4}\,\text{g/(m}^2\cdot\text{d)}$、$3.6 \times 10^{-4}\,\text{g/(m}^2\cdot\text{d)}$、$3.5 \times 10^{-6}\,\text{g/(m}^2\cdot\text{d)}$ 和 $5.1 \times 10^{-6}\,\text{g/(m}^2\cdot\text{d)}$。值得注意的是，由于固化体中的 B 含量较低，很难检测出浸出液中不同浸泡天数的 B 元素浓度。离子浸出率的第一次急剧下降是由于在最初几天样品和浸出液之间发生了离子交换，随后离子浸出率虽较低但几乎没有变化，这归因于耐水保护层

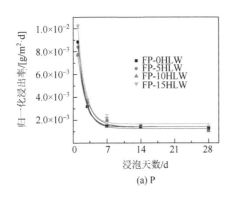

(a) P

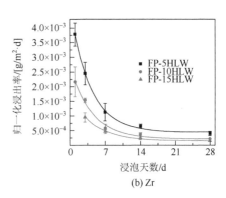

(b) Zr

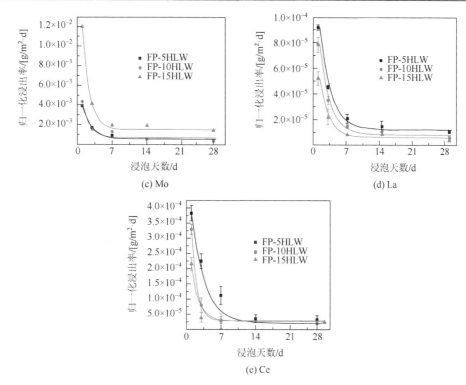

图 5-23　试样在 90℃去离子水中浸泡不同天数后典型元素的归一化浸出率

的形成。固化体样品总体的归一化浸出率[$10^{-4}\sim10^{-3}$g/(m^2·d)]与典型的硼硅酸盐玻璃固化体[$10^{-4}\sim10^{-2}$g/(m^2·d)]和磷酸盐玻璃陶瓷[10^{-4}g/(m^2·d)]的归一化浸出率相当或更低。另外，随着 HLW 含量的增加，固化体的浸出率略微降低，意味着固化高放核废料可以提高基础玻璃的耐水性，并且(Ce, La, Nd)PO$_4$ 相的形成不会降低固化体的化学稳定性。固化体的化学稳定性较好，这与组成固化体的高耐水性独居石相[10^{-8}g/(m^2·d)]以及稳定的磷酸铁玻璃相（主要由抗水化的 M—O—P 键和 Q^{1}基团组成）密切相关。

对含有 HLW 的固化体样品的物相分析结果表明，只有 FP-5HLW 样品呈非晶态，并且在 FP-15HLW 样品之前，没有发现来自 HLW 的氧化物分离出来。因此，尽管 HLW 在基础玻璃中的极限溶解度约为 5%（以摩尔分数表示），但通过熔融-冷却法制成玻璃陶瓷材料后，至少有 15%（摩尔分数）的 HLW 被成功地固化到制备的固化体中。DSC 曲线上只有一个吸热峰（T_g），表明在 1200℃下熔融 2h 足以产生均匀的玻璃相。Fe 在高放废物固化中可以作为制备基础玻璃的原料。FP-15HLW 样品中 Zr 和 Mo（作为氧化物掺入）的摩尔分数分别为 0.06%和 2.69%，能很好地溶解在磷酸盐玻璃中。然而，对于 FP-10HLW 和 FP-15HLW 样品，Nd、Ce 和 La 的摩尔分数之和大于 7.13%，超过了其在玻璃中的极限溶解度。在熔融-冷却过程中，基础玻璃通常首先形成液相。起初，模拟高放核废料的氧化物逐渐溶解到形成的液相中。当氧化物的含量高于其在基础玻璃熔体中的极限溶解度时，富含 Nd、Ce、La 的液滴出现，导致液相分离，并且这些液滴开始成核，随后微晶长大，出现独居石相结晶。同时，未溶解的氧化物不断溶解到玻璃液相中，微晶进一步长大。在这个过程中，溶解和沉淀都会发生，直到所有氧化物完全溶解。此外，当 B$_2$O$_3$ 与 P$_2$O$_5$ 一起存在于样品中时，各种磷酸盐基团更加倾向于不相互连接，随着 HLW 加入，Q^0 正磷酸盐基团增加。这些效应促进了有正磷酸盐基团的晶相析出。在高温下，形成了正磷酸盐晶相（如 $FePO_4$ 和独居石），但稳定的独居石相在磷酸盐熔体中溶解得较慢[2]，从而得到了含有单一独居石$(Ce, La, Nd)PO_4$晶相的磷酸盐玻璃陶瓷固化体，并且成功地固化了 HLW 中的所有氧化物。

在硼硅酸盐基础玻璃固化体中，由于过量添加高放废物而产生的晶相被认为是不理想的。这是因为，如果在硼硅酸盐玻璃中发生相分离，通常会形成可溶相（黄相），这会严重影响最终固化体的耐水性[9]。然而，由于过量添加 HLW 而形成的$(Ce, La, Nd)PO_4$相不会降低最终固化体的化学稳定性，如图 5-23 所示。尽管在制备的固化体中检测到独居石相的结晶，但其仍具有良好的耐水性$[10^{-4} \sim 10^{-3} \text{g}/(\text{m}^2 \cdot \text{d})]$。

5.2　锆磷酸盐玻璃陶瓷固化材料

5.2.1　锆磷酸盐玻璃陶瓷基固化体[10]

1. 锆磷酸盐玻璃陶瓷基固化体的晶相及显微结构

按摩尔组成 $x\text{ZrO}_2\text{-}(20\text{-}x)\text{Na}_2\text{O-}80(36\text{Fe}_2\text{O}_3\text{-}10\text{B}_2\text{O}_3\text{-}54\text{P}_2\text{O}_5)$（$x$ = 4、6、8、10、12、14、16）进行配料，具体按表 5-12 称取原料，原料选用分析纯 ZrO_2（99.0%）、$\text{NaH}_2\text{PO}_4\cdot2\text{H}_2\text{O}$（99.0%）、$\text{Fe}_2\text{O}_3$（99.0%）、$\text{NH}_4\text{H}_2\text{PO}_4$（99.0%）和 H_3BO_3（99.5%）。将原料在研钵中充分研磨和均匀混合后放入刚玉坩埚，然后将坩埚放在高温箱式炉中并升温至 450℃保温 2h 以排尽氨气和水分，再以 5℃/min 的升温速率升温至 1200℃保温 3h。熔融程序结束后迅速将高温熔体倒在预热好的石墨板上，并冷却至室温，再在 450℃下保温 1h 退火。样品用 ZrO_2 取代 Na_2O 的量表示，如 Zr4 代表 $4\text{ZrO}_2\text{-}16\text{Na}_2\text{O-}80(36\text{Fe}_2\text{O}_3\text{-}10\text{B}_2\text{O}_3\text{-}54\text{P}_2\text{O}_5)$样品。

表 5-12　玻璃陶瓷固化体样品的摩尔分数和 O/P 物质的量比

样品	摩尔分数/%					O/P 物质的量比
	ZrO_2	Na_2O	Fe_2O_3	B_2O_3	P_2O_5	
Zr4	4	16	28.8	8	43.2	4.05
Zr6	6	14	28.8	8	43.2	4.07
Zr8	8	12	28.8	8	43.2	4.10
Zr10	10	10	28.8	8	43.2	4.12
Zr12	12	8	28.8	8	43.2	4.14
Zr14	14	6	28.8	8	43.2	4.17
Zr16	16	4	28.8	8	43.2	4.19

图 5-24 为制备的锆磷酸盐玻璃陶瓷固化体样品的 XRD 图。如图 5-24 所示，Zr4 和 Zr6 样品的主晶相为 $\text{NaZr}_2(\text{PO}_4)_3$，还有少量的 ZrP_2O_7 微晶相。Zr8 和 Zr10 样品的主晶相仍是 $\text{NaZr}_2(\text{PO}_4)_3$，$\text{ZrP}_2\text{O}_7$ 微晶相含量增多。当 ZrO_2 摩尔分数超过 10%时，样品中除了 $\text{NaZr}_2(\text{PO}_4)_3$ 和 ZrP_2O_7，还有 FePO_4 微晶相存在。在 Zr14 和 Zr16 样品中，有少量的 $\text{Fe}_7(\text{PO}_4)_6$

微晶相。随着 ZrO_2 摩尔分数的增加（4%～10%），$NaZr_2(PO_4)_3$ 微晶相的衍射峰增强。当 ZrO_2 的摩尔分数超过 12%时，由于钠含量减少，$NaZr_2(PO_4)_3$ 微晶相数量不再增加，但 ZrP_2O_7 微晶相的衍射峰强度却随着 ZrO_2 取代 Na_2O 的量的增加不断增强。可见，根据该配比和工艺制备出的是以 $NaZr_2(PO_4)_3$ 为主晶相的锆磷酸盐玻璃陶瓷固化体。

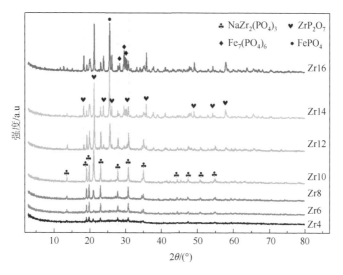

图 5-24　玻璃陶瓷固化体样品的 XRD 图

图 5-25 为制备的锆磷酸盐玻璃陶瓷固化体样品断面的 SEM 图和 EDS 图。所有样品均能观察到矩形晶体（N 位）。图 5-25 中 N 位的 EDS 数据显示这些矩形的晶体含有 Zr、P、O 和 Na 四种元素，且 Na∶Zr∶P∶O 约为 1∶2∶3∶12，结合 XRD 结果可以证明该晶体为 $NaZr_2(PO_4)_3$。在 Zr10、Zr12、Zr14 和 Zr16 样品中的 Z 位，存在一些小球状晶体，图 5-25 中 Z 位的 EDS 数据显示该晶体含有 Zr、P 和 O 三种元素，比例约为 1∶2∶7，结合 XRD 结果可知此晶体为 ZrP_2O_7。图 5-25 中 F 位的 EDS 数据显示在 Zr14 和 Zr16 样品中存的长条棒状晶体含有 Fe、P 和 O 三种元素，元素比 Fe∶P∶O = 17.09∶20.08∶62.83，约为 1∶1∶4，结合 XRD 结果可证明此晶体为 $FePO_4$。当 ZrO_2 的摩尔分数小于 10%时，玻璃陶瓷断面的玻璃相比较平整，没有出现受到 HF 腐蚀和开裂的迹象。当 ZrO_2 的摩尔分数增加到 12%时，玻璃表面呈现出被 HF 腐蚀的痕迹。继续增加取代量，由于析出的晶体越来越多，造成玻璃相减少，高温下黏度增加，在急冷过程中，液体流动速率减慢，大量的裂缝开始出现，并且越来越多。

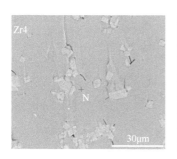
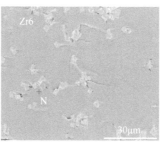
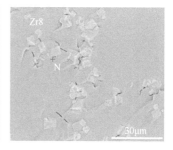

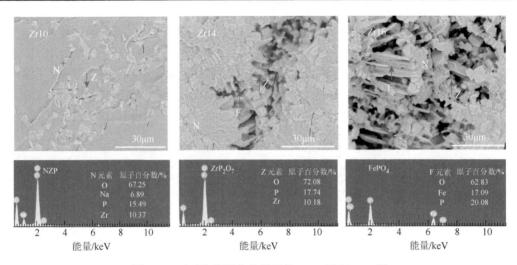

图 5-25　玻璃陶瓷固化体样品的 SEM 图和 EDS 图

　　图 5-26 为玻璃陶瓷固化体样品的 DSC 曲线，通过该曲线可以确定 T_g、T_r 和液相线出现的起始温度（T_L）。T_g、T_r、T_L、T_r-T_g、T_L-T_r 和 K_{gl} 见表 5-13。一般来说，形成的 Zr—O—P 键会降低玻璃过渡区相邻两个区域之间的势垒，导致玻璃的跃迁活化能降低，玻璃化转变温度升高。但形成的 $NaZr_2(PO_4)_3$ 和 ZrP_2O_7 微晶相会增加势垒，导致玻璃的跃迁活化能增加，玻璃的迁移速率降低，所以从 Zr4 样品到 Zr8 样品 T_g 降低，从 Zr8 样品到 Zr12 样品 T_g 没有发生明显的变化。当 ZrO_2 的摩尔分数超过 12% 时，玻璃陶瓷含有少量的玻璃相，玻璃化转变温度消失。理论上，Zr—O—P 键的形成可增强玻璃网络间的结合力，从而提高 T_r。但存在的 $NaZr_2(PO_4)_3$ 和 ZrP_2O_7 微晶相的增加也在结构中提供了更多的表面和界面，所以样品中 ZrO_2 的摩尔分数为 8% 和 10% 时（Zr8 和 Zr10 样品），T_r 降低。因为 Zr14 和 Zr16 样品中晶体的形成几乎耗尽了残留的玻璃，因此 DSC 曲线中未见明显

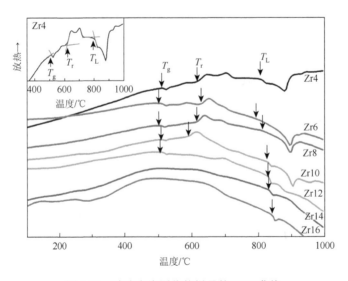

图 5-26　玻璃陶瓷固化体样品的 DSC 曲线

的放热峰。根据 Hrubý 的方法，K_{gl} 代表玻璃的形成趋势，玻璃的形成能力与玻璃的热稳定性成正比。Zr4 和 Zr8 样品的 K_{gl} 为 0.56，表明这两个样品的组分具有较好的玻璃形成能力和热稳定性。Zr6 样品的 K_{gl} 为 0.77，热稳定性最好。Zr10 样品的 K_{gl} 明显降低，表明过多的 ZrO_2 会降低残余玻璃相的热稳定性。

表 5-13　不同 ZrO_2 含量的玻璃陶瓷固化体样品的密度和热分析参数（T_g、T_r、T_L、T_r-T_g、T_L-T_r 和 K_{gl}）

特征值	Zr4	Zr6	Zr8	Zr10	Zr12	Zr14	Zr16
$T_g\pm2℃$	509	502	500	505	504	—	—
$T_r\pm2℃$	615	628	613	587	—	—	—
$T_L\pm2℃$	803	790	813	824	827	829	841
$(T_r-T_g)\pm2℃$	106	126	113	82	—	—	—
$(T_L-T_r)\pm2℃$	188	162	200	237	—	—	—
K_{gl}	0.56	0.77	0.56	0.34			
$(\rho\pm0.001)/(g/cm^3)$	3.105	3.128	3.139	3.147	3.092	3.076	3.061

2. 锆磷酸盐玻璃陶瓷基固化体的结构[11]

图 5-27 为 ZrO_2 取代 Na_2O 的玻璃陶瓷固化体样品的 FTIR 图。图中 549cm^{-1} 和 1113cm^{-1} 处的峰分别与 Q^1 磷酸盐基团中$(PO_3)^-$的不对称伸缩振动模式和 O—P—O 键的弯曲振动模式相匹配；位于 643cm^{-1} 处的吸收峰对应 Fe—O—P 键的弯曲振动；位于 748cm^{-1} 处的吸收峰对应$[BO_4]^-$基团中 B—O—B 键的弯曲振动模式；出现在 1039cm^{-1} 处的强峰与 Q^0 磷酸盐基团中$(PO_4)^{3-}$的对称伸缩振动相关；$[BO_3]$ 和 BO_2O^- 的振动模式出现在 1384～1465cm^{-1} 范围内；出现在 1626cm^{-1} 处的峰与 P—OH 和 B—OH 键的弯曲振动模式或水分有关；Q^1 磷酸盐基团中$(PO_3)^{2-}$的不对称伸缩振动和 Q^2 磷酸盐基团中$(PO_2)^-$的不对称伸缩

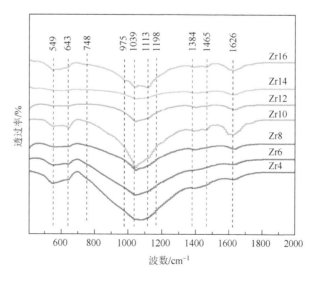

图 5-27　玻璃陶瓷固化体样品的 FTIR 图

振动对应 1198cm^{-1} 处的重叠峰。O/P 物质的量比和存在的大量微晶相表明玻璃陶瓷固化体的主要结构单元是 Q^0 和 Q^1 磷酸盐基团。由于磷酸盐基团之间存在歧化反应 $2Q^1 \rightleftharpoons Q^2 + Q^0$，固化体中还有少量的 Q^2 磷酸盐基团。FTIR 光谱中位于不同波数处的吸收峰以及吸收峰对应的基团或键的振动模式总结见表 5-14。

表 5-14　玻璃陶瓷固化体样品 FTIR 光谱中吸收峰的归属

波数/cm^{-1}	吸收峰归属
549	Q^1 基团中 (PO$_3$)$^-$ 的不对称伸缩振动
643	Fe—O—P 键的弯曲振动
748	[BO$_4$]$^-$ 基团中 B—O—B 键的弯曲振动模式
1039	Q^0 基团中 (PO$_4$)$^{3-}$ 的对称伸缩振动
1113	Q^1 基团中 O—P—O 键的弯曲振动
1198	Q^1 基团中 (PO$_3$)$^{2-}$ 的不对称伸缩振动和 Q^2 基团中 (PO$_2$)$^-$ 的不对称伸缩振动
1384~1465	[BO$_3$] 和 BO$_2$O$^-$ 的振动模式
1626	P—OH 和 B—OH 键的弯曲振动模式

　　由图 5-27 可知大部分峰的强度没有发生明显的变化，少数峰的强度有一些改变。549cm^{-1} 和 1113cm^{-1} 处的峰强随着 ZrO$_2$ 取代量的增加先增强后减弱；1039cm^{-1} 处的峰强变化趋势正好与 549cm^{-1} 和 1113cm^{-1} 处的峰强相反。ZrO$_2$ 的掺入引起 O/P 物质的量比增大，玻璃网络解聚，非桥氧增多，固化体中形成了更多的 Q^0 磷酸盐基团。但大量形成的微晶相会消耗更多的自由氧，导致 O/P 物质的量比降低，Q^0 磷酸盐基团减少。研究发现在玻璃形成晶体前掺入 ZrO$_2$，其引入的自由氧有助于将 [BO$_3$] 基团转化成 [BO$_4$]$^-$ 基团。形成的晶体消耗了 ZrO$_2$ 提供的自由氧，所以 [BO$_3$] 单元和 [BO$_4$]$^-$ 单元的变化并不明显。

　　图 5-28 为研究的玻璃陶瓷固化体样品的拉曼光谱图，吸收峰的形状随着 ZrO$_2$ 取代量的增加发生了明显的变化，形成的微晶相越多拉曼曲线的峰形越尖锐。图 5-28 中，出现在 1007~1027cm^{-1} 范围的最强峰与 Q^0 磷酸盐基团中的对称伸缩振动相关；位于 1057~1095cm^{-1} 范围的小峰与 Q^1 磷酸盐基团的对称伸缩振动相关；Q^2 磷酸盐基团中 P—O—P 键微弱的对称伸缩振动引起的峰位于 630~652cm^{-1} 范围；低于 600cm^{-1} 的吸收峰与复杂的网络振动有关。Zr6 样品和 Zr4 样品有类似的光谱图。当 ZrO$_2$ 的摩尔分数为 8% 时，约 1022cm^{-1} 和 1057cm^{-1} 处的吸收峰变得尖锐，根据 XRD 结果可判断这两个峰分别对应 NaZr$_2$(PO$_4$)$_3$ 和 ZrP$_2$O$_7$ 微晶相。Zr10、Zr12 和 Zr8 样品具有类似的光谱图，但 ZrO$_2$ 含量高的样品峰形更加尖锐。Zr14 和 Zr16 样品有类似的光谱图：在 250cm^{-1}、276cm^{-1}、390cm^{-1}、413cm^{-1} 和 432cm^{-1} 处出现了尖锐的峰，根据参考文献可以确定这些峰对应 FePO$_4$ 微晶相；同时在约 1169cm^{-1} 处出现了尖锐的峰。研究发现硼组分的拉曼散射比磷酸盐的弱很多，所以在此拉曼光谱图中没有明显关于硼基团的吸收峰。拉曼光谱中位于不同波数处的吸收峰以及吸收峰对应的基团或键的振动模式总结见表 5-15。

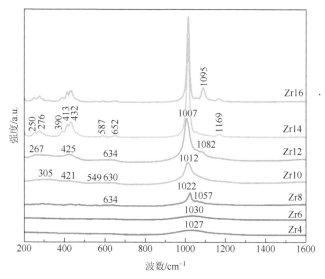

图 5-28　玻璃陶瓷固化体样品的拉曼光谱图

表 5-15　玻璃陶瓷固化体样品拉曼光谱中吸收峰的归属[11]

波数/cm⁻¹	吸收峰归属
<600	网络振动
约 630~652	Q^2 基团中 P—O—P 键的对称伸缩振动
1007~1027	Q^0 基团有关对称伸缩振动
1057~1095	Q^1 基团中有关对称伸缩振动
约 1169	$(PO_2)^-$ 的对称伸缩振动和 Q^1 基团中 $(PO_3)^{2-}$ 的反对称伸缩振动

　　值得注意的是，玻璃陶瓷固化体样品（Zr4~Zr10 样品）中最强吸收峰有向低波数方向偏移的趋势。这是因为玻璃及其相应的晶体化合物的结构单元振动引起的拉曼峰落在类似的波数范围内，但晶体化合物的拉曼峰对应的波数略低于玻璃的拉曼峰对应的波数。随着 ZrO_2 含量的增加，位于 1007~1022cm⁻¹ 范围内的峰强度由于 $NaZr_2(PO_4)_3$ 和 $FePO_4$ 晶体的析出不断增强；同时，位于 1057~1095cm⁻¹ 范围内的峰强度由于 ZrP_2O_7 晶体的出现不断增强；位于 630~652cm⁻¹ 范围内的峰强度有减弱的趋势。位于 1169cm⁻¹ 处范围内的峰的归属不确定，在 ZrO_2 含量较低时，可能由 $(PO_2)^-$ 的对称伸缩振动和 Q^1 基团中 $(PO_3)^{2-}$ 的反对称伸缩振动重叠而成。当 ZrO_2 含量很高时，$Fe_4(P_2O_7)_3$ 和 $Fe_3(P_2O_7)_2$ 微晶相生成，对应的结构单元理论上位于 1150~1200cm⁻¹ 范围内，所以 Zr14 和 Zr16 样品在约 1169cm⁻¹ 处的峰对应的是 Q^1 磷酸盐基团。

　　3. 锆磷酸盐玻璃陶瓷基固化体的化学稳定性

　　图 5-29 展示了采用 PCT 法制备的玻璃陶瓷固化体中各元素归一化浸出率随浸泡时间的变化曲线，浸泡温度为 90℃，所有元素的浸出率随时间的增加而降低，这可能是由玻璃陶瓷表面形成了一层凝胶保护层引起的。从样品 Zr 元素的归一化浸出率曲线可看出在前 7 天归一化浸出率迅速下降，7~28 天下降的趋势减缓，28 天后几乎没有变化，维持在 $2.5×10^{-7}$~$2.5×10^{-6}$g/(m²·d) 范围内。28 天后 Zr 元素的测试浓度已经接近甚至低于仪器 ICP-OES 的检出限（0.001mg/L）。Zr 元素的归一化浸出率并没有随 ZrO_2 取代量的不同而发

生太大的变化，只是随 ZrO$_2$ 取代量的增加略微降低。Zr 元素主要存在于 NaZr$_2$(PO$_4$)$_3$ 和 ZrP$_2$O$_7$ 微晶相中，只有很少量的 Zr 元素存在于玻璃相中，由此推知这两种微晶相具有很好的化学稳定性。如图 5-29 所示，Zr4、Zr6、Zr8 和 Zr10 样品中 Fe 元素的归一化浸出率起初急剧下降，28 天后维持在 3.3×10^{-6} g/(m^2·d) 左右。Zr4、Zr6、Zr8 和 Zr10 样品中 Na 元素的归一化浸出率 28 天后维持在 2.5×10^{-3} g/(m^2·d) 左右。Zr4 和 Zr6 样品中 P 元素的归一化浸出率 28 天后仍然有细微的变化，53 天后维持在 6.8×10^{-4} g/(m^2·d) 左右，Zr8 和 Zr10 样品中 P 元素的归一化浸出率 28 天后维持在 6.2×10^{-4} g/(m^2·d) 左右。

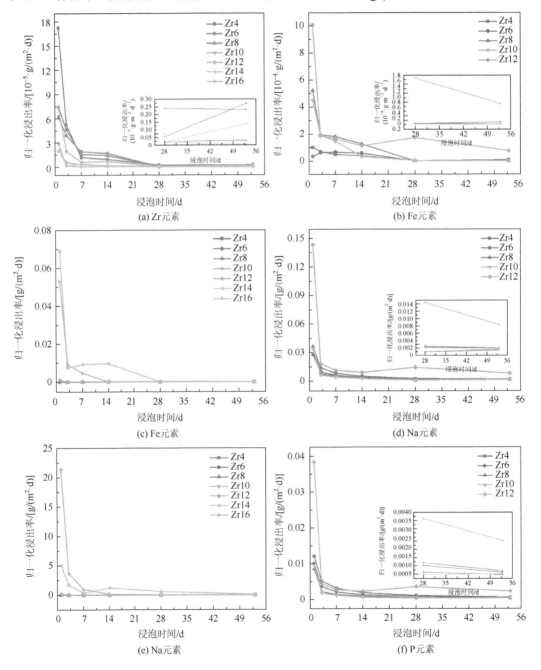

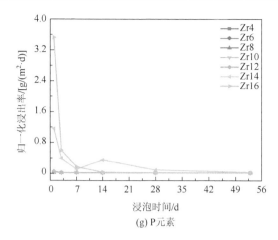

(g) P元素

图 5-29　玻璃陶瓷固化体样品中主要元素归一化浸出率随浸泡时间的变化曲线

当 ZrO_2 的摩尔分数为 4%～10%时，随着 ZrO_2 取代量的增加，Fe、Na 和 P 元素的归一化浸出率略微降低。在这个取代量范围内形成的 $NaZr_2(PO_4)_3$ 和 ZrP_2O_7 微晶相并没有降低玻璃陶瓷固化体的整体稳定性，反映出制备的玻璃相和陶瓷相具有良好的化学稳定性。Zr12 样品中 Fe 元素、Na 元素和 P 元素的归一化浸出率相比 Zr4、Zr6、Zr8 和 Zr10 样品高，Zr12 样品的 $FePO_4$ 晶体也被证明具有较好的化学稳定性。结合前面的热分析可知造成元素浸出率偏高的原因可能是过多的晶体形成，导致 O/P 物质的量比降低，玻璃的黏度增加，弱化了玻璃的形成能力。所以 Zr12、Zr14 和 Zr16 样品较低的玻璃形成能力降低了玻璃相的化学稳定性，导致整个玻璃陶瓷的稳定性降低。当 ZrO_2 的摩尔分数超过 12%时，Fe、Na 和 P 元素的归一化浸出率更高。

综上所述，锆磷酸盐玻璃陶瓷基固化体的网络结构由大量的 Q^0 磷酸盐基团和 Q^1 磷酸盐基团以及少量的 Q^2 磷酸盐基团和$[BO_4]^-$基团组成。增加的 ZrO_2 和形成的微晶相会引起 O/P 物质的量比变化，导致 Q^0 磷酸盐基团先增多后减少，Q^1 磷酸盐基团先减少后增多。所研究的以 $NaZr_2(PO_4)_3$ 为主晶相的玻璃陶瓷固化体在 90℃去离子水中浸泡 28 天后各元素的浸出率都保持在较低的值：Zr 元素的归一化浸出率约为 $2.5×10^{-6}g/(m^2·d)$；Fe 元素的归一化浸出率约为 $3.3×10^{-6}g/(m^2·d)$；Na 元素的归一化浸出率约为 $2.5×10^{-3}g/(m^2·d)$；P 元素的归一化浸出率约为 $6.2×10^{-4}g/(m^2·d)$。

5.2.2　锆磷酸盐玻璃陶瓷固化体的工艺控制[10, 12]

1. 氧化硼对锆磷酸盐玻璃陶瓷基固化体物相的影响

玻璃陶瓷固化体样品的氧化物摩尔组成见表 5-16，按该表称取各原料并均匀混合后获得配合料，然后在高温箱式炉中用 1200℃保温 3h，迅速冷却后于 450℃下退火，获得玻璃陶瓷固化体。

如图 5-30 所示，没有掺入 B_2O_3 的锆磷酸盐玻璃陶瓷的主晶相为焦磷酸锆（ZrP_2O_7），含有少量的磷酸锆钠$[NaZr_2(PO_4)_3]$。当含有 4% B_2O_3 时，ZrP_2O_7 微晶相的衍射峰明显减弱，甚至消失，$NaZr_2(PO_4)_3$ 微晶相的衍射峰强度明显增强。如图 5-31 所示，随着 B_2O_3 含量的增加，ZrP_2O_7 微晶相的衍射峰逐渐减弱，直至消失。研究表明 B_2O_3 能促进 $NaZr_2(PO_4)_3$ 晶体的形成，抑制 ZrP_2O_7 晶体的形成。见表 5-16，随着 B_2O_3 含量的增加，玻璃体系的 O/P 物质的量比增大，当 O/P 物质的量比为 4 时，玻璃陶瓷结构中主要是 Q^0 磷酸盐基团。

表 5-16　玻璃陶瓷固化体样品的摩尔组成、O/P 物质的量比和微晶相

样品	摩尔组分	O/P 物质的量比	微晶相
B0-Zr10	$0B_2O_3$-$10ZrO_2$-$10Na_2O$-$48P_2O_5$-$32Fe_2O_3$	3.812	$NaZr_2(PO_4)_3$，ZrP_2O_7
B0-Zr8	$0B_2O_3$-$8ZrO_2$-$12Na_2O$-$48P_2O_5$-$32Fe_2O_3$	3.817	$NaZr_2(PO_4)_3$，ZrP_2O_7
B0-Zr6	$0B_2O_3$-$6ZrO_2$-$14Na_2O$-$48P_2O_5$-$32Fe_2O_3$	3.770	$NaZr_2(PO_4)_3$，ZrP_2O_7
B0-Zr4	$0B_2O_3$-$4ZrO_2$-$16Na_2O$-$48P_2O_5$-$32Fe_2O_3$	3.750	$NaZr_2(PO_4)_3$，ZrP_2O_7
B4-Zr10	$4B_2O_3$-$10ZrO_2$-$10Na_2O$-$45.6P_2O_5$-$30.4Fe_2O_3$	3.960	$NaZr_2(PO_4)_3$
B4-Zr8	$4B_2O_3$-$8ZrO_2$-$12Na_2O$-$45.6P_2O_5$-$30.4Fe_2O_3$	3.938	$NaZr_2(PO_4)_3$，ZrP_2O_7
B4-Zr6	$4B_2O_3$-$6ZrO_2$-$14Na_2O$-$45.6P_2O_5$-$30.4Fe_2O_3$	3.916	$NaZr_2(PO_4)_3$，ZrP_2O_7
B4-Zr4	$4B_2O_3$-$4ZrO_2$-$16Na_2O$-$45.6P_2O_5$-$30.4Fe_2O_3$	3.895	$NaZr_2(PO_4)_3$，ZrP_2O_7
B10-Zr10	$10B_2O_3$-$10ZrO_2$-$10Na_2O$-$42P_2O_5$-$28Fe_2O_3$	4.214	$NaZr_2(PO_4)_3$，ZrP_2O_7
B12-Zr10	$12B_2O_3$-$10ZrO_2$-$10Na_2O$-$40.8P_2O_5$-$27.2Fe_2O_3$	4.309	$NaZr_2(PO_4)_3$
B16-Zr10	$16B_2O_3$-$10ZrO_2$-$10Na_2O$-$38.4P_2O_5$-$25.6Fe_2O_3$	4.515	$NaZr_2(PO_4)_3$

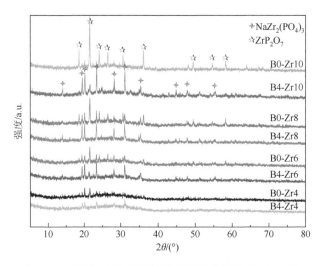

图 5-30　不同锆钠比下玻璃陶瓷固化体样品的 XRD 图

图 5-32 为不同 B_2O_3 含量玻璃陶瓷固化体样品的断面 SEM 图。由图可知，微晶相都被包裹在玻璃相中，玻璃相和晶相连接紧密，两者之间没有明显的空隙。镶嵌了许多磷酸盐微晶的玻璃相的显微结构依然十分致密。根据 EDS 结果（图 5-33），在 SEM 图中，N 位置的晶相中主要元素有 Zr、P 和 O，其物质的量比约为 1∶2∶7，进一步证明在没有 B_2O_3 的试样中，主晶相是 ZrP_2O_7。而在 F 位置的晶相的主要元素包括 Na、Zr、P 和 O，其物质的量比约为 1∶2∶3∶12。结合这些试样的 XRD 分析结果可知，在不同 B_2O_3 含量

的玻璃陶瓷固化体中，主晶相是 $NaZr_2(PO_4)_3$ 微晶相。根据 B0-Zr10 和 B12-Zr10 样品的元素分布图（图 5-34）可知，Fe、O 和 B 元素主要分布于玻璃相中，而 P 和 Zr 元素则主要分布在晶相中。

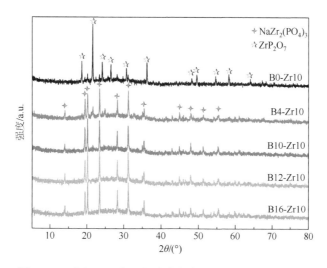

图 5-31　不同 B_2O_3 含量的玻璃陶瓷固化体样品的 XRD 图

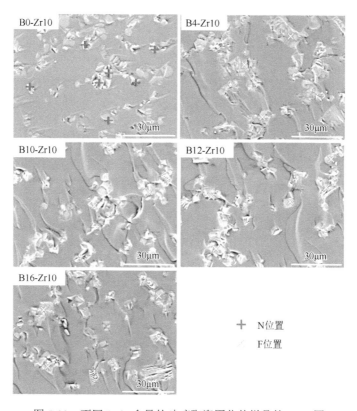

图 5-32　不同 B_2O_3 含量的玻璃陶瓷固化体样品的 SEM 图

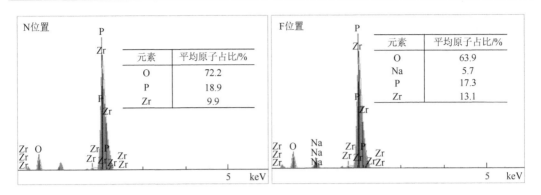

图 5-33　玻璃陶瓷固化体样品中晶相的 EDS 测试结果

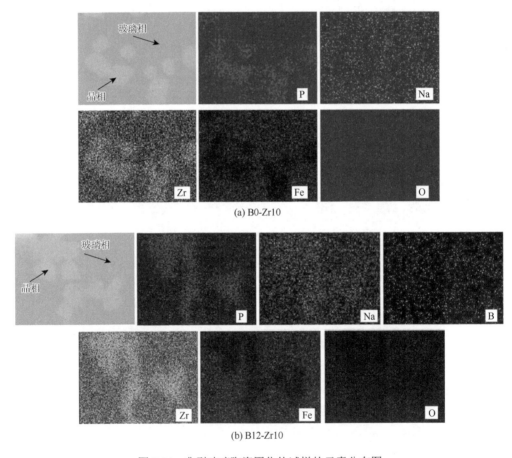

图 5-34　典型玻璃陶瓷固化体试样的元素分布图

2. 氧化硼对锆磷酸盐玻璃陶瓷基固化体结构的影响[12]

图 5-35 为不同 B_2O_3 含量玻璃陶瓷固化体样品的 FTIR 图。FTIR 光谱中,主要的吸收峰位于 $551cm^{-1}$、$643cm^{-1}$、$881cm^{-1}$、$1047cm^{-1}$、$1120cm^{-1}$、$1199cm^{-1}$、$1384cm^{-1}$、$1458cm^{-1}$ 和 $1630cm^{-1}$ 处。波数最宽泛的吸收峰位于 $1047cm^{-1}$ 和 $1120cm^{-1}$ 处,其中 $1047cm^{-1}$ 处的

峰与 Q^0 磷酸盐基团的不对称伸缩振动相关，1120cm^{-1} 处的峰与 Q^0 磷酸盐基团的对称伸缩振动相关。位于 881cm^{-1} 处的较强峰由 Q^1 磷酸盐基团中 P—O—P 键的伸缩振动引起，当磷酸盐玻璃中有硼时，此峰还存在 P—O—B 键以及[BO$_4$]$^-$单元中 B—O 键的伸缩振动。1199cm^{-1} 处的峰对应 Q^1 磷酸盐基团中(PO$_3$)$^-$的不对称伸缩振动和 Q^2 磷酸盐基团中(PO$_2$)$^+$的不对称伸缩振动。551cm^{-1} 处的峰由 Q^1 磷酸盐基团中 O—P—O 键微弱的弯曲振动形成；643cm^{-1} 处的峰归因于 Fe—O—P 键的伸缩振动；[BO$_3$]和 BO$_2$O$^-$的弯曲振动以及 P=O 键的对称伸缩振动都在 1384～1458cm^{-1} 范围内；1630cm^{-1} 处的吸收峰归因于 H—O—H、P—O—H、B—O—H 键的弯曲振动。

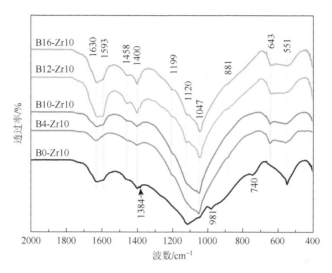

图 5-35　不同 B$_2$O$_3$ 含量的玻璃陶瓷固化体样品的 FTIR 图

由图可知峰的位置虽然没有发生变化，但是有些峰的强度发生了变化。在没有 B$_2$O$_3$ 时，551cm^{-1} 对应的 Q^1 磷酸盐基团的强度相比其他含 B$_2$O$_3$ 样品的吸收峰强度更强；随着 B$_2$O$_3$ 含量的增加，643cm^{-1} 处 Fe—O—P 键的吸收峰强度增强；位于 881cm^{-1} 和 1047cm^{-1} 处的吸收峰强度随着 B$_2$O$_3$ 含量的增加先增强后减弱；位于 1384～1458cm^{-1} 处的吸收峰强度由于[BO$_3$]和/或 BO$_2$O$^-$的形成有增强的趋势；B10-Zr10 样品的曲线在 466cm^{-1} 处相比其他样品出现了一个尖锐的峰，此峰归属于阴离子环中的[BO$_4$]$^-$单元；B0-Zr10 玻璃陶瓷的曲线在 740cm^{-1} 和 981cm^{-1} 处出现了较尖锐的峰，分别对应 Q^1 磷酸盐基团中 P—O—P 键的对称伸缩振动和 P—O$^-$基团（链终端）的振动，当含有 B$_2$O$_3$ 时，这两个基团的振动强度减弱，说明 B0-Zr10 样品中可能还存在 ZrP$_2$O$_7$ 相对峰强度的影响。不同吸收峰强度的变化表明随着 B$_2$O$_3$ 含量的增加，形成的 P—O—B 键和[BO$_4$]基团先增加后减少，[BO$_3$]基团在 B$_2$O$_3$ 的摩尔分数超过 10%时逐渐增多，当掺入的 B$_2$O$_3$ 过多时，自由氧不能形成更多的[BO$_4$]基团，形成的[BO$_3$]基团增多，从而导致峰强度发生明显改变。

图 5-36 为玻璃陶瓷固化体样品的拉曼光谱图。由于样品中存在大量 NaZr$_2$(PO$_4$)$_3$ 或 ZrP$_2$O$_7$ 微晶相，所以固化体的拉曼光谱图中峰形较尖锐，没有 B$_2$O$_3$ 的样品与含有 B$_2$O$_3$ 的样品相比峰形明显不同。没有 B$_2$O$_3$ 的 B0-Zr10 样品的最强吸收峰集中在 1089cm^{-1} 处，

有 B_2O_3 的样品最强峰集中在 $1021cm^{-1}$ 处。$1021cm^{-1}$ 处的峰对应于 Q^0 磷酸盐基团中 $(PO_4)^{3-}$ 的对称伸缩振动，$1053cm^{-1}$ 和 $1089cm^{-1}$ 处的峰对应于 Q^1 磷酸盐基团中 $(PO_3)^-$ 的对称伸缩振动。根据晶相与周围的玻璃相成分类似的特点，由图可知不含 B_2O_3 的样品含有大量的 Q^1 磷酸盐基团，对应 XRD 结果中的 ZrP_2O_7 晶相，含有 B_2O_3 的样品含有大量的 Q^0 磷酸盐基团，对应 XRD 结果中的 $NaZr_2(PO_4)_3$ 晶相。随着 B_2O_3 含量的增加，$1089cm^{-1}$ 处的峰强度逐渐减弱，表明 Q^1 磷酸盐基团在减少，O/P 键的增大是引起此变化的原因之一。$600cm^{-1}$ 以下的峰由复杂的网络振动引起。$630cm^{-1}$ 处产生的微弱吸收峰归因于 Q^2 磷酸盐基团中 P—O—P 键的对称伸缩振动。本组样品 O/P 键均大于 3.8，玻璃陶瓷结构主要由 Q^0 和 Q^1 磷酸盐基团组成，极少量的 Q^2 磷酸盐基团来源于歧化反应：$2Q^1 \rightleftharpoons Q^2 + Q^0$。研究发现硼组分的拉曼散射比磷酸盐的弱很多，所以在此拉曼光谱图中没有出现明显关于硼基团的吸收峰。由 FTIR 图和拉曼光谱图综合分析结果可知该组玻璃陶瓷的主要结构单元为 Q^0 磷酸盐基团和 Q^1 磷酸盐基团，还有少量的 $[BO_4]^-$ 基团和 $[BO_3]$ 基团以及极少的 Q^2 磷酸盐基团。

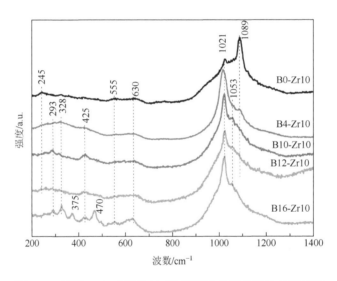

图5-36　不同 B_2O_3 含量的玻璃陶瓷固化体样品的拉曼光谱图

3. 氧化硼对锆磷酸盐玻璃陶瓷基固化体稳定性的影响

图5-37 和表5-17 分别展示了不同 B_2O_3 含量玻璃陶瓷固化体样品的 DSC 曲线和热分析特征参数。没有 B_2O_3 的玻璃陶瓷固化体的 T_g 为 489℃，增加 B_2O_3 的含量后，T_g 增加到 495℃左右；T_r 随着 B_2O_3 的增加从 551℃急剧增加到 597℃，然后逐渐降低到 583℃；T_r–T_g 与 T_r 有相同的变化规律，随着 B_2O_3 的增加，先从 62℃增加到 101℃，然后减小到 88℃。由 FTIR 光谱和拉曼光谱可知，玻璃陶瓷固化体样品在加入 B_2O_3 后有 $[BO_4]^-$ 基团和 P—O—B 键形成，P—O—B 键具有连接 $[BO_4]^-$ 基团和磷酸盐基团的作用，玻璃网络的一体化和连续性不断增强，在一定程度上增强了玻璃在高温下的黏度，T_g 略微增大，T_r 和 T_r–T_g 增大。但 B_2O_3 的摩尔分数超过10%时，体系中的游离氧不足以

全部形成[BO₄]⁻基团，从而导致[BO₃]基团产生，而[BO₃]基团的形成降低了玻璃在高温下的黏度，导致 T_g 波动，T_r 和 T_r–T_g 减小。

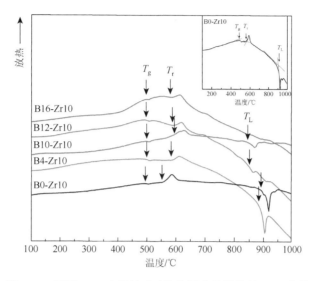

图 5-37　不同 B₂O₃ 含量的玻璃陶瓷固化体样品的 DSC 曲线

表 5-17　不同 B₂O₃ 含量的玻璃陶瓷固化体样品的热分析特征参数

特征值	B0-Zr10	B4-Zr10	B10-Zr10	B12-Zr10	B16-Zr10
$T_g \pm 1$℃	489	492	496	494	495
$T_r \pm 1$℃	551	588	597	591	583
$T_L \pm 1$℃	906	889	839	823	—
T_r–T_g ℃	62	96	101	97	88
T_L–T_r ℃	355	301	242	232	—
$K_H = (T_r\!-\!T_g)/(T_L\!-\!T_r)$	0.175	0.319	0.417	0.418	—
$(\rho \pm 0.001)/(\text{g/cm}^3)$	3.170	3.154	3.113	3.118	3.079

　　图 5-38 展示了不同 B₂O₃ 含量玻璃陶瓷固化体样品在 90℃去离子水中浸泡 1 天、7 天、14 天、28 天和 56 天后 P 和 Fe 元素归一化浸出率的变化曲线。其中 P 元素的归一化浸出率在 1～14 天降低幅度较大，14 天后缓慢降低，56 天时归一化浸出率约为 2.0×10^{-4}g/(m²·d)，而 Fe 元素的归一化浸出率没有出现明显的变化趋势，但是整体上值很低。B0-Zr10 和 B10-Zr10 样品浸泡 56 天的归一化浸出率约为 7×10^{-7}g/(m²·d)，B12-Zr10 和 B16-Zr10 样品浸泡 56 天的浸出率约为 2×10^{-6}g/(m²·d)。在所有玻璃陶瓷固化体中，不同浸泡时间下的浸出液中几乎没有检测到 Zr 元素，说明 Zr 元素在浸出液中的含量低于仪器的检出限 10^{-7}g/L，表明所有玻璃陶瓷固化体在不同浸泡时间下 Zr 元素的归一化浸出率小于 10^{-7}g/(m²·d)，具有优良的化学稳定性。由图可知，B₂O₃ 的掺入对化学稳定性有较小的影响，由 XRD 分析可知当 B₂O₃ 的摩尔分数为 16%时，玻璃陶瓷固化体样品中存在单一的 NaZr₂(PO₄)₃ 微晶相。由于 NaZr₂(PO₄)₃ 微晶相的稳定性很好，固化体具有很好的化学稳定性。

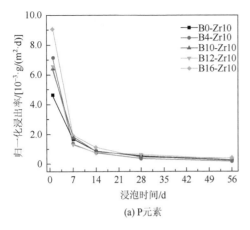 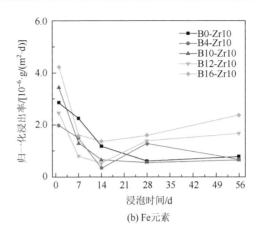

(a) P元素　　　　　　　　　　　(b) Fe元素

图 5-38　不同 B_2O_3 含量的玻璃陶瓷固化体样品在 90℃ 去离子水中浸泡不同时间后主要元素的归一化浸出率

5.2.3　锆磷酸盐玻璃陶瓷固化体的结构与性能[10]

1. 锆磷酸盐玻璃陶瓷固化体的物相

以摩尔组成为 $10ZrO_2$-$10Na_2O$-$28Fe_2O_3$-$10B_2O_3$-$42P_2O_5$ 的玻璃为基础玻璃，掺入模拟核素氧化物氧化铈（CeO_2），以 CeO_2 质量分数表示样品编号，玻璃陶瓷固化体样品的氧化物配比见表 5-18。

表 5-18　锆磷酸盐玻璃陶瓷固化体样品的组成（%）

样品	CeO_2	B_2O_3	ZrO_2	Na_2O	P_2O_5	Fe_2O_3
1-CeO_2	1	5.31	9.40	4.73	45.46	34.10
2-CeO_2	2	5.25	9.30	4.68	45.01	33.76
3-CeO_2	3	5.20	9.21	4.63	44.55	33.41
4-CeO_2	4	4.63	9.11	4.58	44.29	33.37
5-CeO_2	5	4.55	9.02	4.54	43.93	32.96

注：表中数据指质量分数。

图 5-39 为掺不同含量 CeO_2 的锆磷酸盐玻璃陶瓷固化体样品的 XRD 图。掺不同含量 CeO_2 的玻璃陶瓷固化体样品的尖锐衍射峰都集中在 18°～36° 范围内，随着 CeO_2 含量的增加，衍射峰强度先增强后减弱。所有固化体主晶相为 $NaZr_2(PO_4)_3$（PDF *No.*16-8517），次晶相为 $FePO_4$（PDF *No.*77-0094）、ZrP_2O_7（PDF *No.*71-2286）、$NaFe_3(PO_4)_3$（PDF *No.*16-8517）和微量的 $Na_7Fe_4(PO_4)_3$（PDF *No.*89-0364）。没有 CeO_2 晶体，说明模拟核素氧化物 CeO_2 被完全固化进玻璃相或晶体的结构中。ZrO_2 会促进 $NaZr_2(PO_4)_3$ 和 ZrP_2O_7 晶体的形成，过量的 ZrO_2 会诱导与铁相关的晶体析出[如 $FePO_4$ 和 $Fe_7(PO_4)_6$]。当 CeO_2 含量为 1% 时，$FePO_4$、$NaFe_3(PO_4)_3$ 和 $Na_7Fe_4(PO_4)_3$ 晶体的衍射峰强度比其他固化体低。XRD 分析结果表明 ZrO_2 和 CeO_2 共同促进了次晶相的形成。

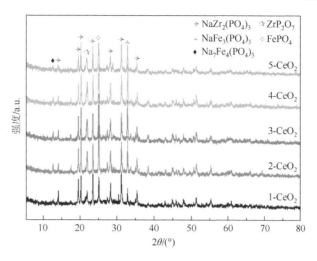

图 5-39 不同 CeO_2 含量的锆磷酸盐玻璃陶瓷固化体样品的 XRD 图

图 5-40 为掺不同含量 CeO_2 的锆磷酸盐玻璃陶瓷固化体样品的断面 SEM 图。由图可知，在玻璃陶瓷固化体中，玻璃相较少，而陶瓷相较多，所以得到的断面不平整。玻璃陶瓷含有许多块状、颗粒状和条状的晶相。根据形貌，结合上述分析，可知块状对应的是 $NaZr_2(PO_4)_3$ 晶体，颗粒状对应的是 ZrP_2O_7 晶体，条状对应的是与铁有关的晶体。从微观形貌看，陶瓷相和玻璃相结合得较紧密。在含 2% CeO_2 的固化体中出现了较大的空隙，主要原因是高温下陶瓷相较多，黏度大，在急冷过程中液体流动速率减缓。

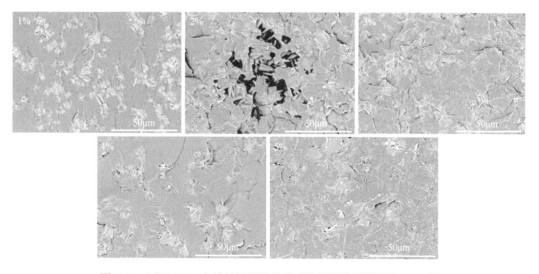

图 5-40 不同 CeO_2 含量的锆磷酸盐玻璃陶瓷固化体样品的 SEM 图

2. 锆磷酸盐玻璃陶瓷固化体的结构

图 5-41 为掺铈的固化体样品的 FTIR 图。在 FTIR 图中，约 $525cm^{-1}$、$561cm^{-1}$、$594cm^{-1}$ 和 $635cm^{-1}$ 处有较弱的吸收峰，其中约 $525cm^{-1}$ 处的峰与磷酸盐玻璃中

P—O—P 键的弯曲振动相关；位于 561cm^{-1} 处的峰归因于$(PO_4)^{3-}$基团中 P—O—P 键的弯曲振动；594cm^{-1} 处的峰由$(P_2O_7)^{4-}$基团中 O—P—O 键的弯曲振动引起；Fe—O—P 键的伸缩振动使光谱图在 635cm^{-1} 处出现较强的峰；880cm^{-1} 处的较强峰归因于 Q^1 磷酸盐基团中 P—O—P 键的对称伸缩振动和 P—O—B 链的振动；与 Q^0 磷酸盐基团有关的不对称伸缩振动和 Q^0 基团中 P—O$^-$键的对称伸缩振动使光谱图分别在 1048cm^{-1} 和 1087cm^{-1} 处出现最强峰；位于 1207cm^{-1} 处的峰与 Q^2 磷酸盐基团相关；位于 1278cm^{-1} 和 1332cm^{-1} 处的峰分别由$[BO_3]$基团中 B—O 键的不对称伸缩振动和$[BO_3]$基团的振动产生；$[BO_3]$、BO_2O^-和 P≕O 键的振动都会使光谱图在 1425cm^{-1} 和 1455cm^{-1} 处出现吸收峰；1635cm^{-1} 处的吸收峰归因于 H—O—H 和 P—O—H 键的弯曲振动。当掺入的 CeO_2 含量为 1%时，在 525cm^{-1} 处没有出现明显的吸收峰，随着 CeO_2 含量的增多，峰的强度增强，这可能是因为掺入的 CeO_2 使玻璃结构中存在的少量 P≕O 键进一步解聚，形成了 P—O—P 键。同时，随着 CeO_2 含量的增多，位于 1332cm^{-1} 处的峰强度增强，即$[BO_3]$基团增多。

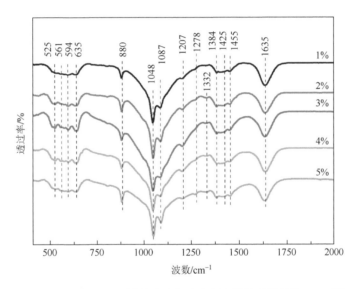

图 5-41　不同 CeO_2 含量锆磷酸盐玻璃陶瓷固化体样品的 FTIR 图

　　FTIR 图中许多磷酸盐基团的振动强度变化并不明显，图 5-42 中的拉曼光谱更加清晰地展现了一些基团的变化。拉曼光谱图表明，随着 CeO_2 含量的变化，曲线的形状和峰形明显发生变化。随着 CeO_2 含量的增加，峰形变得更加尖锐。所有样品出现在 1023cm^{-1} 处的最强峰都由 Q^0 磷酸盐基团中 PO_4 的对称伸缩振动产生；1056～1089cm^{-1} 处的峰归因于 Q^1 磷酸盐基团中 PO_3 的对称伸缩振动；1023cm^{-1} 处的吸收峰强度有增强的趋势，表明 Q^0 磷酸盐基团在增加；600cm^{-1} 以下的峰由复杂的网络振动引起；Q^2 磷酸盐基团中 P—O—P 键微弱的对称伸缩振动位于 641cm^{-1} 处。所有吸收峰的归属总结见表 5-19。由 FTIR 图和拉曼光谱图综合分析可知，该组玻璃陶瓷的主要结构单元为 Q^0 磷酸盐基团和 Q^1 磷酸盐基团，以及极少的 Q^2 磷酸盐基团和少量的$[BO_4]^-$与$[BO_3]$基团。

表 5-19　掺 CeO₂ 的玻璃陶瓷固化体样品 FTIR 图中的吸收峰及其归属[10, 13]

波数/cm⁻¹	吸收峰归属
525	P—O—P 键的弯曲振动
561	$(PO_4)^{3-}$ 基团中 P—O—P 键的弯曲振动
594	$(P_2O_7)^{4-}$ 基团中 O—P—O 键的弯曲振动
635	Fe—O—P 键的伸缩振动
880	Q^1 基团中 P—O—P 键的对称伸缩振动和 P—O—B 链的振动
1048	Q^0 基团中不对称伸缩振动
1087	Q^0 基团中 P—O⁻ 键的对称伸缩振动
1207	Q^2 基团的振动
1278 和 1332	$[BO_3]$ 基团中 B—O 键的不对称伸缩振动和 $[BO_3]$ 基团的振动
1425 和 1455	$[BO_3]$、BO_2O^- 和 P＝O 键的振动
1635	H—O—H、P—O—H 键的弯曲振动

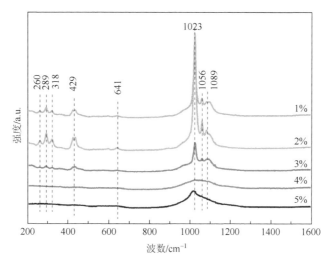

图 5-42　不同 CeO₂ 含量的锆磷酸盐玻璃陶瓷固化体样品的拉曼光谱图

3. 锆磷酸盐玻璃陶瓷固化体的化学稳定性

表 5-20 为掺铈的锆磷酸盐玻璃陶瓷固化体样品在 90℃去离子水中浸泡 1 天、7 天、14 天、28 天和 56 天后浸出液中 Ce 元素的浓度。从表中可以看出浸出液中 Ce 元素的浓度远远低于检出限或者未被检测到，可近似看作浸出液不含 Ce 元素，表明该锆磷酸盐玻璃陶瓷固化体具有优异的化学稳定性。

总结起来，5%的 CeO₂ 能够稳定地固溶于该玻璃陶瓷固化体中，该玻璃陶瓷固化体的主晶相是 NaZr₂(PO₄)₃，CeO₂ 和 ZrO₂ 共同促进了玻璃陶瓷固化体中次晶相[FePO₄、ZrP₂O₇、NaFe₃(PO₄)₃ 和 Na₇Fe₄(PO₄)₃]的形成。该固化体的主要结构单元为 Q⁰ 磷酸盐基团和 Q¹ 磷酸盐基团，还有少量的$[BO_4]^-$基团和$[BO_3]$基团以及极少的 Q² 磷酸盐基团，且其浸出液中 Ce 元素的浓度远远低于检出限或者未被检测到，可近似看作浸出液不含 Ce 元素，具有优异的化学稳定性。

表 5-20 不同 CeO_2 含量的锆磷酸盐玻璃陶瓷固化体样品浸泡不同
时间后浸出液中 Ce 元素的浓度 （单位：mg/L）

样品	1 天	7 天	14 天	28 天	56 天
1-CeO_2	—	—	—	0.001	—
2-CeO_2	0.007	—	0.001	—	—
3-CeO_2	—	—	—	0.002	0.001
4-CeO_2	0.004	—	—	0.002	—
5-CeO_2	0.001	—	—	—	—

参 考 文 献

[1] 李利. 铈铁磷酸盐玻璃陶瓷固化体的形成与性能研究[D]. 绵阳：西南科技大学，2020.

[2] Li L，Wang F，Liao Q L，et al. Synthesis of phosphate based glass-ceramic waste forms by a melt-quenching process：the formation process[J]. Journal of Nuclear Materials，2020，528：151854.

[3] 王辅，廖其龙，竹含真，等. 高放核废料磷酸盐玻璃陶瓷固化研究进展[J].核化学与放射化学，2021，43（6）：441-452.

[4] Wang F，Li L，Zhu H Z，et al. Effects of heat treatment temperature and CeO_2 content on the phase composition，structure，and properties of monazite phosphate-based glass-ceramics[J]. Journal of Non-Crystalline Solids，2022，588：121631.

[5] Wang F，Liao Q L，Zhu H Z，et al. Crystallization of cerium containing iron borophosphate glasses/glass-ceramics and their spectral properties[J]. Journal of Molecular Structure，2016，1109：226-231.

[6] Wang Y L，Wang F，Wang Q，et al. Effect of neodymium on the glass formation，dissolution rate and crystallization kinetic of borophosphate glasses containing iron[J]. Journal of Non-Crystalline Solids，2019，526：119726.

[7] 王元林. 钼钕在铁硼磷酸盐玻璃中的赋存形式及固化体稳定性研究[D]. 绵阳：西南科技大学，2021.

[8] Hrubý A. Evaluation of glass-forming tendency by means of DTA[J]. Czechoslovak Journal of Physics B，1972，22（11）：1187-1193.

[9] Wang F，Wang Y L，Liao Q L，et al. Immobilization of a simulated HLW in phosphate based glasses/glass-ceramics by melt-quenching process[J]. Journal of Non-Crystalline Solids，2020，545：120246.

[10] 刘金凤. 锆磷酸盐玻璃陶瓷固化体的结构与性能研究[D]. 绵阳：西南科技大学，2019.

[11] Liu J F，Wang F，Liao Q L，et al. Synthesis and characterization of phosphate-based glass-ceramics for nuclear waste immobilization：structure，thermal behavior，and chemical stability[J]. Journal of Nuclear Materials，2019，513：251-259.

[12] Wang F，Liu J F，Wang Y L，et al. Synthesis and characterization of iron phosphate based glass-ceramics containing sodium zirconium phosphate phase for nuclear waste immobilization[J]. Journal of Nuclear Materials，2020，531：151988.

[13] Wang F，Liao Q L，Chen K R，et al. The crystallization and FTIR spectra of ZrO_2-doped $36Fe_2O_3$-$10B_2O_3$-$54P_2O_5$ glasses and crystalline compounds[J]. Journal of Alloys and Compounds，2014，611：278-283.

第6章　高放核废料固化处理的研究展望

6.1　玻璃固化展望

　　玻璃用于固化放射性废料已有 70 多年的历史，硼硅酸盐玻璃是目前世界公认的适合用于高放废液固化的优选基质玻璃配方，美国、法国、德国、日本等国均采用硼硅酸盐玻璃固化高放废液，国内正在进行冷调试的 Joule 陶瓷炉固化装置也使用硼硅酸盐玻璃作为固化基质，同时正在大力发展冷坩埚法等玻璃固化方法。未来国内硼硅酸盐玻璃配方研究需要重点关注的包括以下几点[1, 2]。

　　（1）硼硅酸盐玻璃固化体配方研究。中国原子能科学研究院、西南科技大学、浙江大学等已经开展了大量有关硼硅酸盐玻璃/玻璃陶瓷固化体的基础研究工作和工程应用研究工作，其中中国原子能科学研究院针对国内八二一厂暂存的高硫高钠高放废液研究的硼硅酸盐基础玻璃配方通过了电熔炉冷台架和冷坩埚实验装置的熔制验证。但是在实际应用中，高放废物是多组分的复杂体系，高放废物元素组成和含量随反应堆类型、乏燃料后处理技术的不同而存在差异。为了实现玻璃配方的快速开发，美国、法国等国通过长时间对大量数据的积累，建立了配方设计模型以辅助开展配方开发工作，大大缩短了配方开发时间，同时通过配方设计模型评价了配方的化学成分敏感性，使配方适应高放废液成分的变化，保障玻璃固化体的性能。国内的配方研究相较于美国、法国等国起步较晚，没有积累足够的数据，仍需继续开展系统的硼硅酸盐玻璃配方研究，并积累数据，建立配方设计模型以适应不同类型高放废液的固化需求。

　　（2）硼硅酸盐玻璃陶瓷基质研究。硼硅酸盐玻璃陶瓷基质兼具硼硅酸盐玻璃和陶瓷固化体的优势，既能包容高放废液中大多数的元素，又能通过特定的晶相包容 S、Cl、Mo、镧系、锕系等元素，具有化学稳定性好、包容率高等优点。硼硅酸盐玻璃陶瓷固化体可以通过熔融、结晶、等离子体和冷坩埚熔融以及多次热处理等方式获得，美国、法国、俄罗斯等国已经开展了硼硅酸盐玻璃陶瓷固化体的研究。

　　（3）硼硅酸盐玻璃固化体的长期稳定性研究。中国原子能科学研究院的吴兆广、张华等曾对硼硅酸盐玻璃固化体在模拟地质处置条件下的浸出行为进行了相关研究，但是目前国内没有工程规模的高放玻璃固化体，也没有正在运营的地质处置场所。在国家越来越重视乏燃料后处理高放废液玻璃固化研究的新形势下，我国亟待开展有关高放废液玻璃固化体腐蚀机理、长期腐蚀行为模型、自然（考古）类比论证的研究工作以及地下实验室实验等，以建立合适的固化体长期稳定性评估模型，并完善玻璃固化体评估标准。

　　磷酸盐类玻璃材料在固化某些"难溶"高放核废料（如富含 $Fe_2O_3/P_2O_5/Na_2O/Al_2O_3$、卤化物、锶/铯、锕系核素、重金属氧化物等的高放核废料）方面具有包容量高、化学稳定性高等优势，在近年获得快速发展。对于这类高放核废料玻璃固化材料，未来需要重点关注的包括以下几点[1,3]。

（1）相比硼硅酸盐玻璃熔体，磷酸盐玻璃熔体的腐蚀性更强，对耐火材料（如坩埚）的腐蚀程度远高于硼硅酸盐玻璃。因而，需研究和开发新型的固化工艺技术（如冷坩埚玻璃固化技术），以适应磷酸盐玻璃固化材料。

（2）磷酸盐玻璃固化体的热稳定性有待提高。化学稳定性好的磷酸盐玻璃大多具有焦磷酸盐或正磷酸盐玻璃的结构，而这些短链状结构不如硼硅酸盐玻璃的三维架状网络结构连接紧密，导致其热稳定性普遍低于硼硅酸盐玻璃，且很多高放核废料中的组分（如 Na_2O、SrF_2、$CsCl$）固化进磷酸盐玻璃中会进一步降低其热稳定性。目前磷酸盐玻璃固化体的热稳定性没有得到足够关注，且所报道的固化体的热稳定性普遍不高。因此，在保障固化体高放废物包容量、高化学稳定性的同时，如何提高固化体的热稳定性值得深入研究。

（3）磷酸盐玻璃固化体组成的优化亦需深入和系统地研究。目前，为减少模拟废物中易挥发元素在固化体熔制过程中的挥发，大多采用两步熔融法来降低固化体的熔融温度。若能通过调节固化体的组成（如掺入低熔点物质 PbO、Bi_2O_3 等），在保持固化体稳定性的同时达到降低固化体熔融温度的目的，则可采用一步熔融法来制备玻璃固化体，达到节能、降耗、减排的目的。

（4）磷酸盐玻璃固化体的化学稳定性研究。相比硼硅酸盐玻璃固化体，目前针对磷酸盐玻璃固化体化学稳定性的基础研究还远远不够。针对磷酸盐玻璃固化体腐蚀机理、长期蚀变行为模型以及模拟地质处置条件下稳定性的研究国内外尚不足，研究者往往将硼硅酸盐玻璃固化体的研究数据类比至磷酸盐玻璃固化体进行评估。然而，磷酸盐玻璃固化体的蚀变行为与硼硅酸盐玻璃固化体的存在较大差异，若要使其获得广泛应用，需建立合适的固化体长期稳定性评估模型，并完善磷酸盐玻璃固化体评估标准。

6.2 玻璃陶瓷固化展望

玻璃陶瓷固化可定义为通过控制在玻璃固化体中形成稳定微晶相，将长寿命核素或"难溶"组分固化进稳定性更高的微晶晶格，核废料中的剩余组分"溶解"于玻璃相，形成由稳定微晶相和玻璃相均一镶嵌的密实的玻璃陶瓷固化体，再进行深地质处置。这种固化技术能将核废料的所有组分"一次性"完全固化处理，且玻璃相可为微晶相提供二次屏障，是提高核废料包容量和固化体稳定性的较理想的固化处理技术。此外，玻璃陶瓷固化体的热稳定性和机械稳定性通常优于玻璃固化体，更能满足搬运和处置过程中对固化体机械性能的要求，该固化技术有效地结合了陶瓷固化与玻璃固化的优点，已发展成一种先进的固化处理技术，成为高放核废料固化处理技术的重要发展方向之一，可用于处理含"难溶"组分的高放废物。

研究表明，限制高放核废料在基于硅氧四面体和硼氧多面体网络结构的硼硅酸盐玻璃中包容量的关键因素之一是核废料中硫、钼等元素的"溶解度"，这些元素在硼硅酸盐玻璃中的"溶解度"低，易形成"黄相"而降低固化体的稳定性，不利于制备稳定的硼硅酸盐玻璃陶瓷固化体。尽管形成硫酸钡、钼酸钙微晶相可以提高硫、钼元素的包容量，但获得的含硫酸钡、钼酸钙微晶相的硼硅酸盐玻璃陶瓷固化体的稳定性需得到进一步提高。当硫、钼等元素含量较少时，硼硅酸盐玻璃陶瓷固化体的微晶相一般为钙钛锆石、烧绿石、钛锆钍矿、碱硬锰矿、钙钛矿等。由于这些物相形成条件苛刻且合成温度高，通常硼硅酸盐玻璃陶瓷固化体的制备较磷酸盐玻璃陶瓷固化体难，且晶相不易控制。而核废料中硫、钼等元素在基于磷氧四面体网络结构的磷酸盐玻璃中的"溶解度"较高，核废料中稀土元素或高价金属元素在磷酸盐玻璃中的"溶解度"有限使其成为良好的晶核形成剂，有利于获得稳定的磷酸盐微晶相，同时达到固化核废料中该组分的目的。

此外，磷酸盐玻璃的稳定性较好，很多磷酸盐物相（如独居石、磷酸锆钠、磷灰石）都非常稳定，是放射性元素的宿主相。尤其是独居石，可固溶的核素达四十余种，高放核废料中的"难溶"组分易在这些稳定磷酸盐晶相中富集。根据这些特点，可以通过成分设计和工艺调整，使长寿命核素或"难溶"组分富集固化于磷酸盐玻璃陶瓷固化体结构中的微晶相晶格，其他组分"溶解"于磷酸盐玻璃相，实现高放核废料中所有组分"一次性"有效"禁锢"于磷酸盐玻璃陶瓷固化体结构中。若要实现玻璃陶瓷固化的工业化应用，在未来需重点关注以下几方面[2, 4]。

（1）在稳定性研究方面，需进一步加强玻璃陶瓷固化体的中长期化学稳定性、抗侵蚀机制和蚀变规律研究，建立可信的数学模型预测其中长期化学稳定性。此外，还应提高对玻璃陶瓷固化体的物理性能、热稳定性和辐照稳定性的关注，尤其是对微晶相及其两相界面区特性对玻璃陶瓷固化体稳定性的影响规律的关注。再者，玻璃陶瓷固化体需储存，以便进行深地质处置，储存容器壁与磷酸盐玻璃陶瓷固化体直接接触，针对接触界面对玻璃陶瓷固化体稳定性的影响，在进行工程化应用前也应该做相关研究。

（2）在工艺方面，虽然析晶法和烧结法是制备玻璃陶瓷时常用的方法，有较成熟的理论基础和实践应用，但这两种方法应用在玻璃陶瓷固化方面时，步骤相比目前成熟的玻璃固化技术较为复杂，不容易实现高放核废料磷酸盐玻璃陶瓷固化处理需要的远程操控。其他方法（如溶胶-凝胶法和湿化学法）步骤较多，过程更为烦琐，且工艺参数需精确控制，因而不利于高放核废料磷酸盐玻璃陶瓷固化的工程化应用。熔融-缓冷法和高温加热-冷却法在工序上与技术成熟的玻璃固化类似，简洁实用。尤其是高温加热-冷却法，与传统熔融-冷却法制备玻璃固化体的工艺技术一样，极具工程化应用潜力。然而，其制备工艺原理（如微晶相的形成机制、微晶相在玻璃熔体中的溶解特性及其随温度和基础玻璃组分变化而变化的规律、微晶相进入玻璃结构的机制等）目前尚不清楚，需进一步深入研究。

参 考 文 献

[1] 钱敏，凡思军，薛天锋，等. 高放废液硼硅酸盐玻璃固化配方研究进展[J]. 硅酸盐学报，2021，49（10）：2251-2265.

[2] 柳伟平，刘玉昆，徐东林，等. 高放废液玻璃固化贵金属沉积研究进展[J]. 核化学与放射化学，2021，43（6）：453-458.

[3] 李秀英，肖卓豪，陶歆月，等. 高水平放射性废物固化用磷酸盐玻璃的研究进展[J]. 材料导报，2021，35（5）：5032-5039.

[4] 王辅，廖其龙，竹含真，等. 高放核废料磷酸盐玻璃陶瓷固化研究进展[J]. 核化学与放射化学，2021，43（6）：441-452.